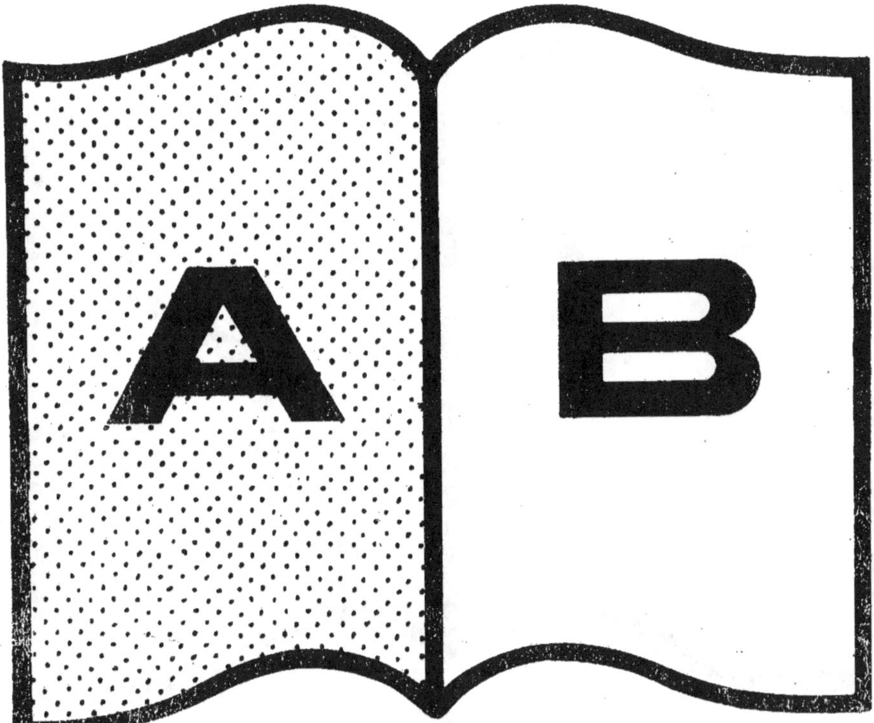

Contraste insuffisant

NF Z 43-120-14

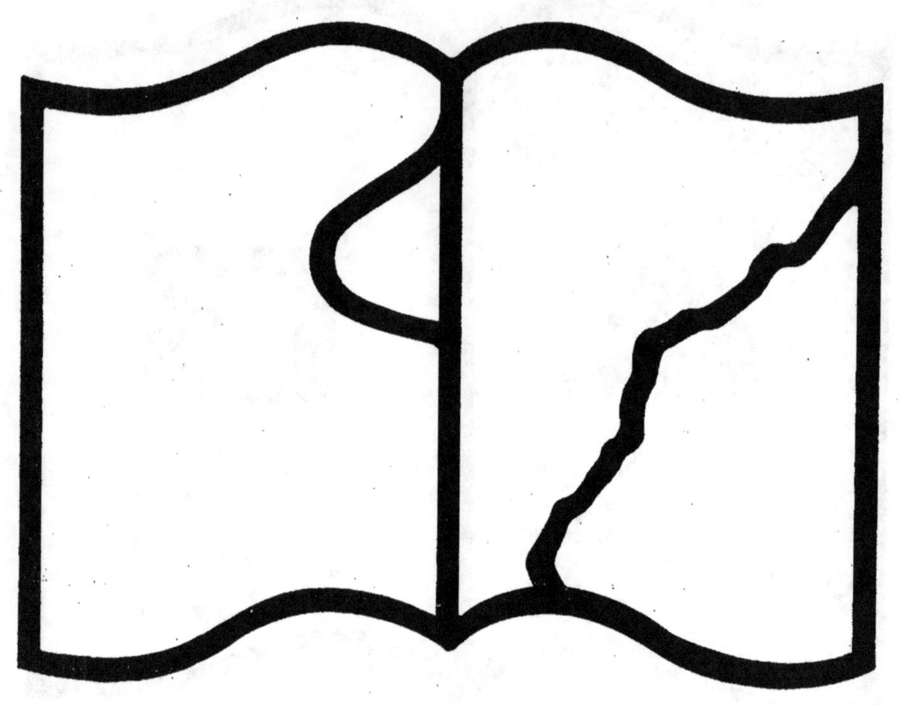

Texte détérioré — reliure défectueuse

NF Z 43-120-11

M. Zerolo

Manuel Pratique

D'Automobilisme

Garnier Frères, Éditeurs

MANUEL PRATIQUE

D'AUTOMOBILISME

M. ZEROLO

Ingénieur civil des mines

Manuel pratique d'Automobilisme

Voitures à essence
Motocyclettes
Voitures à vapeur
Canots automobiles
Pannes & leurs remèdes

AVEC 149 FIGURES DANS LE TEXTE

PARIS

GARNIER FRÈRES, LIBRAIRES-ÉDITEURS

6, RUE DES SAINTS-PÈRES

1905

Introduction

Notre but en écrivant ce livre a été, avant tout, de faire œuvre pratique ; nous avons écarté les questions uniquement théoriques dont le développement aurait été hors de proportion avec le cadre de cet ouvrage et dont les conclusions seules intéressent la plupart des chauffeurs.

Nous avons cherché surtout à présenter à nos lecteurs des notions pratiques pouvant leur être utiles pour connaître l'automobile en général d'abord, pour les appliquer au cas particulier de leur voiture ensuite, et enfin pour les mettre à même de prévenir la plupart des pannes et d'y porter remède si, malgré leurs soins, elles venaient à se produire. Les questions de théorie pure sont traitées avec suffisamment de détails dans les ouvrages spéciaux qui abondent aujourd'hui sur le moteur et ceux de nos lecteurs qu'elles intéressent pourront s'y reporter utilement. Mais nous pensons qu'il y aura intérêt pour eux à acquérir d'abord des notions générales et essentiellement pratiques qui leur serviront de base et d'introduction toute naturelle à l'étude de ces questions. C'est à leur donner ces notions que vise notre ouvrage.

Nous avons admis au cours de celui-ci que

notre lecteur possède des connaissances tout au moins élémentaires de mécanique pratique. Ce n'est pas là une supposition bien invraisemblable, car l'un des mérites les plus remarquables de l'automobile a été d'intéresser aux questions de mécanique des personnes qui, jusqu'ici, y étaient restées complètement étrangères, et qui le seraient restées très probablement sans le développement que la locomotion nouvelle a pris dans ces dernières années. Cette supposition de connaissances générales chez notre lecteur nous a permis d'abréger nombre de descriptions et nous a évité d'entrer dans des détails par trop élémentaires qui auraient allongé notre exposé et qui, pensons-nous, n'auraient guère contribué à sa clarté.

Nous nous sommes efforcé d'être aussi complet que possible et de présenter au public un ouvrage formant un tout par lui-même. Nous avons donc décrit les principaux types de voitures ayant reçu la sanction de la pratique, leurs organes essentiels avec leurs modifications les plus fréquentes, quelques conseils pratiques pour la conduite des véhicules, pour leur bonne conservation et pour éviter — on le peut bien souvent — la fâcheuse panne.

Nous avons laissé de côté les voitures électriques dont l'emploi est forcément encore assez limité par suite du poids des accumulateurs et du prix élevé de ces véhicules, sans parler de la difficulté de ravitaillement, ou, en d'autres termes, des recharges des accumulateurs, ce qui en rend l'emploi à peu près impossible pour les communications inter-urbaines.

Notre manuel se trouve ainsi divisé en deux parties fondamentales :

1° Véhicules munis de moteurs à explosion ;

2° Véhicules munis de moteurs à vapeur.

La première catégorie étant de beaucoup la plus répandue a fait l'objet de développements plus importants. Nous donnons tout d'abord la description des organes qui composent une telle voiture dans l'ordre qui nous a paru le plus logique. Ensuite, nous essayons de montrer la liaison de ces divers organes entre eux en décrivant rapidement le châssis complet d'une telle voiture. Puis, une fois familiarisé avec la constitution de sa voiture et avec son fonctionnement normal, le lecteur trouvera dans les chapitres suivants les précautions à prendre pour conserver ce bon fonctionnement et les remèdes aux pannes les plus fréquentes lorsque celles-ci se produisent malgré tous ses soins. Souhaitons à nos lecteurs de n'avoir pas souvent besoin de ces derniers conseils et de réussir à éviter les pannes tant redoutées. Empressons-nous de dire, d'ailleurs, que ce souhait est loin d'être irréalisable, car la perfection à laquelle sont parvenues les voitures modernes en rend le fonctionnement de plus en plus régulier, et la panne qui paraissait autrefois l'incident obligé de toute excursion en

automobile devient de plus en plus exceptionnelle, et il n'est pas rare de voir une voiture en
service pendant toute une saison sans qu'aucune
difficulté ne vienne troubler le plaisir qu'elle
procure à celui qui l'utilise.

Dans un chapitre suivant, nous avons cru
utile de présenter tout ce qui est spécial aux bicyclettes à pétrole ou motocyclettes dont l'emploi
devient chaque jour plus courant. Les motocyclettes sont, en effet, considérées par beaucoup
comme l'automobile de celui dont les moyens ne
permettent pas l'achat d'une voiture. Le peu de
place qu'elles occupent une fois remisées, d'ailleurs, est un des facteurs les plus efficaces de
leur succès. Il existe aujourd'hui de semblables
machines admirablement comprises et dont la
marche ne laisse en rien à désirer.

Nous avons suivi un ordre analogue au précédent pour la description des voitures à vapeur.

Enfin, dans un dernier chapitre, nous avons
donné quelques indications sur les plus récentes
et plus intéressantes applications de l'automobile, à l'organisation de services publics en particulier, où elle est incontestablement appelée au
plus grand avenir.

La remarquable invention des frères Renard,
à laquelle on a donné déjà le nom de « train Renard », est une solution très élégante du problème de la circulation des trains sur route et il
semble tout à fait hors de doute que cette inven-

tion rende possible la création de services publics
de transports de voyageurs et de marchandises
dans les régions où l'importance relativement
faible du trafic ne suffirait pas à justifier la création d'une voie ferrée.

Nous ne pouvions manquer de dire quelques
mots, malheureusement trop brefs, d'une des plus
récentes et plus intéressantes applications du
moteur léger d'automobile ; nous voulons parler
des canots automobiles, dont le succès va en
croissant avec une rapidité remarquable.

Nous avons fait la part la plus large possible
à la description de toutes les nouveautés qui
paraissent destinées au plus grand succès.

Il ne nous reste plus qu'à prier nos lecteurs
d'accueillir avec indulgence ce manuel : nous
ne nous dissimulons pas les défauts et les
côtés incomplets qu'il doit présenter, mais nous
espérons que nos lecteurs comprendront la difficulté de notre tâche, puisque nous arriverons
après des auteurs plus autorisés que nous à traiter ces questions. Mais nous soumettons sans
prétention notre livre au public, et, si nos lecteurs
y trouvent quelques renseignements utiles, ou si
la lecture de cet ouvrage les pousse à chercher à
connaître mieux l'agrément de la locomotion nouvelle, nous serons satisfait et le but que nous
nous sommes tracé en l'écrivant sera atteint.

Miguel Zerolo.

PREMIÈRE PARTIE

Automobiles mues par Moteur à Explosion

———◇———

Généralités.

Les voitures automobiles munies de moteur à explosion utilisent le plus souvent l'essence de pétrole. Depuis quelques années, un courant d'opinion en faveur de l'alcool moteur s'est manifesté dans l'industrie automobile. Encouragés par des appuis officiels, certains constructeurs ont cherché à appliquer ce liquide à l'alimentation des moteurs d'automobile ; le succès a couronné leurs efforts et quelques maisons sont parvenues à établir des moteurs à alcool à fonctionnement irréprochable. L'une des voitures les plus rapides en course, à l'heure actuelle, est même une voiture à alcool, puisque c'est sur une automobile Gobron-Brillié, alimentée par le carburant national, comme on l'appelle souvent, que Rigolly a fait *dead-heat* dans la course de côte de Gaillon (30 octobre 1904) avec la Darracq de Barras, montant la redoutable côte à l'allure de 124 kilomètres à l'heure ; or, la marque

Darracq détient, au 15 novembre 1904, tous les records du monde, du mille et du kilomètre.

On reproche à l'essence : 1° de donner en brûlant une odeur très désagréable ; 2° de venir uniquement des pays étrangers, principalement des États-Unis ; l'alcool, au contraire, est produit en très grande quantité en France. Le premier défaut est indéniable, mais il n'en est pas moins vrai que la mauvaise odeur que laissent derrière elles certaines voitures à essence, est due, en grande partie, à une mauvaise carburation, et que, par conséquent, ce défaut peut être, sinon complètement supprimé, au moins atténué en très grande partie. Les carburateurs automatiques, dont nous parlerons plus tard, assurent aisément l'obtention de la bonne carburation. A l'avantage de l'alcool, l'on a également avancé que ce carburant augmenterait de 5 à 10 0/0 la puissance du moteur ; cependant cette propriété n'est pas encore définitivement démontrée.

Nous indiquerons plus loin (voir Appendice, I) les quelques modifications très minimes qu'il y a lieu de faire pour utiliser l'alcool dans une voiture à essence, et nous passerons, sans plus tarder, à l'étude de celle-ci.

Que la voiture emploie l'essence ou qu'elle emploie l'alcool, le liquide est vaporisé et mélangé à de l'air dans des proportions réglées ; cette opération de mélange constitue ce que l'on appelle la carburation et est réalisée dans les appareils désignés sous le nom de carburateurs. L'air carburé est aspiré dans le moteur, et y produit la force motrice par explosion comme nous l'indiquerons plus loin.

Pour obtenir une bonne carburation avec l'alcool, il est bon de le mélanger à un autre corps à pouvoir carburant plus grand ; on emploie généralement à cet effet la benzine; l'inconvénient de l'alcool pur, qui a été cependant employé quelquefois, est de rendre plus difficile la mise en marche pour les raisons que nous expliquerons ultérieurement.

Pour rendre plus clair notre exposé, nous étudierons successivement les principaux organes d'une voiture dans l'ordre suivant :

1° Le moteur ;
2° Le carburateur ;
3° L'allumage ;
4° Le refroidissement ;
5° La régulation ;
6° Changement de vitesse et marche arrière ;
7° La transmission flexible ;
8° La direction ;
9° Les freins ;
10° Silencieux et accessoires divers ;
11° Le châssis et la carrosserie.

CHAPITRE PREMIER

Le Moteur.

Les moteurs à explosion employés pour les auto-mobiles sont presque tous du type dit à quatre temps.

Fonctionnement du moteur à quatre temps. — Si nous supposons un moteur en marche normale, on peut décomposer son fonctionnement en temps qui se répètent indéfiniment dans un ordre déterminé, suivant un cycle auquel on a donné par cela même le nom de *cycle à quatre temps*.

Pendant le premier temps (*aspiration*), le piston aspire dans le cylindre une certaine quantité d'air carburé; pendant le deuxième temps (*compression*) le piston revient, et, par conséquent, comprime le mélange; à la fin de ce temps, ou plus exactement un peu avant, l'inflammation du mélange est produite; il en résulte une *explosion* qui chasse le piston en avant; enfin, pendant le quatrième temps (*échappement*), le retour du piston expulse au dehors les produits de la combustion.

On remarquera que, de ces quatre temps, un seul, le troisième, est moteur, et que l'arbre fait deux tours pour la réalisation du cycle complet; il en résulte que la nécessité d'un volant suffisamment lourd sur l'arbre est absolue, cet organe devant fournir la force nécessaire pour produire le mouvement pendant les premier, deuxième et quatrième temps dont le travail est négatif. Il n'y a, d'ailleurs, là rien de spécial aux moteurs d'automobile, les moteurs fixes à gaz sont dans le même cas, puisque leur fonctionnement est en tous points analogue à celui des moteurs à essence.

La compression produite pendant le quatrième temps est nécessaire au bon rendement du moteur. Dans un moteur à explosion, au lieu de chercher à éviter l'espace nuisible, comme on le fait dans les machines à vapeur, les constructeurs ménagent « une chambre d'explosion » derrière le piston.

Description d'un moteur à pétrole. — L'usage a fait désigner couramment ainsi le moteur à explosion alimenté par l'essence de pétrole; le terme est impropre, mais tellement répandu, que nous croyons bien faire en nous en servant ici.

Nombre de cylindres. — Pendant longtemps, les voitures étaient munies uniquement de moteurs monocylindriques; aujourd'hui, les constructeurs emploient de plus en plus des moteurs à plusieurs cylindres.

Les avantages que l'on en retire sont de plusieurs sortes. Tout d'abord, d'une façon générale, les voitures modernes sont beaucoup plus puissantes que celles que l'on construisait auparavant; il n'est pas rare de voir des véhicules de tourisme munis de moteur de 24 chevaux, et les puissances de 40 chevaux sont loin d'être uniquement réservées aux voitures de course. Or, des moteurs monocylindriques de puissance aussi grande auraient un encombrement très considérable, tandis que plusieurs cylindres se logent bien plus facilement ; c'est donc une première raison de la nécessité des moteurs à plusieurs cylindres. D'autre part, avec

Fig. 1. — Moteur deux-cylindres, 12 chevaux, G. Richard-Brasier, avec allumage par magnéto.

les moteurs monocylindriques, les effets de la trépidation se font sentir d'une façon assez notable, d'où une incommodité assez sérieuse pour les voyageurs, outre que c'est là une condition défavorable pour la bonne conservation du mécanisme. En employant des moteurs polycylindriques, il est possible d'obtenir un équilibrage parfait, d'où une douceur de fonctionnement très agréable. Enfin, il est possible de combiner la marche des divers cylindres de façon à obtenir une explosion à chaque tour de manivelle, ce qui permet d'employer des volants beaucoup moins lourds.

En tous cas, on peut assimiler pour une première description les moteurs polycylindriques aux moteurs monocylindriques, car nous pouvons admettre que les premiers sont formés par la juxtaposition de plusieurs de ceux de la deuxième catégorie.

La figure 1 représente un moteur G. Richard-Brasier à deux cylindres avec allumage par magnéto.

1. Le cylindre. — Les cylindres étaient faits jusqu'ici en fonte; depuis quelque temps, on préfère employer l'acier dans la plupart des cas. Ces moteurs étant à simple effet, le cylindre est ouvert à l'une de ses extrémités; de même que dans les moteurs fixes à gaz, le piston a une assez grande longueur pour en assurer le guidage. Le refroidissement du moteur est réalisé, pour les petites puissances, par la simple action de l'air. Dans ce but, la partie supérieure des petits moteurs est munie extérieurement d'ailettes (V. fig. 2), en vue d'augmenter la surface de refroidissement. Dans certains types, ces ailettes sont venues de fonte; dans d'autres, elles sont rapportées et même quelquefois constituées par un métal différent de celui du cylindre. Pour les puissances supérieures à 3 ou

4 chevaux, le refroidissement par circulation d'eau est nécessaire. Pour le réaliser, on dispose autour de la partie supérieure du cylindre une double enveloppe permettant la circulation de l'eau. De même que pour les ailettes, cette deuxième enveloppe peut être venue de fonte avec le cylindre ou, suivant une tendance assez accusée aujourd'hui, être rapportée et, dans ce cas, constituée le plus souvent par un métal autre, le cuivre, l'aluminium ou un alliage.

Fig. 2. — Moteur de motocyclette Griffon.

Les figures 3 et 4, qui représentent, en coupe, un moteur de Dion-Bouton, à deux cylindres, démontrent nettement ces diverses dispositions. Ce moteur est très intéressant par son système de graissage, très bien compris, dont nous donnerons plus tard la description.

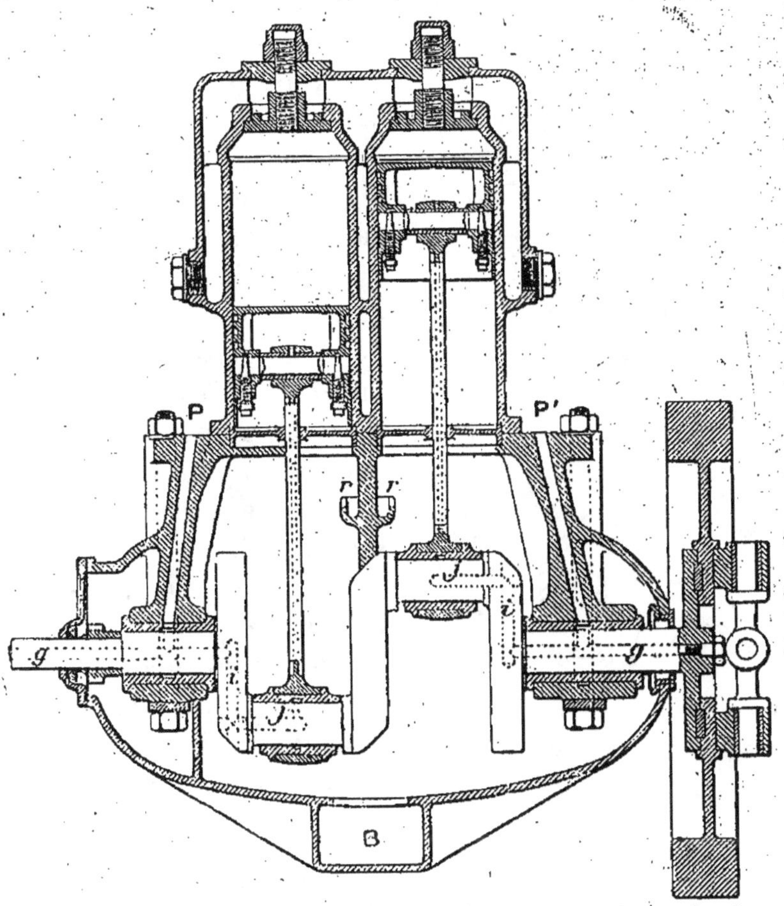

Fig. 3. — Moteur deux-cylindres de Dion-Bouton, coupe verticale.

2. Les soupapes. — Chaque cylindre porte deux soupapes, l'une pour l'admission et l'autre pour l'échappement.

Les *soupapes d'admission* s'ouvrent, naturellement, de dehors en dedans, elles sont le plus souvent automatiques, c'est-à-dire que l'ouverture en est produite par l'aspiration elle-même; au moment où le piston commence à revenir en arrière (compression), un ressort referme vivement la soupape.

Celle-ci est aussi légère que possible, car, s'il en était autrement, il serait nécessaire d'employer de forts ressorts qui auraient l'inconvénient de ne pas céder avec la rapidité désirable à l'effort de succion du piston.

Nous disons donc que les soupapes d'admission sont généralement automatiques; cependant, certains constructeurs emploient sur les voitures de leur fabrication, depuis quelque temps, « les soupapes d'admission commandées », comme le sont celles d'échappement, ainsi que nous allons l'exposer. Une discussion longue et assez confuse a eu lieu à ce sujet. Les soupapes commandées ont des partisans et des détracteurs

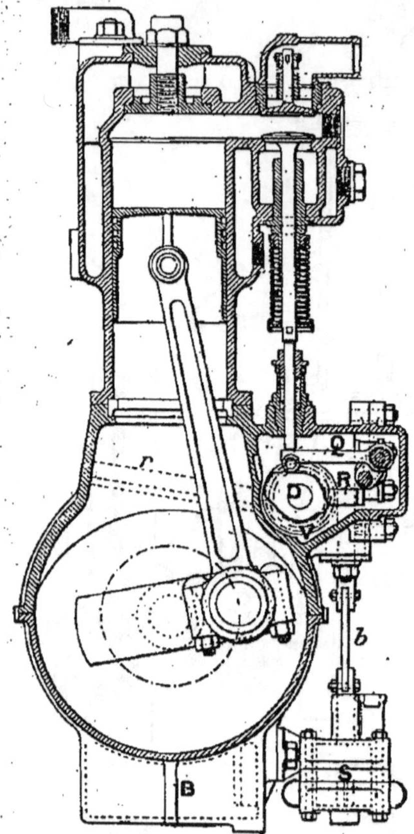

Fig. 4. — Moteur deux-cylindres de Dion-Bouton, coupe verticale.

aussi acharnés les uns que les autres; ces derniers appuient leur opinion sur ce fait que la plupart des grandes courses de l'année 1903 ont été gagnées par des voitures à soupapes d'admission automatiques. Néanmoins, la plupart des chauffeurs se sont pris d'engouement pour les soupapes commandées, la mode s'en est mêlée, et les partisans de la soupape commandée ont presque remporté la victoire, puisque, suivant une statistique établie par M. L. Périssé (1) : « les soupapes d'admission commandées qui, en 1902, n'étaient que de 45 0/0, s'élevaient au Salon de 1903 au chiffre de 67 0/0, contre 33 0/0 de soupapes automatiques. »

Les dispositifs pratiques pour réaliser l'automaticité des soupapes d'admission étant les mêmes que pour les soupapes d'échappement, nous passons à la description de celles-ci.

Les *soupapes d'échappement* sont nécessairement plus épaisses que les précédentes; en effet, elles sont soumises à l'action directe des produits de la combustion dont la température est toujours suffisamment élevée pour faire rougir l'origine des tuyaux d'échappement. La commande mécanique des soupapes d'échappement est évidemment nécessaire et inévitable; en effet, ces soupapes doivent supporter pendant le troisième temps une pression supérieure à celle qui existe dans le cylindre pendant le quatrième temps; donc, si elles étaient automatiques, l'ouverture s'en ferait au troisième et non au quatrième temps.

L'ouverture de ces soupapes est obtenue aisé-

____

(1) *La Vie Automobile*, n° 116, 19 décembre 1903.

ment au moyen de cames commandées par l'arbre du moteur et venant agir sur des taquets solidaires de la tige des soupapes ; un ressort de rappel réalise la fermeture aussitôt que le piston est arrivé à fond de course, et que l'aspiration, par suite, va commencer. On peut voir sur la figure 4, à droite, un semblable dispositif de soupape commandée.

Le ressort est assez puissant pour maintenir la soupape sur son siège pendant les périodes d'aspiration. Le dispositif de commande consiste le plus souvent en engrenages réduisant dans le rapport de 1/2 la vitesse du moteur, l'effet devant être produit à des intervalles correspondant à deux tours de l'arbre moteur.

D'autres dispositifs ont été employés exceptionnellement ; ce sont, par exemple, des tambours portant une coulisse hélicoïdale et dans laquelle s'engage un prisonnier mû par elle et commandant la tige de la soupape. Ces tambours sont calés sur l'arbre du moteur et, dans certains cas, on a utilisé le volant lui-même pour obtenir la commande des soupapes par ce moyen.

Signalons quelques particularités spéciales à divers constructeurs relatives à cette commande des soupapes. De Dietrich et Cie font ouvrir les clapets d'échappement par un balancier commandé par des engrenages dans le rapport de 1/2, par un bouton de manivelle et par une bielle. Un secteur en spirale dont la position est déterminée par l'écartement des boules du régulateur élève ou abaisse l'axe du balancier.

De Dion et Bouton disposent un système permettant l'avance à la fermeture des soupapes d'échappement au moyen d'une pédale ; on parvient ainsi à diminuer à volonté la quantité de mélange carburé qui peut être admise dans le cylindre.

La maison Gillet-Forest fait usage d'un régulateur sur l'échappement, cet appareil étant automatique ou réglable à la volonté du conducteur, lequel peut ainsi proportionner la force du moteur à l'effort qu'il veut obtenir de la voiture.

Ainsi que nous l'avons dit plus haut, on emploie de plus en plus des soupapes d'admission commandées ; cette commande est obtenue par des dispositifs identiques à ceux en usage pour les soupapes d'échappement. Dans un grand nombre de cas, les soupapes d'échappement sont placées d'un côté du moteur, les autres de l'autre par rapport à l'arbre du moteur, lequel transmet par des engrenages le mouvement à deux arbres parallèles situés de chaque côté du moteur et portant les cames qui agissent sur les tiges des soupapes. On verra dans la figure 9 (moteur C. G. V.) un exemple de cette disposition, avec les soupapes d'admission à droite et les soupapes d'échappement à gauche.

Voici encore un dispositif, très intéressant, employé par la maison Renault frères, pour les soupapes d'admission de ses voitures.

Ces soupapes, quoique n'étant pas commandées mécaniquement, sont susceptibles d'offrir une résistance plus ou moins grande à l'admission, et, par conséquent, de faire varier l'admission sans étrangler les gaz dans le carburateur. Elles sont représentées figure 5.

Elles sont munies de deux ressorts : l'un de ces

ressorts, le ressort 10, est le ressort normal, c'est-à-dire qu'il remplace le ressort couramment employé dans la généralité des moteurs. Il rappelle le clapet d'admission sur son siège.

L'autre ressort, 3, est un ressort antagoniste qui a pour but d'augmenter plus ou moins la tension du ressort 10 et cela de la manière suivante :

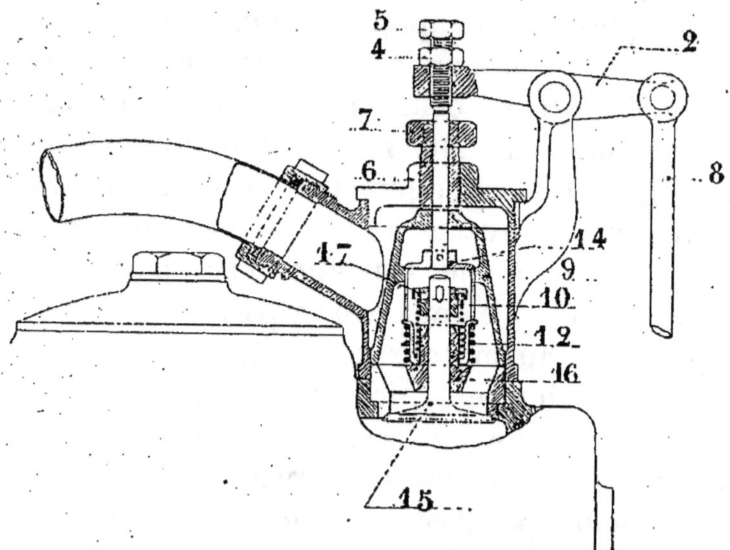

Fig. 5. — Soupape d'admission Renault frères.

Il tend constamment à soulever la cuvette 12 contenant le ressort 10. Si cette cuvette n'était pas retenue par la tige 1 et la petite cloche 14, le ressort antagoniste 3 comprimerait complètement le ressort 10 et empêcherait le clapet 15 de se lever.

Pour faire varier l'admission, il suffira donc de déplacer, plus ou moins, la tige 1. De ce fait, la cuvette 12 comprimera plus ou moins le ressort 10, cette dernière recevant les efforts du ressort 3.

Si l'on exerce sur la tige 1 un effort suffisant pour faire porter la cuvette 12 sur le siège 16, l'effort du ressort 3 est complètement annulé, et la soupape d'aspiration ne manœuvre plus que sous l'action du ressort normal 10.

On voit donc que l'on pourra, en exerçant une pression plus ou moins grande sur le ressort antagoniste, faire varier l'admission depuis rien jusqu'à son maximum.

Les pressions nécessaires pour déplacer la tige 1 et, par conséquent, faire varier l'admission, s'effectuent au moyen de la manette placée sous le volant de direction, à gauche, par l'intermédiaire d'un renvoi faisant mouvoir, de haut en bas, la bielle 8 qui transmet son mouvement au double levier balancier 2. Ce dernier exerce l'effort qui lui est transmis par la bielle 8, sur la tige 1 par le boulon 5.

La *position relative des soupapes d'admission et d'échappement* varie d'un modèle à l'autre. Ainsi, dans les voitures Renault frères, construites avant 1904, les soupapes d'admission se trouvaient au-dessus des soupapes d'échappement et, par conséquent, sur le côté des cylindres.

Dans les moteurs deux-cylindres des voitures Renault 1904, les soupapes d'admission sont placées sur le sommet même des cylindres, ce qui présente des avantages au point de vue admission et rendement, et ce qui donne aux soupapes d'échappement une accessibilité parfaite, puisqu'il suffit, pour les démonter, de desserrer le bouchon placé au-dessus d'elles, sur la culasse.

3. Le piston. — Le piston des moteurs d'automobiles est formé par un simple cylindre creux à
un seul fond muni à l'extérieur de trois ou quatre
gorges, por-
tant les seg-
ments destinés
à assurer l'é-
tanchéité.

C'est là un
dispositif fré-
quent pour les

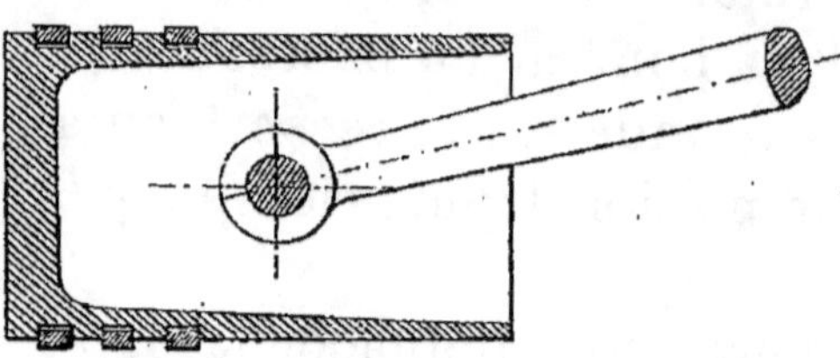

Fig. 6. — Piston de moteur à explosion.

machines à simple effet. La bielle est articulée directement à l'intérieur du piston (fig. 6).

Cette disposition des pistons en forme de cylindres
longs a pour but d'assurer un bon guidage, puisque
la tige ne peut l'être elle-même, comme c'est le cas
dans les machines à double effet.

Moteur à plusieurs cylindres. — Nous avons
supposé dans la description qui précède que le
moteur était formé d'un seul cylindre.

Or, ainsi que nous l'avons dit au commencement
de ce chapitre, les constructeurs emploient de
plus en plus sur leurs voitures des moteurs polycylindriques.

Nous avons indiqué les principaux avantages qui
les avaient conduits à cette modification, nous n'y
reviendrons donc pas et nous nous contenterons ici
de signaler les quelques particularités spéciales
aux moteurs à plusieurs cylindres.

Moteur à deux cylindres. — Nombre de voitures
de force moyenne portent des moteurs à deux

cylindres ; c'est, en somme, le plus répandu et il mérite que nous nous y arrêtions un instant.

Une première façon d'accoupler les deux cylindres est de monter les manivelles à 180°; mais cela présente un inconvénient : un groupe de deux explosions se produit à un demi-tour d'intervalle; ce groupe est séparé du groupe suivant de deux explosions par un tour et demi. Nous verrons plus loin la difficulté que ce dispositif fait naître pour la carburation, et comment la maison de Dion-Bouton est parvenue à tourner la difficulté. On peut encore l'éviter en faisant attaquer les mêmes manivelles par les deux cylindres ; les explosions se succèdent alors régulièrement d'un tour sur l'autre.

Les figures 1, 3, 4 et 7, représentant respectivement des deux-cylindres Richard-Brasier, de Dion-Bouton, Darracq (12 chevaux) montrent les diverses dispositions d'ensemble adoptées.

Fig. 7. — Moteur Darracq, deux-cylindres.

On peut obtenir déjà avec deux cylindres un équilibrage satisfaisant, et, quand ce moteur est bien réglé, la marche d'une voiture munie d'un moteur à deux cylindres est parfaitement douce.

Moteur à trois cylindres. — Ce type de moteur est encore assez peu répandu ; il a néanmoins ses partisans enthousiastes et l'on pouvait voir au Salon de l'Automobile 1903 des moteurs à trois cylindres qui excitaient un vif intérêt. On indique comme étant à l'avantage de ce moteur la considération théorique suivante : « Le rendement calorifique d'un moteur est d'autant plus grand que la surface des parois est plus faible comparativement au volume du gaz en action. » Les constructeurs des moteurs à trois cylindres voudraient les voir employer à la place des quatre cylindres qui tendent à se répandre de plus en plus ; or, si l'on considère deux moteurs de puissance équivalente, l'un à trois cylindres et l'autre à quatre, leurs cylindrées seront sensiblement égales et il est facile de voir que la surface des parois du trois-cylindres sera inférieure à celle du quatre-cylindres, d'où la conclusion facile à tirer que le rendement calorifique du premier sera supérieur à celui du second. Il semblerait aussi, toujours d'après les partisans du trois-cylindres, que son rendement mécanique serait supérieur à celui d'un quatre-cylindres de même puissance ; mais cette supériorité ne doit pas être bien grande, car elle n'est guère due qu'à l'économie de frottement dans le jeu des segments, moindre dans le cas du trois-cylindres. M. Marcel Caplet estime néanmoins que le rendement total du trois-cylindres doit être meilleur que celui du quatre-cylindres ; il pense aussi que la fabrication doit être moins coûteuse pour le premier, que son encombrement est moindre et que, enfin, son poids par cheval l'est également, ces avantages étant dus à l'augmentation de leur cylindrée.

Si le trois-cylindres avait tous ces avantages sans aucun inconvénient, il n'y aurait évidemment qu'à l'adopter et il serait tout à fait inutile de chercher à construire des quatre-cylindres plus coûteux et plus compliqués ; malheureusement, quelques inconvénients viennent atténuer les avantages que nous venons de dire. Ce sont, d'abord, un équilibrage moins bon, et, bien que l'on puisse réduire les perturbations à un minimum par l'emploi de bielles et de pistons légers, ces défauts n'en subsistent pas moins très réels. Par un calage des manivelles à 180°, on évite les trépidations, mais on obtient un couple moteur moins régulier. Signalons aussi, comme le fait remarquer M. Caplet, que la répartition de l'effort moteur ne présente pas la continuité que l'on obtient avec un quatre-cylindres ; il semblerait néanmoins que cet inconvénient puisse être largement atténué, sinon tout à fait supprimé, par augmentation de poids du volant. La principale supériorité du trois-cylindres paraît être, en somme, son moindre prix de revient et c'est là l'arme qui lui permettra le mieux de lutter avec le quatre-cylindres.

La maison Panhard et Levassor a lancé en 1904, un modèle très intéressant de moteur à trois cylindres. Ce moteur, d'une puissance de 12 chevaux, est à soupapes d'admission automatique. (Ces constructeurs n'emploient de soupapes d'admission commandées que pour les moteurs de plus de 15 chevaux.)

Le moteur est constitué par des cylindres isolés ; la maison Panhard et Levassor y trouve les avantages suivants : « Meilleur alésage, dilatation égale

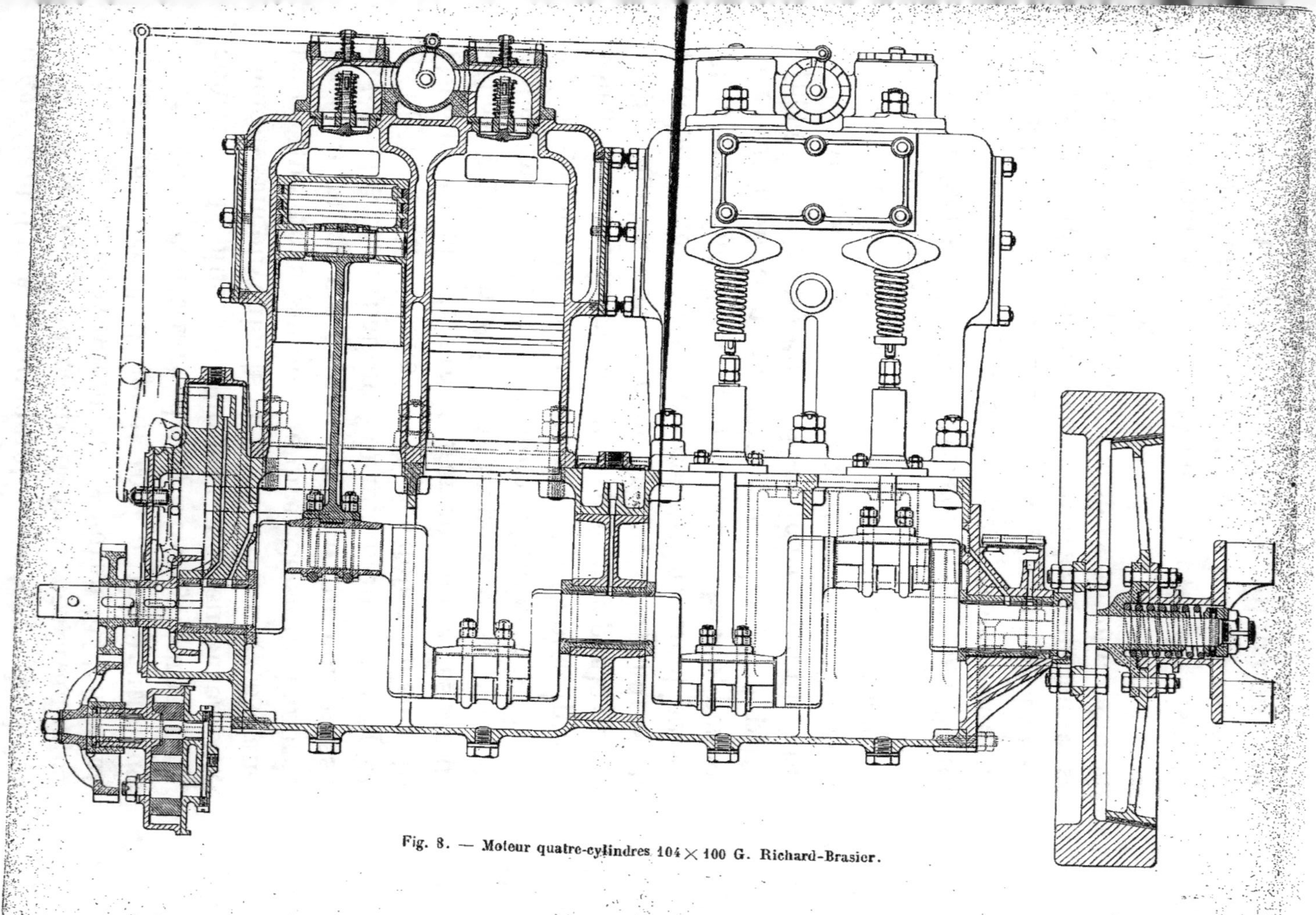

Fig. 8. — Moteur quatre-cylindres 104 × 100 G. Richard-Brasier.

du cylindre dans tous les sens à cause de l'égalité
d'épaisseur des parois, facilité plus grande de
réparation et, au besoin, de remplacement d'un
cylindre. »

Moteur à quatre cylindres. — Dans le parallèle

Fig. 9. — Moteur quatre-cylindres C. G. V. (côté distribution).

que nous venons de faire entre le trois et le quatre-
cylindres, nous avons dit les principaux avantages
et inconvénients de ce dernier moteur. Plus souvent,
on monte les quatre-cylindres deux par deux sur
deux manivelles à 180°. La figure 8 montre les dispo-

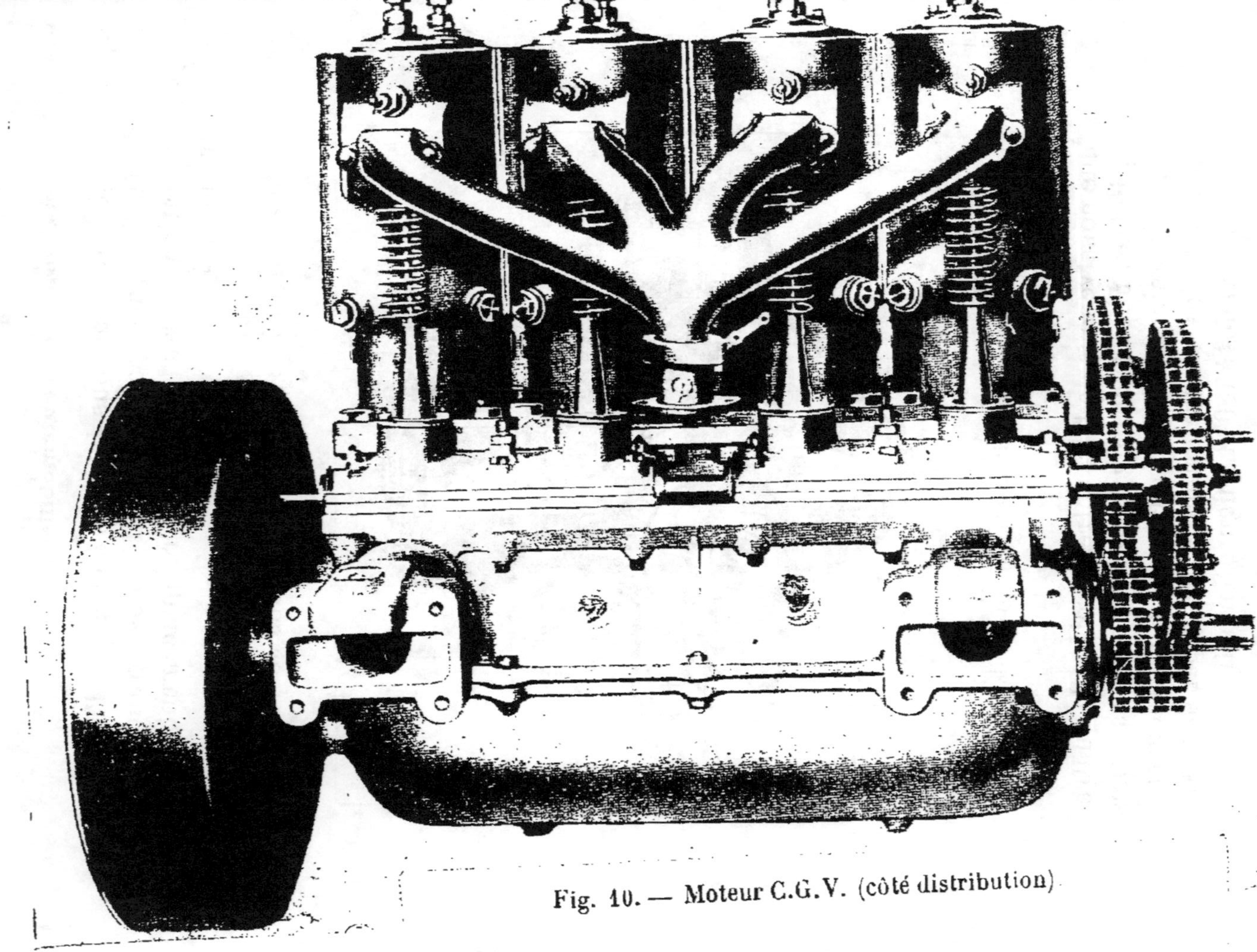

Fig. 10. — Moteur C.G.V. (côté distribution)

sitions d'ensemble d'un moteur à quatre cylindres, système Georges Richard-Brasier, et on peut y voir aisément la façon dont est fait le calage des manivelles.

Les figures 9 et 10 représentent l'aspect extérieur d'un moteur C. G. V. (Charron, Girardot, Voigt), à quatre cylindres, puissance 25 chevaux ; la figure 9 montre le côté distribution de ce moteur et la figure 10 le côté admission.

Enfin on construit des moteurs à *six* et *huit cylindres* ; ces moteurs ne sont guère employés, d'ailleurs, que pour les voitures de course dont la puissance est généralement comprise entre 80 et 100 chevaux.

Dans la plupart des modèles actuels, le moteur est vertical ; il existe néanmoins des voitures où les constructeurs ont préféré, pour des raisons diverses, disposer horizontalement l'axe des cylindres des moteurs. Voyons quelques types de ces moteurs horizontaux.

Moteur Bardon. — Ce moteur, dont il a été fait de très intéressantes applications aux camions automobiles, a donné d'excellents résultats au point de vue de la consommation. En étudiant ce moteur, on a cherché à l'équilibrer naturellement sans l'adjonction de « masses postiches » comme les appelle M. Baudry de Saunier. La figure 11 représente un moteur Bardon à deux cylindres. Chaque cylindre est ouvert aux deux bouts et deux pistons antagonistes 1, 1', s'y meuvent et sont reliés chacun à un arbre moteur différent. Lorsque les deux pistons sont le plus rapprochés possible l'un de l'autre, ils laissent entre eux un espace libre C, C' qui constitue la chambre de compression ; c'est dans cet espace, situé par conséquent au

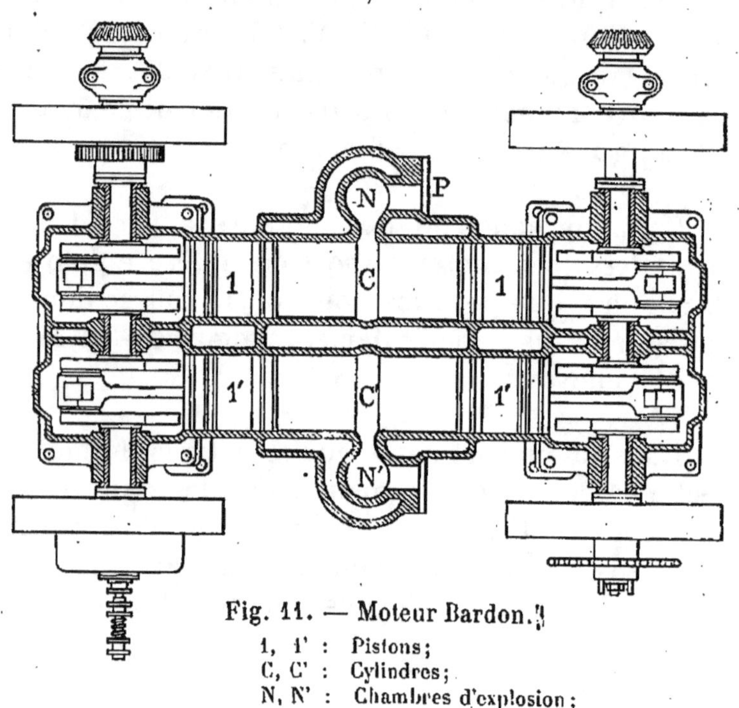

Fig. 11. — Moteur Bardon.

1, 1' : Pistons ;
C, C' : Cylindres ;
N, N' : Chambres d'explosion ;
P : Admission.

centre du moteur, et que l'on peut voir sur la figure 11, que se fait l'admission. Grâce à cette disposition, lorsque les deux pistons sont lancés par l'explosion en sens contraire l'un de l'autre, les réactions sont supprimées ou très largement atténuées, d'où une trépidation fréquemment négligeable, même pour un moteur à un cylindre. Il va sans dire que, avec deux cylindres, l'équilibrage est encore plus parfait, ces deux cylindres étant combinés pour que l'aspiration se fasse dans l'un quand l'explosion se produit dans l'autre, et que la compression ait lieu dans le premier pendant l'échappement du second. Signalons en passant que les soupapes d'admission de ce moteur sont commandées.

Moteur à deux temps. — Nous avons décrit jusqu'ici un moteur fonctionnant suivant « le cycle à quatre temps ». Nous nous sommes étendu un peu longuement sur sa construction ; car il est de beaucoup le plus employé sur les voitures à pétrole. Néanmoins, depuis quelque temps, certains constructeurs cherchent à employer des moteurs dits à deux temps et la conception nous en paraît assez intéressante pour qu'une courte description soit utile ici. Nous pouvons citer les moteurs : Hardt, « Ixion », système Léon Cordonnier, etc. Décrivons, à titre d'exemple, le *moteur Hardt*, construit par les ateliers Germain.

Le bâti de ce moteur, que représente la figure 12, est étanche et le carter sert lui-même de chambre d'aspiration. Quand le piston P remonte, le vide se fait dans le bâti, et, arrivé à fond de course, le piston découvre un orifice faisant communiquer le carter avec le carburateur. A ce point de la course du piston, le mélange carburé pénètre dans le carter C. Le gaz ainsi aspiré est très riche en essence ; il est ramené à une composition meilleure par une addition d'air qui se fait grâce à la communication établie entre les deux orifices O_1 et F

par la coquille D portée par le piston, et par lesquels
pénètre l'air atmosphérique. A ce moment, se
produit l'explo-
sion derrière le
piston qui, chassé
par la détente mo-
trice, comprime le
gaz contenu dans
le carter. Un peu
avant la fin de la
course s'ouvre l'o-
rifice d'échappe-
ment, puis, le pis-
ton découvre à nou-
veau l'orifice F par
lequel le gaz com-
primé pénètre dans
le fond du cylindre.

L'allumage de ce
moteur (voir cha-
pitre III) se fait par
bougie et le cons-
tructeur a disposé
deux sources d'é-
lectricité : l'une par
magnéto à haute

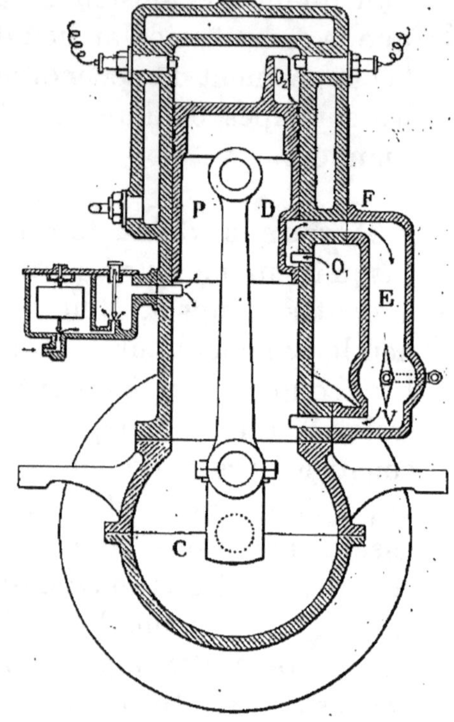

Fig. 12. — Moteur à deux temps Hardt
P : Piston ;
C : Carter étanche ;
D : Coquille du piston ;
O_1 : Communication avec l'extérieur ;
O_2 : Bec du piston ;
E : Tuyau réunissant le cylindre au carter.

tension et l'autre par accumulateur et bobine.

Ces moteurs à deux temps, dont la conception
est évidemment très originale, n'ont pas encore
reçu d'applications suffisantes pour que l'on puisse
affirmer leur supériorité sur les moteurs à quatre
temps, comme le prétendent certains de leurs partisans.

Avant de passer à l'étude de la carburation, disons rapidement quelques mots sur une question théorique intéressante, l'**estimation de la puissance d'un moteur**.

Donnons d'abord quelques définitions utiles à connaître. On appelle *cylindrée* le volume de mélange carburé que le moteur absorbe à chaque course du piston pendant la période d'aspiration. C'est, en somme, le volume engendré par le piston; parsuite, la cylindrée est égale à $\dfrac{\pi\, d^2\, l}{4}$, formule dans laquelle d représente l'alésage et l la course du piston. La cylindrée dépend, par conséquent de l'*alésage*, c'est-à-dire du diamètre intérieur du cylindre et de la *course* du piston. On peut dire, d'une façon générale, que l'alésage varie de 100 à 120 m/m, et que la course est de 100 à 150; ce dernier chiffre étant assez rarement atteint. Dans un assez grand nombre de cas, l'alésage et la course ont la même valeur (moteurs dits *carrés*). A titre d'exemple, le moteur à deux cylindres 12 chevaux Georges Richard-Brasier, modèle 1903 (fig. 1), a un alésage de 104 m/m et une course de 100 m/m.

La considération de la cylindrée devient d'un usage de plus en plus courant en automobilisme; c'est ainsi que, pendant l'année 1903, a eu lieu un concours de motocyclettes organisé par le journal *L'Auto* dans lequel la qualification des machines engagées avait lieu au moyen de la cylindrée, celle-ci étant limitée à un quart de litre (ce qui avait fait donner à cette épreuve le nom de « critérium » du quart de litre); plus récemment, en octobre 1904, la même épreuve a été disputée pour la seconde fois, au Parc des Princes. Cette fois, la cylindrée maxima était d'un tiers de litre, volume courant, aujourd'hui, des moteurs de motocyclettes commerciales. Il a été question d'étendre cet usage et d'employer couramment la cylindrée à la classification des moteurs d'automobile, mais cette classification a été repoussée par la commission technique de l'Automobile Club de France, dans sa séance du 18 novembre 1903.

Remarque. — La façon simple d'évaluer la cylindrée en vue du calcul de la puissance d'un moteur que nous avons indiquée ci-dessus n'est pas adoptée par tous les auteurs. Diverses autres formules ont été proposées et nous ne pouvons faire mieux, pour éclairer nos lecteurs à ce sujet, que de reproduire la note suivante de M. Georges Prade (1) :

« Il a beaucoup été question, au moment de la cylindrée, de formules empiriques destinées à donner une force approximative en chevaux d'un moteur sur ses dimensions.

« La première et la plus simple a été la formule en centimètres cubes donnant la capacité du moteur suivant l'antique formule du calcul du volume d'un cylindre

$$V = \pi\, R^2 \times C.$$

« On l'accuse, et peut-être n'a-t-on pas tort, d'avantager les moteurs rapides, c'est-à-dire à courses comparativement courtes, c'est-à-dire au-dessous de 140 millimètres.

____

(1) L'*Auto*, n° 1207, du 1er février 1904, sous le titre « Formules empiriques ».

« Une seconde formule, à la mode aujourd'hui, est celle qui ne fait entrer dans le calcul que la racine carrée de la course, c'est-à-dire ne tient compte du coefficient de la course que de façon moindre.

« Il est même une formule assez commode, tirée de celle-ci et qui donne, ou prétend donner, directement la force en chevaux par cylindre. Elle s'établit ainsi :

$$\text{Puissance} = 0{,}07 \times R^2 \times \sqrt{c},$$

les dimensions devant être exprimées en centimètres. Essayons-la sur quelques exemples connus. Voici d'abord un cylindre de 80 d'alésage et de 90 de course; calculons sa puissance :

« Son rayon est de 4 centimètres : carré 16. Sa course est de 9 centimètres; racine carrée : 3. D'où puissance $= 0{,}07 \times 16 \times 3$ ou : 3,36 chevaux.

« Ce qui est certainement très inférieur à la réalité, le moteur de Dion-Bouton de cette dimension étant bien connu sous le titre de 4 chevaux 1/2.

« Prenons, maintenant, un 4-cylindres de 140 d'alésage et de 160 de course.

« Son rayon est de 7 centimètres; carré : 49.

« Sa course de 16 centimètres; racine carrée : 4.

« Puissance $= 0{,}07 \times 49 \times 4 = 13{,}72$ chevaux.

« Ce qui donne pour 4 cylindres : 54,88 chevaux.

« Or, les Mors de Paris-Vienne (140-150), de même alésage et de plus faible course, faisaient plus de 60 chevaux.

« Prenons enfin le type classique aujourd'hui du moteur, le 4-cylindres de 100 d'alésage et de 110 de course.

« Son rayon est de 5 centimètres; carré : 25.

« Sa course est de 11 centimètres; racine carrée : 3,31.

« Puissance $= 0,07 \times 25 \times 3,31$ ou : 5,8 chevaux.

« Ce qui donne pour quatre cylindres : 23,2 chevaux.

« Ce type de moteur fait, de façon assez courante, 28 chevaux.

« La formule est donc un peu faible, surtout pour les moteurs à course longue. »

Avec un coefficient de correction, qu'il serait sans doute possible de déterminer, cette formule pourrait rendre des services pour le calcul rapide et approximatif de la puissance d'un moteur, connaissant son alésage et sa course.

$$* \atop {*\ *}$$

Voyons maintenant d'autres méthodes proposées pour calculer la puissance d'un moteur, en considérant la cylindrée et en se servant du pouvoir calorifique de l'essence de pétrole.

Divers auteurs se sont attachés à l'étude de cette question, impossible à résoudre avec exactitude dans l'état actuel de nos connaissances. En effet, quelle que soit la méthode employée, le calcul devra s'appuyer sur des données plus ou moins imparfaitement connues et, semble-t-il, impossibles à connaître avec précision. Les auteurs ont donc dû se contenter de formules approchées.

M. Ringelmann part de ce point que, d'après lui, pour brûler un gramme d'essence il faut 16,3 litres d'air; la combustion de cette quantité d'essence dégage 11 calories environ, ce qui correspond à 700 kilgm. si l'on admet un rendement thermique de 0,15.

Ayant évalué, d'autre part, la cylindrée comme nous l'avons dit plus haut, M. Ringelmann déduit la quantité d'essence qu'il faut mélanger à l'air. Connaissant en outre le nombre d'explosions à la seconde, ce qui se détermine aisément d'après le nombre de tours par minute n (le nombre d'explosions est égal à $\frac{n}{2}$, puisque le moteur est à quatre temps), il trouve ainsi que le nombre d'explosions par seconde est de 0,00833 n et, dans la pratique, il abaisse ce chiffre théorique à la valeur 0,0075 pour éviter l'échauffement du moteur. Si l'on désigne par V le volume en mètres cubes, le poids d'essence pour 0,0075 n explosion sera 0,46 nV, d'où, pour la puissance x, la valeur

$$x = \frac{700 \times 0.46\,n\,V}{75} \quad \text{d'où}$$

$$x = 3,37\ d^2\ ln.$$

M. Witz arrive à une formule analogue, mais plus faible, par la considération de la pression exercée sur le piston ; il estime que cette pression ne dépasse pas 4,25 kilogs par centimètre carré ; avec le coefficient qu'il admet pour le rendement organique du moteur, il arrive à la formule

$$x = 2,8\ d^2\ ln.$$

Méthodes pratiques de mesure expérimentale de la cylindrée. — Au critérium des motocyclettes du quart de litre dont nous avons parlé plus haut, on mesurait expérimentalement la cylindrée du moteur par remplissage d'eau. Dans d'autres cas, on démonte purement et simplement le moteur et l'on mesure avec exactitude l'alésage et la course. MM. Barriquand et Marre ont construit un ingénieux appareil qui permet de faire rapidement et avec une très grande précision ces mesures.

Puissance des moteurs et leur consommation. — On a cru pendant quelque temps pouvoir établir une relation entre la consommation d'un moteur et la puissance qu'il développe. Les expériences qui ont été faites et les divers concours qui ont eu lieu en 1903 ont démontré jusqu'à l'évidence l'impossibilité d'une telle relation. Le rendement thermique d'un moteur est essentiellement variable d'une machine à l'autre. Ainsi, chez de Dion-Bouton, où tous les moteurs construits sont essayés, et où, la production étant de plusieurs milliers de moteurs par an, les expériences se trouvent être particulièrement nombreuses, on a reconnu que très souvent des moteurs identiques en tous points, dont les pièces sont interchangeables, produisent des puissances différentes. La consommation de ces moteurs peut être identique, cependant.

Il semble prouvé que le rendement thermique d'un moteur à essence varie avec la longueur de la course du piston. M. Brasier, le savant ingénieur bien connu, pense « qu'on a tort, en général, d'établir un rapport entre les alésages et les courses ». Ces deux éléments de la cylindrée ont chacun une fonction propre, mais leurs fonctions sont indépendantes l'une de l'autre, en ce sens que telle augmentation ou diminution de l'une d'elles n'entraîne forcément aucune variation de l'autre. La course d'un moteur influe sur sa vitesse et sur son rendement thermique. C'est aux environs de 180 millim. qu'on trouve la course donnant le meilleur rendement thermique, mais le moteur est long, ce qui oblige à employer des engrenages lourds. Au contraire, si l'on descend au-dessous de 140, l'on trouve un rendement thermique plus mauvais, mais le moteur a une vitesse grâce à laquelle on peut se servir d'engrenages légers.

En résumé, il n'est pas possible d'établir une relation constante entre la puissance développée par un moteur et sa consommation en essence ; d'ailleurs, la question est encore plus complexe que nous ne venons de le dire et, pour en faire l'étude complète, il faudrait envisager nombre d'autres éléments, sur lesquels manquent encore des indications suffisamment précises.

CHAPITRE II

La Carburation.

On appelle carburation le phénomène grâce auquel on réalise le mélange détonant qui sera admis dans le cylindre et dont l'explosion produit la puissance motrice. Du bon réglage de la carburation dépend en grande partie le bon fonctionnement du moteur. Une mauvaise carburation, outre l'inconvénient qu'elle présente de diminuer dans des proportions assez notables le rendement du moteur, a, de plus, deux défauts assez désagréables : de donner de la fumée à l'échappement, ou tout au moins l'odeur désagréable que laissent souvent derrière elles certaines voitures mal conduites ; le second est de rendre bruyant le fonctionnement du moteur.

Jusqu'à ces derniers temps, le réglage de la carburation était fait par le conducteur lui-même. A cet effet étaient disposées, sous le volant de direction, des manettes grâce auxquelles il pouvait modifier à volonté la quantité d'air ou d'essence admise à chaque instant, et, par suite, doser suivant les circonstances le mélange détonant. Un très grand nombre de voitures en service portent encore ce dispositif qui, entre des mains expertes, peut donner les meilleurs résultats. Néanmoins, depuis l'invention par le commandant Krebs du carburateur automatique appliqué aux voitures Panhard-

3*

Levassor, les autres constructeurs se sont efforcés
d'établir aussi des carburateurs automatiques et
un grand nombre des voitures exposées au dernier
Salon étaient munies d'appareils semblables. La
supériorité du carburateur automatique, dont le
rôle est de fournir au moteur un mélange rigoureusement constant, sans que le conducteur ait à
s'en occuper, est incontestable et justifie le succès
qui a accueilli cet intéressant perfectionnement.

Nous décrirons néanmoins les dispositifs de carburateurs réglables au moyen de manettes, car le
nombre de ces appareils encore en service à l'heure
actuelle est considérable ; nous commencerons
par eux la description des carburateurs.

On peut diviser les carburateurs en deux grandes
catégories : les carburateurs à léchage ou à barbotage et les carburateurs à pulvérisation.

Dans tous les carburateurs, on utilise la propriété
de l'essence de se vaporiser à une température
relativement basse ; l'appareil sert à la fois à produire cette vapeur et à obtenir son mélange intime
avec l'air atmosphérique, pour constituer l'air
carburé dont l'explosion dans le cylindre produira l'effort moteur. Pour obtenir la vaporisation
de l'essence, il est toujours nécessaire d'avoir un
courant d'air ; celui-ci est produit par l'aspiration
même du moteur.

1° Carburateurs à barbotage ou léchage. —
Ces appareils consistent en des réservoirs générale-
lement en cuivre, de dimensions assez grandes,

pouvant même, dans certains cas, atteindre 2 à 5 litres (1) (en tous cas toujours supérieures à celles des carburateurs de la seconde catégorie) ; le carburateur est en communication avec le réservoir d'essence au moyen d'un tuyau muni d'un robinet et avec l'air par une cheminée C débouchant dans l'atmosphère, cheminée fréquemment munie d'un bouchon à vis B présentant des ouvertures o pour l'entrée de l'air ; ces ouvertures sont garnies de toile métallique assez fine, afin d'éviter l'introduction dans l'appareil de corps étrangers qui pourraient obstruer les tuyaux. Comme il est nécessaire que le chauffeur soit renseigné sur la quantité d'essence contenue à chaque instant dans l'appareil, celui-ci est muni, en outre, d'un système indicateur qui peut être, soit un flotteur portant une tige qui se meut librement dans la cheminée d'entrée de l'air, soit un niveau en verre analogue à celui des chaudières à vapeur.

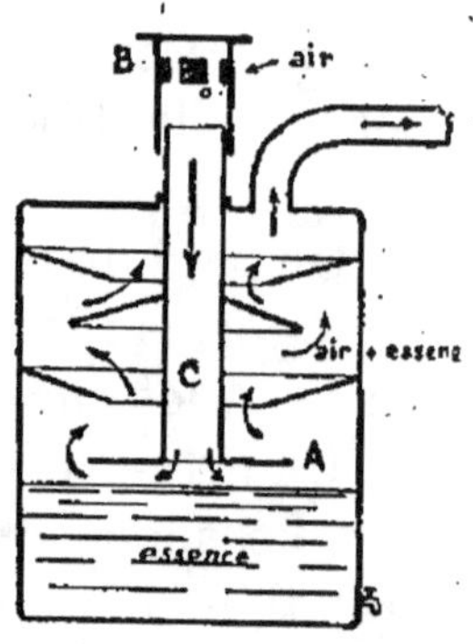

Fig. 13. — Schéma de carburateur à léchage.

La disposition de la cheminée fait naître la différence entre les carburateurs à léchage et ceux à barbotage ; dans les premiers, elle affleure au niveau maximum de l'essence (fig. 13) ; pour augmenter la surface de contact de l'air avec le liquide, la cheminée se termine par une sorte de collerette ou bande A qui oblige l'air à s'étaler en nappe à la

---

(1) On a quelquefois utilisé comme carburateur le réservoir même d'essence, disposé comme nous l'indiquons.

surface de l'essence. Dans les seconds, la cheminée plonge dans le liquide jusqu'au niveau le plus bas que l'essence puisse atteindre dans l'appareil (fig. 14). L'air appelé par l'aspiration est alors obligé de barboter dans l'essence, tout comme les gaz qui, dans les appareils de chimie, traversent des flacons laveurs pour leur purification. Dans un cas comme dans l'autre, l'air fait vaporiser l'essence, et le courant qui sort de l'appareil est chargé de vapeurs carburantes. Certains de ces carburateurs sont munis d'un dispositif de réglage qui consiste en un mouvement vertical de la cheminée, grâce auquel le conducteur peut maintenir constante la distance entre l'extrémité inférieure du tube et le niveau d'essence, ou encore modifier à son gré la carburation, c'est-à-dire le dosage du mélange, en disposant de l'écartement entre ces deux niveaux. Cette possibilité de régler la carburation au moyen de la distance entre l'extrémité de la cheminée d'air et la surface du liquide se trouve constituer, d'ailleurs, un des plus graves défauts des appareils de ce genre. En effet, il est presque impossible de maintenir constante cette distance à tout moment. Il en résulte que le conducteur ne peut pas espérer obtenir un mélange invariable, ce qui serait nécessaire pour la bonne marche et surtout pour la marche économique du moteur. D'autres causes influent également sur ces variations dans la com-

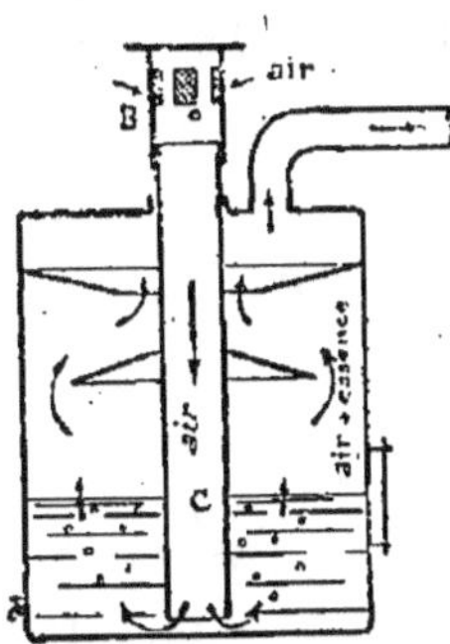

Fig. 14. — Schéma de carburateur à barbotage.

position du mélange. L'état hygrométrique de l'air, sa température, sa pression, etc., variables à chaque instant et dans un sens impossible à prévoir, viennent s'ajouter à la cause précédente et rendent impossible, pour ainsi dire, l'obtention d'une carburation bien réglée et appropriée à l'effort que l'on demande au moteur.

C'est là la principale raison qui a fait abandonner les carburateurs de ce système.

Néanmoins, avant de renoncer complètement à leur emploi, les constructeurs se sont efforcés de réaliser des dispositifs de réglage ; ils ont essayé, par exemple, de réchauffer soit l'air aspiré (en le faisant circuler dans le voisinage des tuyaux d'échappement et, dans le cas d'un moteur à ailettes, à proximité de celles-ci), soit l'essence (en entourant la partie du carburateur qui renferme ce liquide par un serpentin dans lequel circule une partie des gaz d'échappement) ; inversement, grâce à une entrée d'air froid supplémentaire que le conducteur peut ouvrir de son siège au moyen d'une manette, l'automobiliste peut refroidir l'air aspiré et, par conséquent, obtenir un mélange moins riche en essence, si le besoin s'en fait sentir.

Avant de passer du carburateur au moteur, le mélange carburé traverse une chambre à chicanes dans laquelle se produit un brassage qui assure l'homogénéité du mélange.

L'ingéniosité de ce système, imaginé par les constructeurs pour corriger les imperfections du carburateur à barbotage ou à léchage, n'a pas sauvé la vie à ceux-ci, le carburateur à pulvérisation dont nous allons parler maintenant, se prêtant incomparablement mieux à la réalisation de tous les desiderata que nous avons signalés plus haut.

2° Carburateurs à pulvérisation.— Ceux-ci présentent à un très haut point l'avantage d'une régulation facile et les constructeurs se sont attachés à obtenir par eux des mélanges à composition constante ou, en d'autres termes, à proportionner la quantité d'essence à la quantité d'air aspiré par le moteur. D'une façon générale, tous les carburateurs de ce système se composent de deux parties : un récipient de petites dimensions généralement désigné sous le nom de *vase à niveau constant*, et d'une *chambre de pulvérisation*.

La figure 15 représente l'ancien carburateur employé dans les voitures G. Richard. Cet appareil n'est plus employé aujourd'hui, la maison Richard-Brasier ayant établi des carburateurs perfectionnés, que nous décrirons plus loin, mais, comme on rencontre assez souvent ce carburateur sur des voitures de construction un peu ancienne, il nous a semblé intéressant de le représenter ici.

Ce carburateur est exactement composé des diverses parties que nous allons décrire ci-dessous.

Le vase à niveau constant est muni d'un robinet pointeau relié à un flotteur ; l'appareil est réglé de telle façon que le mouvement du flotteur venant agir sur le pointeau ouvre plus ou moins l'arrivée d'essence, le niveau de celle-ci restant toujours le même. Le niveau constant est ainsi obtenu d'une façon tout à fait automatique et sans que le conducteur ait à s'en occuper.

Du fond du vase à niveau constant part un tube aboutissant à la chambre de pulvérisation et se terminant par un ajutage dont l'orifice se trouve à un niveau légèrement supérieur à celui de l'essence dans le récipient précédent. Cette différence de niveau a pour but d'empêcher l'écoulement continu de l'essence qui se produirait si le niveau était le même ou si celui de l'ajutage était inférieur à celui de l'essence dans le premier vase. Grâce à cette disposition, l'essence ne sort par l'orifice que chaque fois que l'aspiration produite par le piston fait un certain vide dans la chambre de pulvérisation.

Celle-ci communique, d'autre part, avec l'atmosphère ; suivant que le moteur aspire pendant plus ou moins longtemps, c'est-à-dire suivant le régime auquel il marche, l'essence est elle-même aspirée plus ou moins longtemps et l'on arrive ainsi à obtenir une proportionnalité assez satisfaisante entre le volume d'air et celui d'essence aspirés à chaque cylindrée.

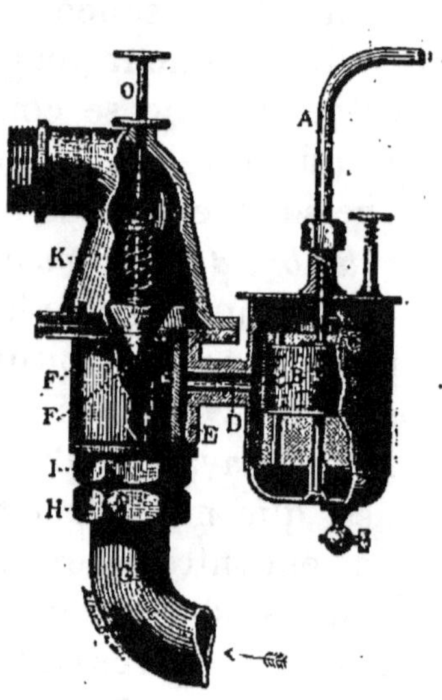

Fig. 15. — Ancien carburateur G. Richard.

Le jet de liquide arrivant dans la chambre de pulvérisation vient se briser contre un organe dit *champignon* (fig. 15) consistant en un cône à

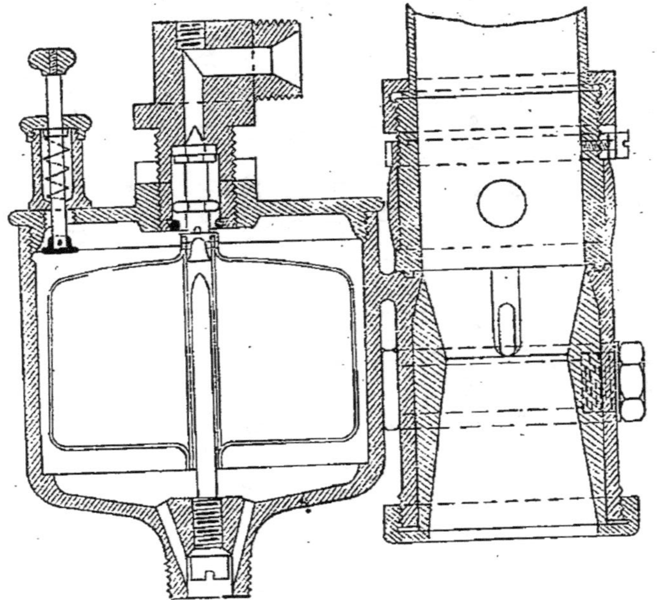
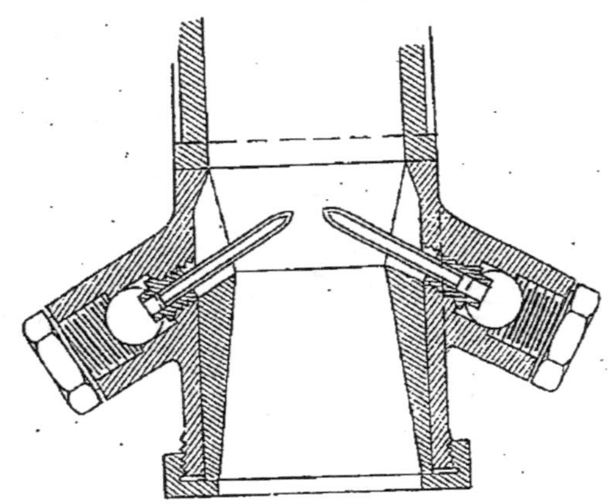

Fig. 16. — Carburateur G. Richard-Brasier.

pointe tournée vers le bas. L'air aspiré en même temps étant légèrement chauffé, son effet s'ajoute à celui du choc dont nous venons de parler, ce qui assure la pulvérisation et la vaporisation de l'essence; enfin, le mélange de l'essence en vapeurs avec l'air est complété par le passage sur des chicanes disposées de façon analogue à ce qui est employé pour les carburateurs du type précédent (voir fig. 15).

Les carburateurs ainsi conçus sont très supérieurs à ceux à barbotage ou léchage au point de vue de la constance du mélange obtenu.

Cependant, un réglage est parfois nécessaire; mais il est beaucoup plus aisé que dans le cas précédent et s'obtient le plus souvent grâce à une arrivée d'air supplémentaire que le conducteur commande de son siège au moyen d'une manette.

Une autre disposition a été employée avec succès pour obtenir la pulvérisation de l'essence.

La figure 16 représente le carburateur Richard-Brasier dernier modèle. On peut voir par la figure que cet appareil se compose aussi d'un vase à niveau constant et d'une chambre de pulvérisation; mais, dans celle-ci, au lieu de lancer le jet d'essence contre un obstacle métallique pour en réaliser la pulvérisation, on produit deux jets de liquide arrivant l'un contre l'autre par deux ajutages faisant un angle aigu, et c'est le choc des deux jets liquides eux-mêmes l'un contre l'autre qui produit la pulvérisation. L'appareil comporte quelques autres modifications de détail dont la description sortirait du cadre de ce manuel.

La voiture Richard-Brasier, conduite par Théry, qui a gagné la coupe Gordon-Bennet au Taunus, en 1904, était munie d'un carburateur de ce système.

Ces carburateurs sont munis d'un petit piston manœuvré de l'extérieur au moyen d'un bouton (appelé souvent *touche à ressort*) muni d'un ressort de rappel et destiné à amener l'essence au carburateur au moment de la mise en marche de la voiture.

Quand un carburateur est en mauvais état, il peut arriver que l'essence coule même au repos, ce qui « noie » le carburateur : c'est là une des causes (que nous aurons, du reste, à signaler plus tard) de difficulté de mise en marche ou encore de mauvais fonctionnement du moteur.

Mais, si le carburateur est en bon état, au moment où l'on veut mettre en marche le moteur, il est nécessaire d'attirer l'essence dans l'appareil, en attendant que cet appel se fasse automatiquement par l'aspiration du moteur.

C'est là le rôle du petit piston en question que l'on peut voir sur la figure 15 en R et sur la figure 16 en haut, à gauche.

Carburateurs automatiques. — Les carburateurs construits comme nous venons de le dire réalisent déjà un progrès considérable sur ceux à barbotage ou léchage. On obtient par eux un mélange carburé de composition à peu près constante, cette composition pouvant être réglée dans une certaine mesure par le conducteur.

On a cherché néanmoins à faire mieux et à supprimer complètement le réglage de la carburation ; c'est dans cet esprit qu'ont été étudiés les carburateurs automatiques dont nous allons parler maintenant.

Carburateur Krebs (fig. 17). — Décrivons d'abord le carburateur imaginé par le commandant Krebs, directeur de la maison Panhard (d'après la description qu'en fait M. Farman dans son ouvrage *L'Automobile*).

Le carburateur Krebs se compose de trois parties essentielles :

La première partie est formée par un premier orifice d'entrée d'air, en communication avec l'atmosphère (au moyen d'un pavillon), d'une part, et avec la chambre de pulvérisation P d'autre part ; par un orifice d'écoulement de l'essence désigné sous le nom de gicleur G et en communication lui-même avec un vase à niveau constant comme dans le carburateur que nous avons décrit plus haut.

Jusqu'ici, rien ou presque rien ne distingue l'appareil de ceux-ci.

La deuxième partie comprend le système de régulation de l'admission, constitué par un tiroir cylindrique (à droite de la figure) coulissant dans un cylindre qui communique avec la chambre de pulvérisation par une de ses extrémités et qui est fermée à l'autre.

Le régulateur monté sur la voiture (voir cha-

pitre v) agit sur ce tiroir au moyen d'une tige;
le tiroir vient ainsi ouvrir ou fermer une
lumière annulaire disposée sur le cylindre extérieur et en communication avec le tuyau vertical

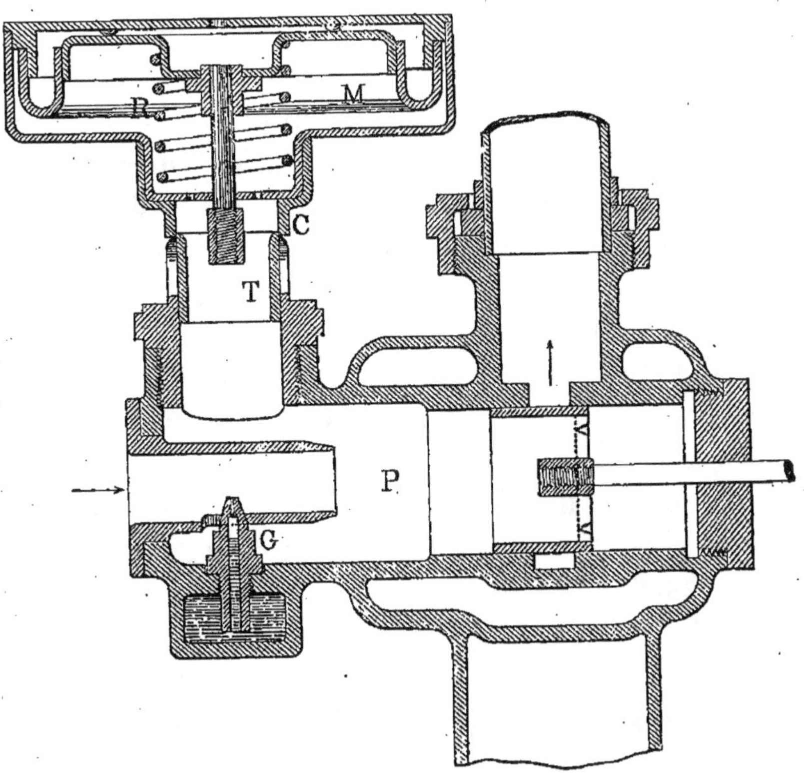

Fig. 17. — Coupe verticale du carburateur automatique,
système Krebs.

allant au cylindre du moteur. Un dispositif de
dentelure terminant le tiroir permet un étranglement progressif.

La troisième partie du carburateur Krebs consiste
en un orifice supplémentaire d'entrée d'air T

en communication directe avec la chambre de pulvérisation ou le cylindre horizontal de droite.

Un deuxième tiroir vient masquer ou démasquer des lumières pratiquées dans un deuxième cylindre C qui communique également avec la chambre de pulvérisation P; le profil des orifices de ce deuxième cylindre est tracé en disposant symétriquement la courbe obtenue par la dérivée de l'équation de la section S, et après une transformation des coordonnées permettant d'obtenir au moyen des quatre ouvertures l'aire de cette courbe.

Un piston se déplace sans frottement dans un cylindre formant la partie supérieure (à gauche dans la figure) de l'appareil, et se trouve relié par une tige au tiroir T.

Une membrane M élastique et imperméable est sertie à la fois, d'une part, sur le piston et, d'autre part, sur le cylindre; cette membrane assure le joint entre le piston et le cylindre, le jeu entre ces deux organes étant assez grand comme on peut le voir sur la figure.

Un ressort R, à tension convenablement réglée, maintient le piston à fond de course quand l'appareil est au repos; le tiroir T masque alors complètement les orifices du cylindre C et l'une des faces du piston communique avec la chambre de pulvérisation par le cylindre C; l'autre communique avec l'atmosphère par un petit orifice visible à la partie supérieure de la figure, sur le couvercle.

Quand le moteur fonctionne, le premier tiroir

vient obturer plus ou moins l'orifice du tuyau de communication avec les cylindres du moteur, d'où une variation convenable du poids de mélange aspiré.

L'aspiration produite par le moteur crée dans la chambre de pulvérisation un vide relatif qui force l'air à passer par l'orifice et l'essence par le gicleur G.

Le piston supérieur se trouve soumis au même vide; il se déplace donc en comprimant le ressort R et arrive à faire mouvoir le tiroir T qui ouvre plus ou moins les orifices correspondants. Un volume d'air proportionnel au vide créé par l'aspiration pénètre alors dans la chambre de pulvérisation et vient s'ajouter à celui qui était entré par le premier orifice : on obtient ainsi automatiquement un rapport constant entre le poids d'air et le poids de liquide aspirés par le moteur.

Lorsque le moteur fonctionne à sa vitesse la plus réduite, les orifices masqués par le tiroir T doivent rester fermés : on calcule pour ceux-là la section de ce premier orifice et la tension initiale du ressort R.

Les résultats donnés par ce carburateur sont excellents et cet appareil permet de réaliser d'une façon pratiquement rigoureuse et quelle que soit la vitesse du moteur, un mélange carburé à composition constante.

Décrivons maintenant quelques carburateurs de types plus récents présentés par divers constructeurs au dernier Salon de l'Automobile.

Carburateur Delahaye. — Le carburateur Delahaye, automatique comme tous les modèles que
nous allons décrire maintenant, est caractérisé par
l'absence de prises additionnelles; M. Varlet, ingénieur à la maison Delahaye, a fait cette suppression
parce qu'il pense que l'ouverture d'un orifice supplémentaire dans un carburateur, au lieu de produire une admission d'air additionnelle, ne fait que
diminuer la force d'aspiration exercée sur l'ajutage.

Une conduite venue de fonte avec le cylindre
sert à l'aspiration de l'air chaud qui pénètre dans
la cheminée centrale par deux orifices réglables.
L'air descend dans cette cheminée pendant qu'un
jet d'essence y monte; le liquide se vaporise ainsi
et le mélange traverse, avant d'aller au moteur, les
orifices d'étranglement d'un tiroir renfermé dans
la cheminée. Le rôle de ce tiroir est de régler la
section des orifices d'entrée d'air en même temps
que l'admission de gaz au moteur. L'air employé
étant toujours à une température élevée, son état
hygrométrique ne vient pas influer sur sa puissance de vaporisation, ce qui peut nuire, comme
nous l'avons indiqué précédemment, à l'obtention
d'un mélange constant.

Signalons encore une particularité intéressante
de ce carburateur, destinée à faciliter la mise en
marche du moteur. Lorsqu'on fait tourner à la
main la manivelle pour lancer le moteur, manœuvre dont nous parlerons plus tard, le giclage
de l'essence se produit automatiquement et il n'est
pas nécessaire de provoquer un appel d'essence
dans le carburateur au moyen d'un bouton comme
nous avons dit plus haut.

Carburateur Rossel. — Cet appareil diffère assez notablement de ceux que nous avons décrits jusqu'à présent. On peut voir par la figure 18 sa disposition schématique. L'air pénètre dans ce carburateur par un orifice A; l'ajutage E sert à l'arrivée de l'essence. Le réglage de l'admission d'air se fait une fois pour toutes au montage du carburateur en ouvrant plus ou moins des guichets G que l'on peut voir sur la figure. On a cherché également

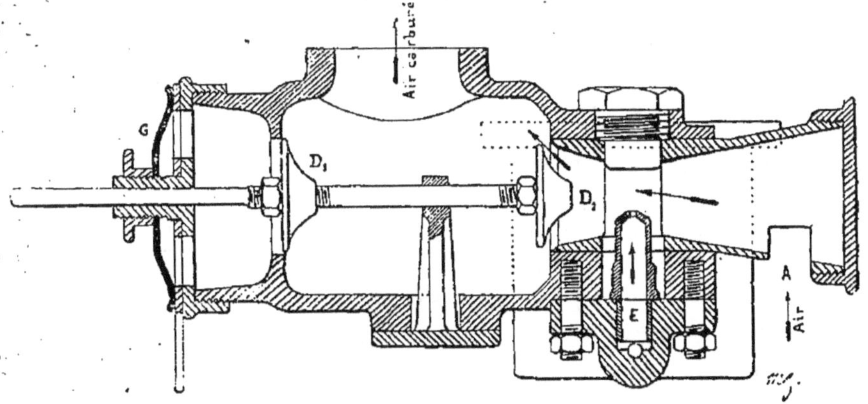

Fig. 18. — Carburateur Rossel.

ment dans ce carburateur à réaliser la variation avec la vitesse du moteur de la quantité d'air aspirée; ce résultat est obtenu par un disque D_1 de forme à peu près tronconique monté sur une tige horizontale portant à une extrémité un deuxième disque D_2; ce deuxième disque permet l'admission d'une quantité plus ou moins grande de mélange dans le cylindre du moteur; en même temps, le déplacement du disque D_1 modifie la quantité d'air pénétrant dans l'appareil. La tige D_1 D_2 est actionnée directement par le régulateur

La section des orifices a été calculée par le constructeur de façon à ce que, en marche normale, la carburation normale soit obtenue, et que, en marche ralentie, l'entrée de l'air se ferme, l'arrivée de gaz laissant passer la quantité exactement nécessaire au fonctionnement du moteur; on réalise ainsi un mélange très riche en faible quantité, et les ratés du moteur sont évités ; à l'arrêt, le disque D_2 obture complètement l'orifice correspondant; l'orifice D_1 s'ouvre alors peu à peu, laissant entrer de l'air pur et évitant ainsi dans les cylindres la dépression qui se produit forcément quand toute arrivée est fermée, et dont l'effet est l'aspiration de l'huile au-dessous des pistons, aspiration qui encrasse les appareils d'allumage. Outre la commande automatique de ce carburateur par le régulateur, il est possible d'agir sur lui-même au moyen d'une manette placée sous le volant de direction et grâce à laquelle l'on peut faire varier la vitesse du moteur de 100 à 1.300 tours environ.

Carburateur double de Dion-Bouton. — Ce carburateur a été établi par les distingués constructeurs de Puteaux en vue de l'alimentation de leurs moteurs à deux cylindres (fig. 3 et 4). Dans les premières voitures munies d'un semblable moteur, ces constructeurs avaient établi deux carburateurs jumeaux : la nécessité d'une telle disposition naît de ce fait que, avec le montage adopté par de Dion-Bouton, de deux manivelles calées à 180° (ce qui assure un parfait équilibrage des masses en mouvement), les deux cylindres n'explosent pas à des intervalles égaux; chaque groupe de deux explosions est séparé du suivant par un intervalle d'un tour et demi (voir plus haut page 27). Par suite de cette particularité, le rendement du moteur, si on l'alimente avec un seul carburateur, est nettement inférieur à celui que l'on obtient en employant deux de ces appareils (1). C'est là ce qui a conduit MM. de Dion-Bouton à employer sur leurs premières voitures avec moteur à deux cylindres deux carburateurs jumeaux. Chacun de ces appareils était identique à ceux employés par eux jusqu'ici sur leurs voitures monocylindriques.

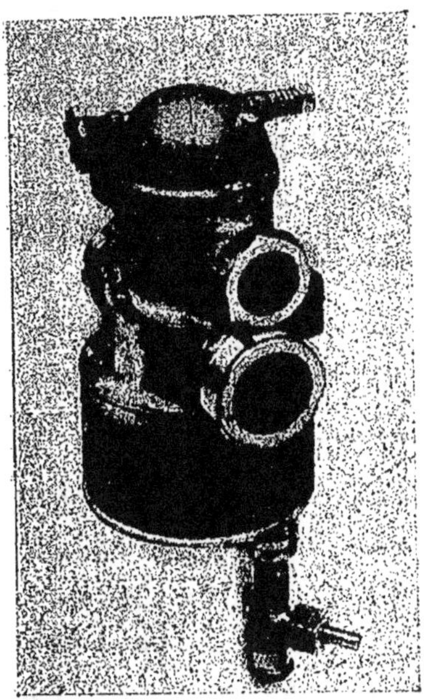

Fig. 19. — Carburateur double de Dion-Bouton. Vue extérieure.

Mais cette solution peu élégante a dû laisser la place à celle que MM. de Dion-Bouton ont imaginée et que l'on pouvait voir au Salon de 1903.

Le résultat que donnaient les deux carburateurs jumeaux est maintenant obtenu au moyen d'un seul appareil, ce qui, outre la plus grande simplicité qui en résulte, présente l'avantage d'éviter la petite difficulté de

______

(1) Cette réduction du rendement tient à ce que, lorsque l'aspiration du premier cylindre étant terminée, sa soupape d'admission se ferme, il se produit dans le carburateur un coup de bélier qui nuit pendant quelques instants à la bonne aspiration du second cylindre.

réglage des deux boisseaux des deux carburateurs du montage précédent.

La figure 19 représente l'aspect extérieur d'un de ces carburateurs doubles.

Une seule arrivée d'essence alimente l'appareil; à part celle-ci, tout le reste du carburateur est symétrique par rapport à l'axe vertical de l'appareil, suivant lequel se trouve une cloison de séparation qui porte elle-même une pièce servant au guidage des deux boisseaux de réglage. Ceux-ci consistent en des tubes cylindriques en laiton munis de lumières convenablement disposées et réunies à la partie supérieure par une traverse; leur déplacement dans le sens vertical a lieu au moyen d'une petite manivelle dont l'axe est monté sur des tourillons traversant le chapeau du carburateur; ce déplacement produit les variations dans la quantité de mélange admise et dans le volume d'air supplémentaire aspiré.

L'alimentation en essence, unique pour les deux parties de l'appareil comme nous l'avons déjà dit, se fait par une tubulure verticale dans laquelle se déplace un pointeau à la manière ordinaire. Le soulèvement de celui-ci est obtenu par le dispositif que nous avons déjà décrit, d'un flotteur agissant sur lui au moyen de deux bascules; ce flotteur, comme dans les carburateurs simples pour moteurs à un cylindre système de Dion-Bouton, est de forme annulaire, ce qui procure cet avantage que les inclinaisons n'ont pas d'influence sensible sur le niveau dans les deux gicleurs, lesquels sont très près de l'axe du flotteur et très rapprochés l'un de l'autre.

Si l'alimentation en essence est commune, par contre, la carburation de l'air se fait en double par

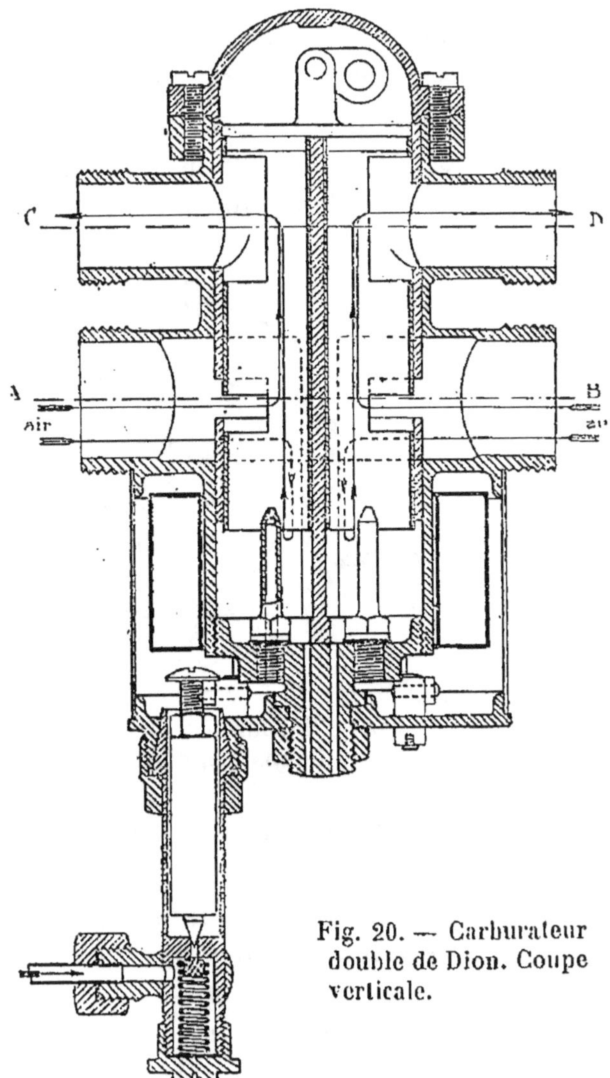

Fig. 20. — Carburateur double de Dion. Coupe verticale.

des canalisations tout à fait séparées pour l'un et l'autre cylindre, mais dans des conditions rigoureusement identiques.

A la mise en marche, les deux boisseaux de réglage sont abaissés; l'air pénètre dans des espaces annulaires ménagés dans le corps du carburateur (voir coupe verticale, fig. 20) et passe en entier par les lumières inférieures des boisseaux pour remonter jusqu'à des tubulures C D placées à la partie supérieure du carburateur. Une fois le moteur en marche, les boisseaux sont soulevés de la quantité nécessaire pour obtenir la bonne carburation, et à ce moment pénètre, par des fenêtres A et B situées au-dessous des tubulures, une quantité d'air supplémentaire variant avec la grandeur des lumières.

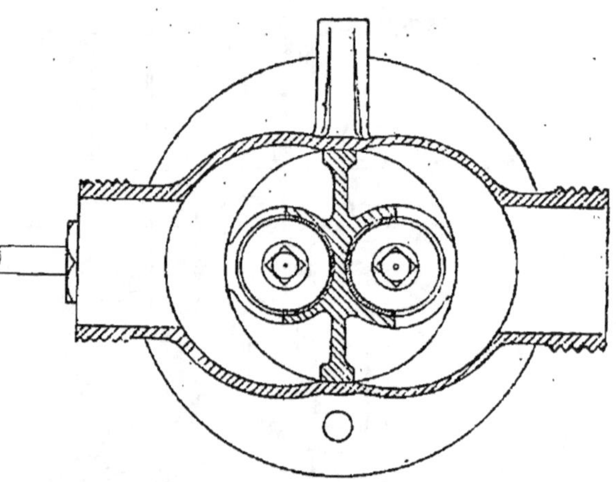

Fig. 21. — Carburateur double de Dion.
Coupe horizontale.

La forme des fenêtres est rectangulaire dans la pièce centrale comme dans les boisseaux, ce qui permet d'établir une coïncidence parfaite entre les ouvertures de droite et de gauche beaucoup mieux que si on avait eu affaire à des boisseaux tournants avec orifices circulaires.

Les orifices de la partie supérieure offrent toujours au passage du gaz une section égale à celle des tubulures C et D.

4'

La figure 21 représente la coupe horizontale du carburateur par l'axe des tubulures de sortie du gaz carburé.

Cette disposition de carburateur double revient, on le remarquera, à l'ancien système de deux carburateurs jumeaux, avec l'avantage d'un appareil de poids et d'encombrement moindres, et celui d'un réglage plus facile.

Carburateur Grouvelle et Arquembourg. — Nous aurons plus tard à décrire le très intéressant système de régulation du moteur imaginé et construit par MM. Grouvelle et Arquembourg. Décrivons maintenant ici le carburateur de ces constructeurs, lequel complète, d'ailleurs, le système de régulation. Cet appareil, que l'on peut voir en coupe verticale figure 22, est du type à niveau constant.

Une première particularité consiste dans la disposition du flotteur dont la partie inférieure joue en quelque sorte le rôle de frein hydraulique évitant les déplacements trop brusques qui produiraient le matage de la soupape S. Ce résultat est obtenu en garnissant la partie inférieure du flotteur d'une cloche dont le diamètre est plus petit, de deux à trois dixièmes de millimètre seulement, que celui de la boîte dans laquelle elle se déplace. Le liquide ne pouvant s'écouler que très lentement entre cette cloche et les parois de la boîte, le mouvement du flotteur est forcément très lent.

La chambre de giclage de ce carburateur est horizontale ; ses parois sont formées par une courbe sinusoïdale, étranglée au centre, au point même où se trouve l'orifice du gicleur. MM. Grouvelle et Arquembourg pensent que cette forme particulière de la chambre de giclage réalise la constance de la carburation. En effet, la colonne d'air qui pénètre dans le couloir suit la tangente aux parois au moment de l'étranglement ; au delà de cet étranglement de la veine gazeuse se produit un épanouissement, en un point variable suivant la force de l'aspiration. Plus celle-ci tend à exagérer le débit d'essence, plus la zone d'épanouissement s'éloigne de l'orifice du gicleur et en maintient le débit un peu au-dessous de sa valeur normale.

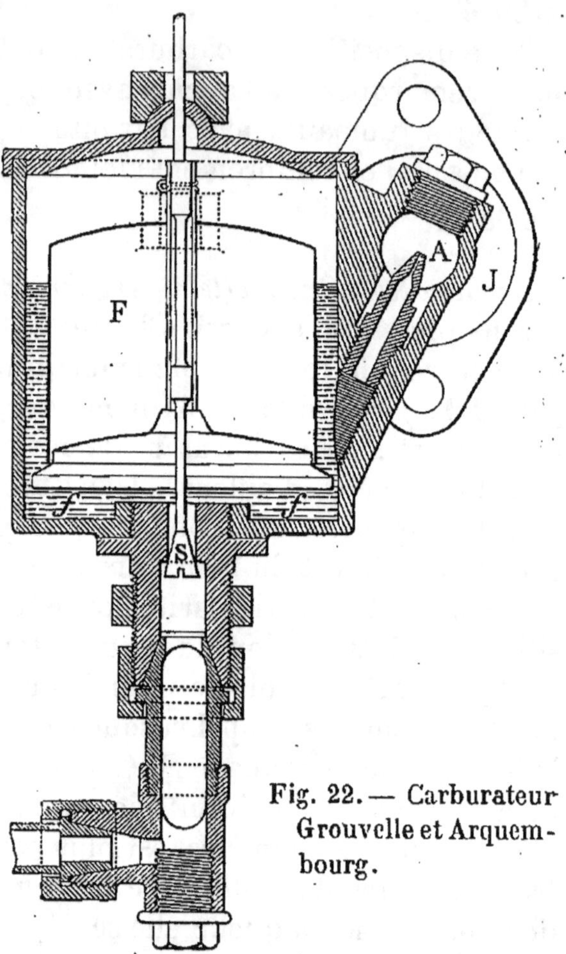

Fig. 22. — Carburateur Grouvelle et Arquembourg.

Carburateur Mors. — La figure 23 représente en coupe verticale ce carburateur, dans lequel le constructeur a cherché à obtenir l'alimentation la plus convenable du moteur pour les différentes vitesses que le conducteur peut avoir à lui donner.

Dans le corps A se trouve la tubulure B comprenant l'ajutage C par lequel pénètre l'essence; le niveau de l'essence est maintenu constant au moyen d'un flotteur et d'un pointeau (non figurés), ainsi que nous l'avons déjà dit.

D est une entrée fixe d'air qui alimente le tube B;

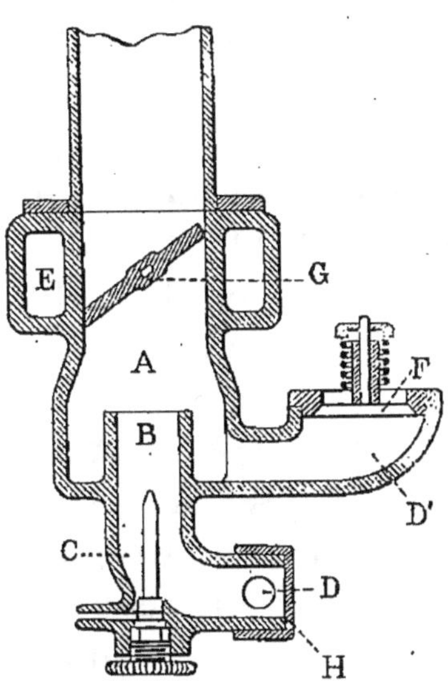

Fig. 23. — Carburateur Mors.

D' est une entrée additionnelle, réglée par le jeu de la soupape F; cette deuxième entrée aboutit dans l'espace annulaire qui entoure B.

Voici maintenant comment fonctionne le carburateur :

Au moyen du papillon G, le conducteur règle l'admission des gaz dans le moteur. En marche modérée, l'air ne pénètre que par l'orifice D, et la tubulure B. Lorsque l'on accélère la marche, on ouvre progressivement le papillon G ; les gaz trouvent un passage plus grand ; il en résulte une augmentation de la dépression en A, la soupape F s'ouvre, laissant entrer par D' l'air additionnel qui se mélange à l'air carburé de B. Il est facile de comprendre que, plus le papillon G est ouvert, plus le moteur tourne vite, mais aussi plus la dépression en A est grande, d'où plus grande ouverture de la soupape F; la carburation reste donc bonne, quelle que soit la vitesse à laquelle marche le moteur.

L'appareil entier est étudié pour obtenir à chaque vitesse différente la dépression la plus convenable sur l'ajutage, et le mélange détonant est toujours à la bonne température, grâce à une dérivation de l'eau de circulation qui traverse l'espace annulaire E entourant le papillon ; de plus, le boisseau H, réglable à volonté suivant les conditions atmosphériques, obture partiellement l'orifice d'entrée d'air fixe D.

Avant de quitter cette question de la carburation et des carburateurs, nous croyons intéressant de reproduire quelques considérations sur la carburation dues à M. Walcker, ingénieur civil des mines (1).

Les conditions de fonctionnement des carburateurs, en général, obligent à disposer un orifice d'entrée de l'air de très grand diamètre par rapport à celui du gicleur à essence; cette différence est indispensable pour obtenir l'aspiration du liquide.

Supposons avec M. Walcker que, en marche à allure lente, avec admission incomplète (la vitesse de l'air dans le carburateur étant alors très faible), supposons, disons-nous, que nous avons en ce cas la bonne carburation. Si nous augmentons maintenant la vitesse du moteur, il va arriver inévitablement, quels que soient le moteur et le carburateur, que la carburation va changer. Il sera donc nécessaire, au moyen d'une manette réglable à la main par le conducteur, ou au moyen d'une com-

---

(1) *La Vie Automobile*, n° 116 du 19 décembre 1903.

mande mécanique quelconque, d'introduire une certaine quantité supplémentaire d'air. A ce moment, en effet, l'aspiration du moteur devient plus intense ; la masse d'air située en amont de la soupape est animée d'une vitesse plus considérable et la densité de cet air diminue, parce qu'il se trouve dilaté. Mais, l'essence qui, sous l'influence de cette dépression plus forte a jailli davantage, étant liquide, et par suite incompressible et pratiquement non dilatable, la carburation se trouve être plus riche en essence, d'où la nécessité d'une introduction supplémentaire d'air.

D'autre part, comme l'aspiration est intermittente, puisqu'elle n'a lieu que pendant un temps sur quatre, à chaque fermeture brusque de la soupape d'admission, le courant d'air est arrêté d'un seul coup et vient frapper tout obstacle qui s'oppose à sa marche. Mais l'inertie du jet d'essence empêche celle-ci de s'arrêter aussi rapidement ; d'ailleurs, l'entrée d'essence n'étant pas fermée brusquement par une soupape, le liquide va continuer à couler pendant quelques instants pour s'arrêter ensuite progressivement ; c'est là une deuxième cause d'enrichissement du mélange en essence qui explique également la nécessité d'une entrée additionnelle d'air. Remarquons que, plus la vitesse du moteur sera grande, plus la force d'inertie du jet d'essence sera grande, et plus il faudra par conséquent donner d'air supplémentaire. Il va sans dire que la réciproque de tout ce que nous venons de dire est vraie et que, si la vitesse du moteur diminue, il faudra fermer progressivement l'entrée additionnelle d'air jusqu'à sa suppression complète. M. Walcker fait remarquer que, pour les vitesses très faibles du moteur une troisième raison oblige à accentuer cette manœuvre. Voici cette raison :

« L'essence se trouve au fond d'une sorte de petit puits, d'une profondeur très faible, il est vrai, mais cependant appréciable. Il faut par conséquent que le courant d'air soit assez fort pour produire une dépression suffisante à faire monter l'essence.

« Si nous voulons faire tourner le moteur très lentement, nous serons amenés, pour les raisons précédentes, à diminuer et fermer complètement l'entrée additionnelle d'air pour maintenir la carburation dans des proportions convenables, mais alors il pourra arriver que la section de passage de l'air, que nous ne pouvons plus diminuer, soit encore trop grande pour produire une dépression assez forte pour faire monter l'essence et que, le moteur n'aspirant plus que de l'air, l'explosion n'aie plus lieu.

« Nous serons donc réduits, si nous ne voulons pas « caler », à augmenter la vitesse de notre moteur pour augmenter celle du courant d'air, à moins que nous n'ayons un moyen soit commandé, soit automatique, de réduire la section de passage de l'air, pour produire une dépression plus grande. »

En résumé, pour obtenir une bonne carburation, il est nécessaire d'avoir un dosage constant, et les considérations précédentes montrent que ce dosage constant sera obtenu si la dépression produite dans le carburateur l'est également. MM. Chenard-Walcker et Cie ont étudié un carburateur dans lequel ils cherchent à réaliser cette constance de la dépression. Voici comment ces constructeurs sont arrivés à réaliser cette dépression constante nécessaire pour le réglage automatique du carburateur. Tout d'abord, cette dépression détermine un appel d'air, et, par suite, un courant dont la vitesse est d'autant plus grande que la dépression est plus forte ; la vitesse du courant d'air est d'ailleurs la même que celle du piston multipliée par le rapport existant entre la section du piston et celle de la bague d'air du carburateur. Par suite, si nous connaissons la vitesse moyenne du piston, ou si nous voulons adapter le carburateur à une marche donnée du moteur, à laquelle correspond évidemment une vitesse moyenne du piston, nous connaîtrons, par cela même, la vitesse du courant d'air et nous pourrons même représenter la variation de cette vitesse par une courbe qui sera de même forme que celle représentant la variation de vitesse du moteur.

Lorsque le piston commence l'aspiration, la dépression et, par suite, le courant d'air, sont nuls ; leur valeur augmente progressivement avec la vitesse du piston jusqu'à atteindre un maximum correspondant à la vitesse maxima du piston ; à partir de ce moment, la vitesse du piston diminue jusqu'à s'annuler ; la dépression suit le même sens et finit par atteindre la valeur zéro.

Ceci est vrai surtout pour la marche à allure relativement lente du moteur ; mais, si la vitesse de celui-ci augmente beaucoup, les phénomènes que nous venons de décrire se reproduisent identiques à eux-mêmes, en série, à des intervalles de plus en plus rapprochés, et la courbe représentant ces variations de vitesse ainsi que les variations de dépression correspondantes, se rapproche de plus en plus d'une ligne droite.

Le *carburateur Chenard, Walcker et C*[ie] que représente la figure 24 cherche précisément à remplacer l'emploi de ces courbes à allure mouvementée par une droite horizontale, image de la dépression constante.

Outre ces considérations, les constructeurs ont eu en vue une autre condition à réaliser dans le carburateur que nous décrivons. Si l'on veut absorber dans l'appareil un débit variable, il est de toute nécessité de faire varier proportionnellement à ce débit la section offerte au passage de l'air ; sans cela, la vitesse des gaz ne serait pas constante, ce qui nuirait au bon fonctionnement du carburateur.

D'autre part, pour obtenir une carburation constante, il est nécessaire également que les sections d'entrée d'air et d'essence restent dans un même rapport, ou, en d'autres termes, que la section de passage de l'essence varie aussi proportionnellement au débit.

Voyons maintenant comment MM. Chenard, Walcker et Cie ont réalisé les conditions que nous venons d'exposer : L'entrée d'air est obturée par une soupape plate qu'on peut voir en S S sur la figure 24. L'essence arrive par un ajutage central, qu'une aiguille conique *a* permet de fermer.

La soupape et l'aiguille conique *a* font corps ; on obtient ainsi que, à une section double, par

5.

exemple, pour l'entrée d'air, corresponde une section double pour l'essence. L'une des conditions que nous avons exprimées ci-dessus se trouve ainsi réalisée : *le rapport des sections d'air et d'essence reste constant*, en vue d'assurer une carburation fixe sous l'influence d'une même dépression.

Restait à obtenir la dépression constante. Pour cela, la soupape S S tend à se fermer sous la poussée d'un ressort dont la tension est pratiquement constante pour toute la levée de la soupape. On peut voir ce ressort en R, sur la figure, à la partie supérieure du carburateur.

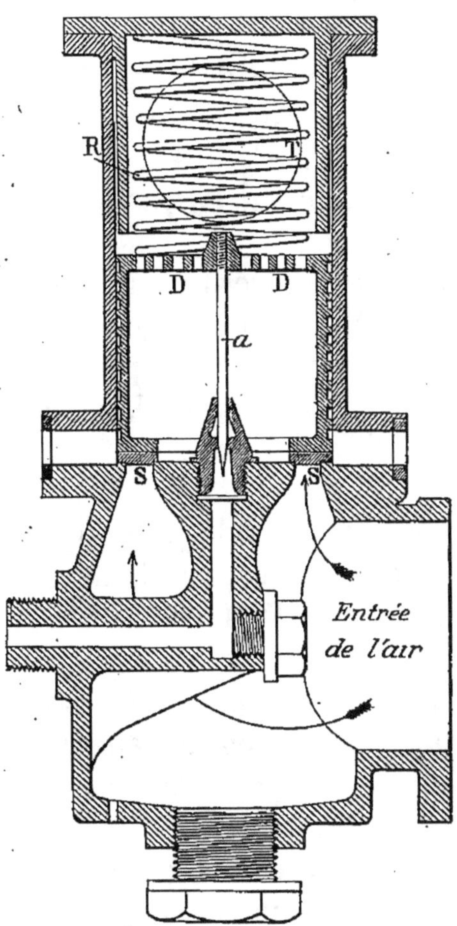

Fig. 24. — Carburateur Chenard, Walcker et Cⁱᵉ, coupe verticale.

Il est évident que la soupape ne se lèvera que lorsque la dépression aura atteint la valeur de la tension du ressort. Donc, si le débit augmente, la dépression tend à augmenter et à atteindre une valeur supérieure à la tension du ressort, d'où soulèvement de la soupape pour augmenter le débit, et la dépression se trouve diminuée en même temps. Le phénomène inverse se produit de la même façon, d'ailleurs, lorsque le débit diminue.

Dans les carburateurs ordinaires, cette dépression varie souvent dans le rapport de 1 à 10.000 ; ici, ces oscillations se maintiennent entre 28 et 32 centimètres d'eau environ.

Cette dépression constante présente, en outre, l'avantage d'assurer un mélange homogène, car le giclage, qui est dû à l'aspiration même produite par le piston, a lieu, ici, toujours avec la même puissance, puisque l'aspiration motrice a une valeur elle-même constante.

Mais, si la hauteur à laquelle jaillit le jet (environ 40 centimètres à l'air libre) est toujours la même, la grosseur en est variable avec le débit demandé par le moteur.

Le jet d'essence se pulvérise contre le disque perforé D D et le brassage obtenu est excellent.

Nous pouvons donc dire, avec M. Walcker, que la soupape suit ainsi littéralement le mouvement du piston et qu'elle règle l'aspiration pour toute vitesse du piston pendant une même aspiration.

Ajoutons que le niveau, dans ce carburateur, est réglé au moyen d'un flotteur à la manière ordinaire; le mélange carburé s'échappe par l'orifice T et, de là, se rend au moteur (1).

---

(1) Nous avons mis à contribution, pour la description de cet appareil et pour les considérations qui la précèdent, la très intéressante note de M. Walcker publiée dans la *Vie Automobile*.

CHAPITRE III

L'Allumage.

Généralités. — On désigne dans une automobile, sous le nom d'*allumage*, l'ensemble des organes destinés à produire l'inflammation du mélange gazeux après la compression de celui-ci, ainsi que l'opération de l'inflammation elle-même. C'est un point capital du mécanisme, et dont le parfait fonctionnement est indispensable si l'on veut s'éviter toutes sortes de difficultés dans la conduite de sa voiture. Un mauvais allumage est la cause de la plus grande partie des pannes ; il n'est pas exagéré de dire que 75 à 80 % de ces pannes sont dues à des défauts de l'allumage. Un progrès considérable a été réalisé dans cet ordre d'idées par l'application aux nouvelles voitures de l'allumage par magnéto que nous décrirons plus loin. Cependant, certaines difficultés de réglage et autres font que tous les constructeurs n'ont pas encore réussi à doter leurs voitures de ce perfectionnement d'une façon tout à fait courante.

L'allumage peut se faire de deux façons principales:

1° Par l'incandescence ;

2° Par l'électricité.

Ce deuxième système se subdivise lui-même en :

a) Allumage par étincelle d'induction, le courant pouvant être fourni par des piles ou par des accumulateurs ;

b) Allumage par magnéto.

1° Allumage par incandescence. — Ce système, longtemps employé par tous les constructeurs, est devenu aujourd'hui l'exception, et l'on peut dire que seules certaines voitures de vieux modèles en sont encore pourvues. On reproche à ce procédé le danger constant d'incendie créé par la présence d'une flamme à bord de l'automobile, l'impossibilité ou, tout au moins, la très grande difficulté dans laquelle on se trouve, avec ce système d'allumage, de donner plus ou moins « d'avance », et l'impossibilité de supprimer momentanément l'allumage, ce que l'on fait très aisément avec l'électricité, et ce qui constitue un moyen très commode et très efficace de ralentir la marche de la voiture. En revanche, le système est d'un fonctionnement assez régulier et les pannes d'allumage semblent devoir être moins fréquentes qu'avec l'électricité. Les premiers brûleurs qui ont été construits se soufflaient assez facilement ; divers perfectionnements ont à peu près complètement supprimé cet inconvénient.

Certains constructeurs ont même cherché à rendre possible l'avance avec le système par incandescence, en substituant au tube de platine dont nous allons parler, un tube en porcelaine qui, par suite de sa faible conductibilité, ne rougit que sur un point déterminé.

Avec les tubes de platine même, il est possible d'obtenir la variation de l'avance à l'allumage.

M. le Dr Thévenet a proposé une élégante solution de ce problème (1). Le système est basé sur cette donnée que « plus on éloigne de la chambre de compression la partie incandescente d'un tube de platine (jusqu'à une limite maxima au delà de laquelle les ratés ne manqueraient pas de survenir au commencement du 4ᵉ temps, en raison de la diminution de compression), plus on retarde le point d'allumage des gaz ».

Pour obtenir ce résultat, l'inventeur dispose entre les tubes de platine et les brûleurs des écrans ou volets en fonte assez épaisse, dont on peut faire varier la position au moyen d'une manette placée à portée de la main du conducteur. Suivant la position de ces volets, le brûleur ne chauffe que le tiers antérieur, les deux tiers antérieurs ou la totalité des tubes si on veut laisser toute l'avance.

Par ce moyen, on peut donc supprimer toute l'avance à l'allumage ; remarquons qu'il est impossible, d'ailleurs, de donner du retard puisque, avec l'incandescence, l'allumage est fonction de la compression.

L'allumage par incandescence est obtenu au moyen d'un petit tube de platine de 5 à 8 millimètres de diamètre, long de quelques centimètres, et fermé à l'extrémité extérieure. Un brûleur ou lampe spécial chauffe ce tube et le maintient constamment à l'incandescence. Lorsqu'un cycle à quatre temps vient de se terminer, ce tube se trouve rempli de gaz inerte, ainsi que la chambre

----

(1) *La Vie Automobile*, n° 124, du 13 Février 1904.

d'explosion, du reste. Par suite de sa forme en cul-de-sac, l'aspiration ne modifie guère la composition du gaz qui remplit le tube ; à la fin de la compression, il y pénètre une quantité de mélange frais suffisante pour arriver au contact des parois portées à l'incandescence. Il y a alors inflammation et l'explosion se produit.

Pour obtenir l'incandescence du tube, l'ensemble comprend un « brûleur », constitué souvent par un simple tube vertical terminé par un orifice très fin et rempli de mèches en coton ou en toile métallique. Ce tube est surmonté par une cheminée cylindrique ouverte à sa partie inférieure et percée latéralement de trous pour l'entrée de l'air; la partie supérieure est disposée en rectangle allongé parallèlement au tube de platine, sur lequel se trouve ainsi dirigée la flamme. L'essence arrive au brûleur, soit au moyen d'une légère compression produite sur le réservoir à essence au moyen d'une pompe à main, soit par simple écoulement hydrostatique. Remarquons qu'il n'est pas nécessaire d'avoir un réservoir spécial pour l'alimentation du brûleur. Le réservoir d'essence de la voiture, alimentant le carburateur, peut servir. Une tuyauterie en dérivation est alors installée pour relier ce réservoir au brûleur de l'allumage.

Pour allumer le brûleur, on se sert d'un tampon ou goupillon d'amiante imbibé d'alcool ou d'essence que l'on enflamme, et au moyen duquel on échauffe le tube du brûleur, jusqu'à ce que l'essence sorte en un jet gazeux, avec un sifflement caractéristique; à partir de ce moment, la volatilisation de l'essence dans le brûleur se fait naturellement, grâce à la température très élevée des parois qui l'entourent.

Pour le bon fonctionnement de ce système d'allumage, il est indispensable de maintenir les tubes de platine en un état de propreté aussi absolu que possible. On ne craindra pas de les démonter de temps en temps (tous les trois mois, par exemple) et de les nettoyer en dedans et en dehors avec de la toile émeri extra-fine. Avec l'allumage par incandescence, il importe d'obtenir au brûleur une flamme aussi nourrie et aussi bleue que possible. La bonne marche du moteur est à ce prix. Le dispositif d'alimentation des brûleurs par de l'essence sous pression réalise précisément ce meilleur chauffage dont l'influence sur le fonctionnement du moteur est particulièrement heureuse.

Cette nécessité d'avoir un tube de platine bien rouge vient de ce fait que, dans le cas contraire, le mélange gazeux fuse plus qu'il ne détone et, par conséquent, la puissance obtenue est moindre.

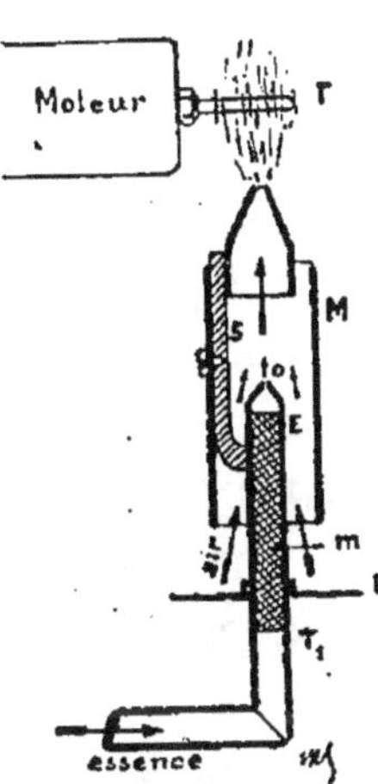

Fig. 25. — Schéma de l'allumage par incandescence de l'ancienne voiturette-tandem Bollée.

La figure 25 représente, à titre d'exemple, le schéma de l'allumage par incandescence de l'ancienne voiturette Bollée, bien connue (1895). T est le tube de platine fixé au moteur ; l'essence (contenue dans un réservoir situé à un niveau supérieur à celui du brûleur) arrive par le tube T_1 qui se redresse verticalement en E pour se terminer par un orifice très fin *o*. La branche verticale T_1E du tube d'arrivée d'essence renferme une mèche en coton *m*; elle est entourée d'un manchon ou cheminée cylindrique M, ouvert à la partie inférieure (entrée d'air) et fixé au tube E par la pièce S.

P est une collerette sur laquelle on pose, au moment de la mise en route, le goupillon d'amiante imbibé d'alcool ou d'essence (voir plus haut).

Une fois amorcé, l'appareil fonctionne à la manière d'un bec de Bunsen.

2° **Allumage par l'électricité :**

a) *Allumage par étincelle d'induction.*

L'allumage par étincelle d'induction est le premier système électrique qui ait été employé sur les automobiles. Il est encore d'un usage très courant, bien que, dans ces dernières années, l'allumage par magnéto ait pris une importance sans cesse grandissante due, surtout, à l'avantage très considérable qu'il présente quant à sa régularité de fonctionnement.

L'allumage par étincelle d'induction, en effet, est l'auteur responsable de la plupart des pannes dont nous aurons à parler plus tard, et l'on peut dire, sans crainte d'exagération (ainsi que nous l'avons, du reste, déjà signalé), que quatre fois sur cinq, l'horrible panne provient d'un défaut dans l'allumage : mauvais isolement des fils, court-circuit, épuisement des piles ou des accumulateurs, etc, etc.

5*

En outre, ce système est d'une plus grande complication ; il oblige à installer sur la voiture des canalisations électriques relativement compliquées ; il nécessite l'emploi de la bobine d'induction, appareil toujours assez délicat, quelque peu maltraité sur une voiture animée de trépidations plus ou moins violentes quelle que soit la perfection de sa construction. Enfin, son plus grave défaut, auquel nous venons de faire allusion déjà, est de nécessiter l'emploi de piles ou d'accumulateurs qui lui fournissent le fluide nécessaire ; or, tous ceux qui ont eu à employer ces appareils savent quelles difficultés nombreuses ils font naître et quels soins minutieux ils demandent pour que leur fonctionnement donne toute satisfaction à celui qui en fait usage.

Quoi qu'il en soit, et malgré ses inconvénients, l'allumage par étincelles d'induction est encore très employé, quand ce ne serait que par suite de la difficulté que les constructeurs ont éprouvée à mettre au point les magnétos, difficulté assez sérieuse pour que, jusqu'à ces dernières années, deux ou trois maisons seules, parmi les très nombreuses qui sont arrivées presque à la perfection en matière de construction automobile, soient parvenues à installer, sur leurs voitures, des systèmes d'allumage par magnéto dont le fonctionnement fût supérieur à celui des systèmes par induction.

Ces quelques considérations générales étaient nécessaires pour expliquer la raison de l'abandon progressif de l'allumage par étincelle d'induction, dont nous allons donner maintenant la description.

Le principe de ce système est très simple et bien connu : il consiste à demander à des piles ou à des accumulateurs du courant à bas voltage et forte intensité, et à l'envoyer dans une bobine de Ruhmkorff qui transforme ce courant primaire en un courant secondaire à très haut voltage et intensité faible, courant qui est utilisé à la production des étincelles servant à l'allumage.

Comme, d'autre part, il est nécessaire que ces étincelles se produisent à des moments rigoureusement déterminés (nous avons expliqué, en décrivant les moteurs, qu'elles devaient avoir lieu un peu avant la fin de la période de compression), un organe dit « came d'allumage » produit, au moment propice, les ruptures de courant nécessaires à la formation de ces étincelles. Enfin, lesdites étincelles se produisent entre des pointes métalliques (généralement de platine) portées par un petit organe appelé « bougie », lequel est vissé sur le moteur même et pénètre dans la chambre de compression, en laissant à l'extérieur une partie munie de bornes pour l'arrivée du courant.

Pour simplifier l'installation générale de l'électricité à bord d'une automobile, on supprime les fils de retour, et l'on ferme le courant au moyen de la masse métallique même de l'automobile, que l'on désigne, dans le langage courant, sous le nom de « masse ».

Nous venons de voir comment, d'une façon générale, fonctionne l'allumage par étincelle d'induction. Décrivons maintenant rapidement les principaux organes que nous venons de mentionner.

Source d'électricité. — L'électricité est fournie, avons-nous dit, par des piles, des accumulateurs ou, dans certains cas encore assez rares, par une dynamo actionnée par le moteur.

Piles. — Il est difficile, tout au moins assez mal commode, d'employer, dans une automobile, des piles à liquide, car le mouvement de la voiture tend, évidemment, à agiter ce liquide d'une façon nuisible au bon fonctionnement de la pile; on les dispose dans des vases qui ne peuvent pas être hermétiquement fermés, car il est nécessaire d'y prévoir un léger orifice pour le dégagement des gaz qui se forment. On emploie donc, presque toujours, soit des piles sèches, soit des piles à liquide immobilisé.

Nous sortirions du cadre de cet ouvrage en donnant la description détaillée de ces appareils, laquelle, d'ailleurs, n'aurait pas un très grand intérêt ici. Quel que soit le système de piles employé, on se sert le plus souvent de quatre éléments montés en tension (1).

Il est, pour aussi dire, indispensable de garantir de l'humidité les éléments en enfermant chacun d'eux dans un sac en caoutchouc qui présente, en outre, l'avantage d'éviter les courts circuits possibles d'un élément à l'autre. Remarquons, d'ailleurs, qu'à défaut de caoutchouc, on peut employer, à cet effet, des boîtes en bois.

Une bonne précaution consiste aussi à enve-

---

(1) C'est-à-dire que le pôle positif de chaque pile est relié au pôle négatif de la suivante.

lopper l'ensemble de la batterie dans de la ouate et même à en interposer une couche entre les divers éléments.

Enfin, une précaution élémentaire est d'éviter soigneusement tout contact possible entre les pôles de la batterie et tout objet métallique voisin.

Nous verrons, en étudiant les pannes et les précautions à prendre pour la bonne conservation d'une voiture, quels sont les accidents qui peuvent arriver aux piles d'allumage. Hâtons-nous de dire, d'ailleurs, que leur fonctionnement est généralement plus régulier et plus sûr que celui des accumulateurs.

En effet, le grave inconvénient de ceux-ci, c'est que, parfois, sans que rien ne puisse le faire prévoir, ils se déchargent d'eux-mêmes très rapidement, accidents qui ne peuvent pas arriver avec les piles. Si l'on a la précaution d'examiner souvent celles-ci au moyen de l'ampèremètre, on peut avoir la presque certitude d'éviter toute panne due à un épuisement de la source d'électricité. La durée d'une bonne pile est d'ailleurs assez longue : si le montage en est bon et si le chauffeur en a soin, on peut compter qu'elle peut fournir du courant pendant 4.000 à 5.000 kilomètres.

Il n'est pas inutile de remarquer que les piles s'usent presque davantage lorsqu'elles ne travaillent pas que lorsqu'elles fournissent de l'électricité ; cette particularité, à l'apparence paradoxale, est due à la formation d'oxychlorure de zinc qui constitue sur les zincs une couche s'opposant à l'attaque par l'acide.

Accumulateurs. — Le principe des accumulateurs est bien connu. Ils consistent, d'une façon générale, en des plaques de plomb parallèles (électrodes) contenues dans un vase rempli d'acide sulfurique dilué (électrolyte) et fermé par un bouchon permettant le passage des gaz, tout en empêchant les projections.

Le vase renfermant l'accumulateur est généralement en celluloïd, moins fragile et plus léger que le verre ; on connaît l'inflammabilité de cette substance ; on évitera donc soigneusement toute manipulation dans le voisinage immédiat d'une flamme.

Si l'on relie à une source d'électricité (pile ou courant continu fourni par une dynamo) les électrodes de l'accumulateur, on observe un dégagement de gaz (oxygène et hydrogène) qui se déposent et restent, en quelque sorte, *accumulés* sur chaque lame.

Si maintenant, ayant supprimé la communication avec la source d'électricité, nous relions l'un à l'autre les deux pôles de l'accumulateur ainsi formé, nous observerons dans le circuit la production d'un *courant secondaire*, de sens inverse à celui que nous avions fourni à l'appareil. C'est ce courant secondaire, que fournissent les accumulateurs, qui nous servira pour l'allumage par induction.

Il va sans dire que cette description schématique d'un accumulateur ne peut nous en donner qu'une idée générale et que, dans la pratique, de nombreux perfectionnements sont venus en modifier la constitution; il existe aujourd'hui un très grand nombre de types d'accumulateurs qui, tout en dérivant du même principe, présentent entre eux des différences notables; il serait beaucoup trop long de les décrire tous; ces considérations générales permettront, croyons-nous, de comprendre la composition de chaque type particulier.

Les accumulateurs présentent une résistance intérieure très notablement inférieure à celle des piles : la conséquence pratique de cette différence est que la pile débite son courant avec une certaine lenteur, alors que l'accumulateur, suivant la pittoresque expression de M. Baudry de Saunier, débite le courant « impétueusement ». Nous ne saurions mieux dire la différence caractéristique de ces deux sources d'électricité que ne l'a fait M. Baudry de Saunier (1) : « La pile fabrique l'électricité au fur « et à mesure des besoins de l'allumage, tandis que « l'accumulateur a une propension native à resti- « tuer au plus vite l'électricité qu'on lui a fait « absorber, qu'on a emmagasinée dans ses plaques « en le chargeant..... Le tempérament de ces deux « sources est donc tout différent. »

Il résulte de cette différence que les précautions à prendre pour l'emploi des accumulateurs ne sont pas du tout les mêmes que celles que nous avons indiquées pour les piles. Il faut, en effet, éviter avec eux le débit précipité de l'énergie électrique. Plus qu'avec les piles, il importe d'éviter rigoureusement tout contact, même momentané, avec toute pièce métallique : si l'on venait à réunir les bornes de l'accumulateur par un objet conducteur quelconque,

----

(1) *Les Recettes au Chauffeur*, p. 168.

comme un outil qu'on y aurait posé par inadvertance, l'accumulateur se déchargerait avec une rapidité très grande, ce qui, outre l'inconvénient de nous priver de l'électricité qu'il nous fournira ainsi sans aucune utilité, au lieu de nous la débiter au fur et à mesure des besoins de notre allumage, aura le très grave inconvénient de détériorer gravement l'appareil.

On doit préserver des trépidations les accumulateurs encore plus que les piles. On obtiendra ce résultat en les plaçant sur un matelas de ouate, par exemple, ou encore sur des lames de liège ou de feutre suffisamment épaisses.

Le niveau du liquide dans l'accumulateur doit être maintenu constant (à une hauteur suffisante pour que les plaques ne se trouvent jamais en dehors de l'électrolyte).

On fabrique, depuis quelque temps, des accumulateurs à liquide immobilisé par un système analogue à celui employé pour les piles.

Un des inconvénients des accumulateurs est leur poids relativement considérable par ampère-heure.

Disons, d'ailleurs, que cet inconvénient n'est pas grave quand on emploie les accumulateurs pour l'allumage, car leur poids est alors peu de chose relativement à celui de la voiture. Mais cet inconvénient, jusqu'à présent à peu près insurmonté, nuit à l'utilisation des accumulateurs comme source d'électricité motrice; en effet, l'une des raisons, sinon la principale, qui s'oppose à la généralisation de l'emploi des voitures électriques, est le poids très considérable et le prix très élevé de la batterie d'accumulateurs, nécessaire à l'alimentation des moteurs de ces voitures.

Les efforts des chercheurs ont fait faire depuis quelque temps un pas assez considérable à la question de l'accumulateur léger, et, depuis quelques années, divers systèmes ont été proposés qui présentent déjà une notable supériorité à ce point de vue sur ceux connus jusqu'à ce jour ; la question, cependant, est loin d'être complètement résolue, et « l'accumulateur léger » est encore à trouver.

Une conséquence de la propriété des accumulateurs d'avoir tendance à se décharger brusquement lorsqu'on les monte sur une faible résistance, est l'impossibilité dans laquelle on se trouve de vérifier l'état d'un accumulateur au moyen d'un ampèremètre. En effet, cet appareil, on le sait, présente une résistance intérieure très faible par sa constitution même ; si donc nous réunissons les deux bornes de l'accumulateur à celles d'un ampèremètre sans que toute autre résistance se trouve intercalée dans le circuit, l'accumulateur se déchargera instantanément, mettant ainsi hors service l'ampèremètre, et subissant lui-même une détérioration notable.

Pour connaître l'état d'un accumulateur, on se servira donc d'un voltmètre dont la résistance est beaucoup plus grande que celle d'un ampèremètre. Le maximum de voltage produit par un accumulateur est d'environ 2 volts 1/2 par élément.

Lorsque les accumulateurs ne servent pas, soit que la voiture soit remisée, soit que l'on ait, pour une raison quelconque, remplacé momentanément les accumulateurs par d'autres sources d'électricité, il y a certaines précautions à prendre pour la bonne conservation de ces appareils. Le mieux, en ce cas, est de les charger complètement, les plaques plongeant dans un électrolyte un peu faible (à une dizaine de degrés Baumé), et de les abandonner dans un endroit aéré. De temps en temps, on s'assurera que leur charge n'a pas diminué (sans quoi il faudrait la ramener à sa valeur primitive) et que le liquide est toujours au même niveau, avec une densité toujours la même (dans le cas contraire, on rajoutera de l'eau et de l'acide en proportion convenable pour ramener la densité à 10° B., et le niveau du liquide à sa position primitive). Ce qui est essentiel, en tous cas, est de ne laisser, à aucun prix, les plaques à sec, même en partie; car, si on néglige cette précaution, les électrodes positives se couvriront de sulfate de plomb, ce qui obligera le chauffeur, lorsqu'il voudra s'en servir à nouveau, à leur faire subir une opération, dite « désulfatation », qu'il vaut toujours mieux éviter, quand ce ne serait que pour la perte de temps qu'elle occasionne (après le traitement de désulfatation et la charge, il faut laisser reposer les accumulateurs une huitaine de jours).

Pour être complet, néanmoins, disons comment il faut procéder à cette opération pour le cas où le chauffeur aurait négligé les précautions nécessaires pour éviter la sulfatation : on remplira chaque élément d'acide sulfurique dilué de densité 5° B.; on chargera ensuite l'élément jusqu'à ce qu'il marque 2 volts 1/2; on le laissera bouillonner au repos pendant une dizaine d'heures, et, enfin, on l'abandonnera au repos pendant une huitaine de jours. Il suffira alors de vider les éléments et de les remplir à nouveau avec l'électrolyte de composition normale.

Recharge des accumulateurs. — Enfin, avant de quitter les accumulateurs, disons quelques mots de la façon dont on s'y prendra pour les recharger. Tout d'abord, cette opération devient nécessaire dès que le voltage de chaque élément tombe à 1,6 volt, ou 1,9 volt en circuit fermé.

Comme source d'électricité pour la recharge des accumulateurs, on emploiera, soit des piles, soit le courant fourni par une dynamo. Chaque type d'accumulateur est caractérisé par un *régime de charge* déterminé ; en d'autres termes, la capacité en ampères d'un élément est variable suivant le nombre de plaques qui le composent, ou suivant son état. Il faudra donc commencer par s'assurer de la valeur de cette capacité de charge ; on reliera alors le pôle positif de la source d'électricité au pôle positif de l'accumulateur, le pôle négatif de la première au pôle négatif du second et on laissera passer le courant jusqu'à ce que le voltmètre marque, sur chaque élément, environ 2 volts 1/2 ; en même temps, d'ailleurs, le liquide de l'accumulateur se met à bouillonner et il se forme des bulles de gaz sur les électrodes. Il suffira alors de défaire les fils : les accumulateurs sont prêts à être employés.

Une première précaution à prendre, dans cette opération, est d'*éviter une charge trop brusque de l'accumulateur*.

La précaution que nous avons indiquée plus haut relativement au régime de charge de l'accumulateur est absolument essentielle, et on détruirait irrémédiablement un accumulateur que l'on voudrait charger à un régime trop élevé ; la capacité est proportionnelle au poids des plaques, et il faudra toujours s'assurer de sa valeur avant de commencer les opérations de charge.

Le cas le plus simple pour la charge d'un accumulateur est celui où l'on emploie, à cet effet, des piles. Lorsque l'on disposera d'un courant d'éclairage, on pourra éviter de faire appel aux piles en utilisant ledit courant, à la condition expresse, bien entendu, que ce soit du courant continu. Si le courant fourni pour l'éclairage était alternatif, il ne faudrait pas songer à l'utiliser.

Une précaution essentielle est à prendre lorsqu'on se sert de courant d'éclairage pour la recharge des accumulateurs. Ce courant, en effet, est, le plus souvent, à 110 volts ; si nous le faisions passer tel quel dans l'accumulateur, nous ferions subir à celui-ci des dégâts considérables ; il faudra donc commencer par en diminuer le voltage, ce que nous réaliserons aisément en disposant, dans le circuit, une résistance.

Dans la pratique, le moyen le plus commode pour réaliser cette condition, le seul à employer même, est l'interposition d'une lampe de voltage connu qui devra être, si notre courant est à 110 volts, de 107 volts, afin qu'il reste un excédent de 3 volts, nécessaire à un écoulement du courant. D'autre part, nous savons que chaque lampe absorbe un nombre d'ampères variable avec sa force en bougies; par exemple, une lampe de 16 bougies absorbe environ 1/2 ampère; nous disposerons donc un nombre de lampes d'intensité convenable pour que le courant débité soit égal à l'ampérage correspondant au régime de charge de l'accumulateur.

D'autre part, nous emploierons des lampes de voltage tel que l'excédent de force électromotrice soit d'environ 3 volts.

Pour la recharge des accumulateurs, il sera commode de faire une petite installation comportant un interrupteur et les deux appareils de mesure (ampèremètre et voltmètre) nécessaires à la vérification du courant fourni et de l'état des accumulateurs, et des lampes d'intensité et de voltage convenables pour réaliser les diverses combinaisons nécessaires, suivant le nombre d'éléments à recharger et leur capacité électrique.

Dans ce cas de recharge des accumulateurs par courant d'élairage, la fin de l'opération est marquée par le même phénomène que nous avons signalé à propos de la recharge par piles (voir plus haut): le liquide se met à bouillonner et des bulles de gaz apparaissent sur les électrodes.

Si on mesure à ce moment chaque élément au voltmètre, on trouve 2,5 volts environ. On arrête alors l'opération.. Après quelques instants, le voltage tombe à 2,2 volts par élément et s'y maintient.

Cette opération de recharge des accumulateurs est toujours délicate et assez longue; aussi, le plus souvent, le chauffeur habitant à la ville préférera s'adresser à des spécialistes qui se chargeront de charger ses éléments dans les meilleures conditions. Comme, cependant, le chauffeur peut se trouver loin de toute usine électrique, tout en disposant de la source nécessaire, nous avons cru bon de donner ces quelques indications générales sur la recharge des accumulateurs. Nous ne nous faisons pas l'illusion d'avoir été complet, d'ailleurs, cette question étant beaucoup trop longue pour pouvoir être traitée complètement dans l'espace limité que nous sommes forcé de lui réserver, et nous renvoyons le lecteur qui voudra compléter ses connaissances sur ce sujet aux ouvrages spéciaux d'électricité, où il trouvera la question traitée avec tous les détails. Néanmoins, le chauffeur attentif, ayant quelques connaissances élémentaires d'électricité, pourra, espérons-nous, se contenter de ces indications générales, et saura suppléer à ce que notre exposé peut avoir d'incomplet par son ingéniosité et son bon sens, car cette opération est, avant tout, une affaire de raisonnement simple, et celui qui voudra se donner la peine d'y réfléchir un peu sera sûr d'arriver à un bon résultat.

Pour simplifier cette opération de recharge, la Société des Anciens Établissements Georges Richard-Brasier avait imaginé de disposer, sur ses voitures, avant l'application de l'allumage par magnéto, un ensemble très simple de connexions, grâce auquel il suffisait au chauffeur, une fois rentré chez lui, de faire passer le courant fourni par une batterie de piles, au moyen de prises de courant à broches,

pour recharger ses accumulateurs sans difficulté
et même sans surveillance.

Allumage par magnéto à bougies. — Pour être
complet, signalons que, dans certaines voitures, on
emploie à la production du courant destiné à l'allumage par bougie, une petite machine dynamo
actionnée par le moteur ; ce dispositif a l'air de se
confondre avec celui que nous décrirons plus loin
sous le nom d'allumage par magnéto; mais, en
réalité, il en diffère notablement par ce fait que,
dans le deuxième, la bobine et les bougies sont
supprimées et que l'allumage est produit par une
étincelle de rupture, tandis que, dans le dispositif
que nous signalons en ce moment, le courant fourni
par la dynamo joue exactement le même rôle que
celui donné par les accumulateurs ou les piles.

La maison Bardon construit une magnéto qui
s'applique spécialement à cet emploi. Cette magnéto, représentée par la figure 26, s'attelle directement sur la bo-
bine de Ruhm-
korff, à la place
d'une batterie
d'accumula-
teurs; l'induc-
teur est formé
par trois fers à
cheval (voir la
fig. 26); l'induit
est constitué par

Fig. 26. — Magnéto Bardon.

un fil fin isolé et bobiné sur un T en fer doux.
Le courant alternatif engendré par la rotation de

l'induit est envoyé à la bobine par l'intermédiaire d'un distributeur (1).

Voici maintenant un exemple des dispositifs très ingénieux imaginés pour supprimer les piles et la bobine dans l'allumage par étincelle d'induction. Cette solution est donc plus radicale que la précédente, dans laquelle la dynamo ne remplaçait que les piles ou accumulateurs, le courant qu'elle fournissait devant passer par une bobine. Ici, le courant est engendré par une magnéto qui transforme elle-même le courant primaire en courant à haute tension.

Celui-ci est envoyé directement à la bougie ; la bobine est supprimée et le dispositif d'allumage se trouve ainsi réduit à une magnéto calée sur l'arbre et aux bougies d'allumage.

MM. Debeauve et Olmi construisent une magnéto, connue sous le nom de *magnéto Vesta*, qui remplit ces conditions.

Elle est d'une très grande simplicité, et consiste en une simple boîte ronde d'environ 25 centimètres de diamètre et 10 centimètres d'épaisseur. Cette boîte renferme l'inducteur qui forme le fond et les côtés de la boîte, et l'induit, qui est calé sur l'arbre moteur et tourne avec celui-ci. Le couvercle porte les organes de contact, de rupture et de distribution du courant.

L'inducteur est formé par deux aimants demi-circulaires et disposés de telle façon que les deux

---

(1) Pour plus de détails sur cet organe distributeur, voir l'article de M. Baudry de Saunier (*La Locomotion*, n° 89, 13 juin 1903).

pôles nord et les deux pôles sud se trouvent au contact l'un de l'autre deux à deux.

L'induit est formé par un fer doux à double T ; sur celui-ci est bobiné un gros fil dans lequel prend naissance le courant primaire et un second circuit de plus grande longueur, formé de fils beaucoup plus fins, dans lequel se produit un courant induit à haute tension chaque fois que le courant primaire s'ouvre ou se ferme.

Le courant ainsi produit est donc l'équivalent de celui engendré par des accumulateurs ou piles et ayant traversé ensuite une bobine d'induction.

Il est conduit à la bougie ou aux bougies où il donne une étincelle d'induction.

Came d'allumage. — Il est nécessaire, ainsi que nous l'avons expliqué sommairement plus haut, de ne laisser passer le courant qu'au moment où la compression dans le cylindre est presque terminée, car c'est à ce moment que l'explosion doit se produire pour que le rendement obtenu soit bon. Ce résultat se réalise, en pratique, au moyen de la *came d'allumage*. Cet organe consiste en une plaque métallique, de profil convenable, montée sur un arbre mis en mouvement par le moteur ; cette came porte des contacts par vis platinées, qui ferment le courant

Fig. 27. — Came d'allumage.

une, deux, trois, quatre... fois par tour de la came, suivant que le moteur est à un, deux, trois ou quatre... cylindres

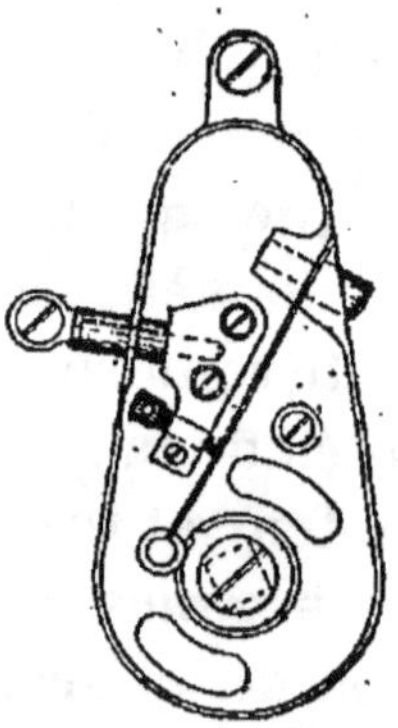

6

La figure 27 montre, à titre d'exemple, une came d'allumage de motocyclette (un cylindre).

Chaque fois que l'arbre soulève le galet qui termine le trembleur, la goutte de platine vient en contact avec la vis et le courant passe. Aussitôt le passage de la came, le trembleur s'écarte de la vis platinée, et l'allumage se produit, par rupture ou arrachement.

La bobine. — La bobine destinée à transformer le courant primaire de forte intensité et faible voltage en un courant secondaire à fort voltage et de faible intensité, est constituée, en principe, par un circuit primaire à gros fil entouré par un circuit secondaire formé d'une très grande longueur de fil de petite section. Le passage du courant est interrompu un très grand nombre de fois par seconde au moyen d'un petit organe appelé *trembleur*. Ces trembleurs sont de types extrêmement divers : trembleur magnétique (très employé), trembleur mécanique, trembleur Arnoux et Guerre (donnant un nombre d'interruptions beaucoup plus grand que les trembleurs ordinaires), vibreur Lacoste, rupteur Carpentier (tous deux très rapides), etc., etc.

La description de tous ces systèmes nous entraînerait beaucoup trop loin (1).

Grâce à ces interruptions répétées du courant primaire, il se produit dans le circuit secondaire un courant transformé dans les conditions requises,

---

(1) Voir Marchis, *Les moteurs à essence pour automobiles,* Paris, 1904.

c'est-à-dire qu'il sort de la bobine avec un fort voltage et une faible intensité.

Il existe, d'ailleurs, des bobines sans trembleur assez estimées des chauffeurs parce que le fonctionnement en paraît plus régulier et que l'entretien en est moins délicat. Toutefois, si l'on prend soin d'une bobine, si l'on prend la précaution de lui éviter tout choc, et, enfin, si le constructeur a eu soin de la placer dans une partie de la voiture où elle se trouve tout naturellement protégée contre tout accident, et où elle n'ait pas à supporter de températures trop élevées, la conservation en est, pour ainsi dire, indéfinie, et le fonctionnement de la plus grande régularité, une fois le réglage du trembleur fait, chose facile et dont nous parlerons en étudiant les causes de pannes les plus fréquentes.

Remarquons que, dans le montage de l'allumage par étincelle d'induction, il faut prendre soin d'éviter qu'il n'y ait, à une faible distance (2 centimètres au moins) de la borne, point de départ du fil allant à la bougie, un objet métallique faisant partie de la masse.

En effet, il est démontré que, dans ce cas, il se produirait, entre la borne et l'objet métallique, des effluves qui feraient une sorte de court-circuit et affaibliraient considérablement l'allumage.

De ce fait que le voltage du courant secondaire est très élevé, il résulte aussi que l'on doit prendre des précautions toutes spéciales pour l'isolement des fils conducteurs; en effet, ce courant a de fortes tendances à fuir partout, chose qui ne se produit pas avec l'allumage par magnéto, comme nous le verrons plus loin.

La bougie. — C'est dans la bougie que se produit l'étincelle servant à enflammer le mélange carburé.

La bougie consiste en un petit tube de porcelaine A renfermant un conducteur ou électrode B, qui se termine à une extrémité de la bougie par une borne de prise de courant D ef (voir figure 28) et, à l'autre, par une petite masse métallique C. Une partie de la bougie est entourée par un cylindre métallique J portant :

1° Un filetage extérieur destiné à la fixation de la bougie sur le cylindre (lequel porte, dans la région appropriée, un filetage analogue destiné à recevoir la bougie);

2° Un fil de platine b recourbé à une de ses extrémités comme on peut le voir sur la figure. L'étincelle jaillira entre l'extrémité de l'électrode intérieure C et ce fil de platine b.

Pour faire arriver le courant à la bougie, l'électrode intérieure C est reliée à un des pôles de la bobine. Pour cela, le fil est fixé à la borne de prise de courant D. D'autre part, l'autre pôle de la bobine est relié à la masse métallique de la voiture; or, le cylindre métallique extérieur J étant vissé sur le cylindre du moteur (qui fait lui-même partie de la masse) se trouve par cela même relié à la masse. Le circuit est donc fermé par celle-ci, et, chaque fois que la came d'allumage se trouve dans une position telle que le courant puisse passer, celui-ci arrive à la bougie, et une étincelle jaillit entre la pointe de platine *b* et la pièce C. C'est cette étincelle qui enflamme le mélange carburé, et détermine, par conséquent, l'explosion motrice.

La bougie est susceptible de menus accidents qui peuvent nuire à son fonctionnement ou même l'empêcher complètement de fonctionner.

Nous verrons plus loin, en étudiant les causes de pannes, quels sont les plus fréquents parmi ces accidents. Disons seulement ici qu'il importe que la bougie soit entière, sans aucune fêlure, et qu'il n'y ait pas de dépôt de suie ou de matières grasses sur la porcelaine.

Il n'est pas inutile de faire remarquer que l'étincelle que nous pouvons voir se produire aux pointes de la bougie, si nous la faisons fonctionner à l'air, n'est pas la même que celle qui se produira lorsque la bougie sera en place et devra fournir son étincelle dans un cylindre rempli de gaz à la pression de 3, 4 et même 5 atmosphères. Pour pouvoir se rendre compte du fonctionnement de la bougie, dans ce cas, M. Léon Lefebvre a imaginé un appareil qu'il appelle « vérificateur d'étincelles » et qui consiste en une petite chambre en bronze, sur laquelle on visse, d'une part, la bougie à essayer, et qu'on peut

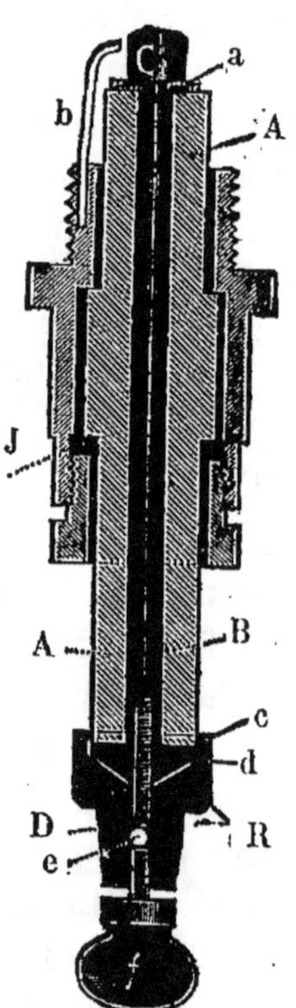

Fig. 28. — Bougie d'allumage G. Richard-Brasier.

6*

relier, d'autre part, à une pompe à pneumatique au moyen de laquelle on peut créer, autour des pointes de la bougie, une pression comparable à celle qui existe dans la chambre de compression du moteur.

L'appareil est muni, en outre, d'un petit viseur avec une lame de verre, grâce auquel on peut voir jaillir l'étincelle entre les pointes de la bougie. Pour se servir de ce vérificateur d'étincelles, on relie les pôles de la bougie aux pôles de la bobine de la voiture, et, au moyen de la pompe, on produit, à l'intérieur de la chambre en bronze, une pression variable à volonté et dont on peut connaître la valeur au moyen d'un manomètre fixé sur la pompe; on regarde alors par le viseur si l'étincelle est bonne. En faisant cette opération, on verra quelquefois la bougie fournir une bonne étincelle lorsque la pression n'est que de deux atmosphères, par exemple, et ne plus rien donner du tout lorsque ladite pression s'élèvera et atteindra, par exemple, trois atmosphères. Lorsque semblable phénomène sera observé, on pourra en conclure presque toujours que la bougie est fendue; elle ne sera, par conséquent, bonne qu'à être éliminée.

Conducteurs. — Pour conduire le courant de la source d'électricité à la bobine et aux bougies, on fait usage de conducteurs bien isolés, *surtout pour le courant secondaire, à haute tension.*

Dans les voitures Darracq et Cie, modèle 1904, le constructeur a cherché à rapprocher, le plus possible, la source électrique du point d'alimentation. L'intérêt de cette disposition est évident; les chances de court-circuit sont diminuées, ainsi que le prix des fils dont la longueur se trouve réduite par ce dispositif.

Les fils allant aux bougies n'ont, en effet, que 50 centimètres de longueur et ne sont en contact, sur leur parcours, avec aucune partie métallique du châssis, soutenus qu'ils sont par des supports isolants qui les empêchent, en outre, de fatiguer la bougie par leur poids.

Les fils allant au trembleur sont également soutenus par des taquets en fibre qui assurent un isolement complet.

On peut dire que ce dispositif fait disparaître les chances de court-circuit inévitables lorsque la source électrique est éloignée du moteur.

Dans le modèle 24 chevaux, du même constructeur, le distributeur de courant est en avant et extérieur au châssis : son examen est des plus aisés, même sans qu'il soit nécessaire de toucher au capot du moteur. La bobine étant placée tout près du moteur, comme dans le type précédent, la longueur des fils qui transmettent le courant à haute tension est réduite, d'où les mêmes avantages que ci-dessus.

b) *Allumage par magnéto et étincelle de rupture.* — La différence essentielle de cet allumage avec le précédent consiste en ce que l'étincelle est produite par la simple rupture d'un courant (plus exactement, par *extra-courant de rupture*). Celui-ci est fourni par une magnéto, c'est-à-dire par une petite machine magnéto-électrique.

Nous aurons donc, pour décrire cet allumage, à examiner uniquement :

1° La magnéto ;

2° L'inflammateur ou rupteur avec son dispositif de commande.

1° *La magnéto.* — Nos lecteurs connaissent, pour l'avoir lue dans tous les ouvrages de physique, la description de la machine magnéto-électrique. Le principe en est la rotation d'un circuit dans le champ créé par un aimant permanent. On le réalise pratiquement au moyen d'un fort aimant en fer à cheval entre les pôles duquel tourne « l'induit », constitué par un circuit convenable bobiné sur une carcasse métallique. Le courant fourni par cet appareil est alternatif, ce qui ne présente aucun inconvénient pour l'allumage par extra-courant de rupture (1).

L'aimant est, le plus souvent, en acier spécial. Le métal est amené tout d'abord à la forme qu'il devra avoir, et est ensuite aimanté.

Cet aimant constitue l'inducteur de la magnéto.

Dans les magnétos employées en automobile, dans le plus grand nombre de modèles, l'induit est tournant, tandis que l'inducteur est fixe (on sait

---

(1) On utilise parfois la magnéto pour charger les accumulateurs. Sur certaines voitures, en effet, on dispose, en même temps, un allumage par magnéto et une batterie d'accumulateurs, celle-ci étant maintenue en charge au moyen de la magnéto ; dans ce cas, il est absolument indispensable de « redresser » le courant, ce que l'on obtient en disposant sur l'arbre de l'induit, un « collecteur », auquel aboutissent les fils terminant les diverses portions de ce circuit. Un dispositif de balais vient cueillir le courant sur ce collecteur et, grâce à cet organe, le courant recueilli est « redressé » ; en d'autres termes, d'alternatif qu'il était au sortir de l'induit, il devient continu.

qu'il n'en est pas toujours ainsi pour les machines destinées à d'autres usages, et dans lesquelles, quelquefois, l'induit est fixe, tandis que l'inducteur est tournant).

Lorsque l'aimant est bien établi, c'est-à-dire lorsqu'il ne perd pas son aimantation avec le temps, dès que la magnéto est mise en mouvement, elle produit du courant. C'est là sa grande supériorité sur les piles et les accumulateurs, car, contrairement à ce qui arrive avec ceux-ci, elle ne s'épuise jamais, et sa faculté de production du courant électrique est, pour ainsi dire, indéfinie.

M. Baudry de Saunier, dans les articles très remarquables qu'il a consacrés à la magnéto, dans la *Vie Automobile*, fait remarquer que la magnéto possède « une qualité de premier ordre dont on ne « s'aperçoit guère que lorsqu'on la fréquente assi- « dument, et qui est l'automaticité approchée de « l'avance à l'allumage ».

En effet, la quantité d'électricité fournie par une magnéto croît jusqu'à un maximum avec la vitesse qu'on lui imprime. Des essais faits par M. Baudry de Saunier sur une magnéto Simms-Bosch, modèle N, type M R, il résulte que, le moteur faisant 450 tours à la minute et la magnéto 225, le courant produit avait une intensité de 55 volts; qu'à 760 tours du moteur, la magnéto tournant à 380 donnait 73 volts, et qu'à 1.320 tours du moteur (660 tours de la magnéto), on avait 101 volts.

Or, on sait que la rapidité avec laquelle a lieu l'explosion dépend, pour une part très appréciable, de la chaleur des étincelles.

Lorsque le nombre de volts que donne la magnéto

est relativement petit, la chaleur n'est pas grande, et le coup moteur met un temps sensible à se produire; ce temps diminue très notablement lorsque la chaleur des étincelles augmente.

Il en résulte que, le nombre de volts étant forcément au plus bas lorsqu'on tourne la manivelle, puisque la magnéto tourne alors plus lentement, le retard à l'allumage se produit automatiquement. Inversement, l'avance se fait d'elle-même au fur et à mesure que croît la vitesse du moteur, puisque, le voltage augmentant, l'étincelle devient de plus en plus chaude.

La double conséquence de cette particularité très intéressante est que :

1º Le choc en arrière n'est jamais à redouter avec une magnéto, même si la manette est poussée jusqu'à moitié de sa course ;

2º Que la question d'avance à l'allumage est tout à fait négligeable pour le conducteur. Les déplacements de la manette sont beaucoup plus petits pour la magnéto que pour un allumeur à bobine. Certaines voitures à allumage par magnéto n'ont même pas du tout de dispositif d'avance à l'allumage.

Décrivons maintenant quelques modèles de magnétos ayant donné de bons résultats pratiques.

La maison Mors emploie sur ses voitures, avec succès, une magnéto construite par elle-même. Nous verrons plus loin comment fonctionne l'allumage dans les voitures de cette marque.

Voici la description des magnétos construites par la maison Simms-Bosch, dont il existe aujour-

d'hui de très nombreux exemplaires en fonctionnement.

La maison Simms-Bosch construit trois modèles
de magnétos à rupture :

1° Le modèle à volant oscillant (modèle O);

2° Le modèle à armature rotative (modèle A);

3° Le modèle à armature fixe et volet rotatif
(modèle N).

Voyons rapidement les caractéristiques de chacun de ces modèles :

Modèle O. — Dans cette magnéto, l'induit est
fixe comme les aimants ; les lignes de force sont
coupées par un volet en fer animé d'un mouvement
de va-et-vient, mouvement obtenu au moyen d'une
bielle, et non d'engrenages.

Le déclenchement qui produit la rupture du
courant est obtenu par un ressort travaillant toujours avec la même vitesse, quelle que soit la vitesse
angulaire du moteur. Or, la vitesse avec laquelle
se produit la rupture a une importance capitale
pour la production du courant de self-induction, et,
par suite, pour la chaleur d'étincelle. Donc, grâce
au système que nous venons de dire, même à la
mise en route du moteur, au moment où la vitesse
angulaire est très petite, l'étincelle aura la même
valeur qu'au moment où le moteur tourne à sa
vitesse maxima, puisque la self-induction a la
même valeur dans les deux cas.

Ce type de magnéto a été employé par la maison
Mercédès. La maison Simms-Bosch a également
établi des magnétos de ce type pour motocyclettes ; c'est là une application encore peu répandue en France, où les motocyclettes sont le plus

généralement munies d'allumage par piles ou accus. A l'étranger, la question est plus avancée. Citons notamment les motocyclettes Antoine, de construction belge, pourvues d'allumage par magnéto.

Hâtons-nous de dire, d'ailleurs, que plusieurs constructeurs français commencent à établir couramment des motocyclettes avec allumage par magnéto (Voir chapitre XV).

Modèle A. — Dans ce modèle, l'induit est rotatif et tourne à la même vitesse que le moteur ; on obtient donc deux étincelles par tour en harmonie avec le moteur, s'il a lui-même quatre cylindres, et, par conséquent, deux cylindres allumés par tour.

Avec ce système, l'induit étant tournant, pour mettre à la masse une des extrémités du bobinage de l'induit, il faut faire usage de pièces mobiles en friction avec des pièces fixes, ce que l'on obtient au moyen d'un charbon immobile relié à la masse et appliqué par un ressort sur l'arbre même de l'induit, lequel est relié à l'un des pôles du bobinage. Le pôle isolé est formé par deux boutons en acier trempé, l'un tournant avec l'induit, l'autre, fixe, formant prise de courant. Pour que ce système fonctionne bien, il est nécessaire d'éviter soigneusement toute introduction de poussière entre les pièces en friction, car il pourrait en résulter une opposition au passage du courant. Disons, d'ailleurs, comme le fait remarquer M. Baudry de Saunier, que le simple nettoyage du charbon de temps en temps, tous les mois, par exemple, suffit à prévenir tout accident de ce genre.

Ce modèle est employé par les maisons Mercédès,
G. Richard-Brasier, Peugeot, etc.

Modèle N. — Ici, les aimants sont immobiles,
l'induit également, et il existe un volet tournant.
La vitesse de celui-ci est la moitié de celle du
moteur.

Grâce à l'immobilité de l'armature, on obtient le
contact à la masse par des pièces fixes solidement
bloquées les unes contre les autres, et, par suite, à
l'abri de la poussière et de l'huile ; on évite, par là,
l'inconvénient que nous avons signalé pour le modèle
précédent.

L'autre pôle est relié directement à la prise de
courant extérieure, sans aucune dénudation et
sans torsion.

Ce modèle réunit, en quelque sorte, les avantages des deux modèles précédents et sa commande
se fait aisément par un simple pignon.

2° *L'inflammateur ou rupteur.* — Si l'on ouvre
brusquement le circuit parcouru par le courant que
fournit la magnéto, on donne naissance à un courant d'induction direct ; à la rupture du courant
principal, la production de ce courant d'induction donne naissance à une étincelle, dite *étincelle d'extra-courant de rupture.* Il convient, pour
avoir une étincelle de rupture suffisamment chaude,
que cette rupture du courant principal se fasse
aussi brusquement que possible.

L'*inflammateur* ou *rupteur* est précisément l'organe chargé de produire cette rupture du courant.
Il en existe de divers types. En principe, l'inflam-

mateur est constitué de la façon suivante (nous empruntons cette description à l'excellent ouvrage de M. Marchis déjà cité) :

« Dans le fond du cylindre du moteur est disposée une tige isolée électriquement et mise en communication avec un pôle de la source d'électricité, dont l'autre pôle est en communication avec la masse de la machine.

Une palette, montée sur un axe, peut s'appuyer sur la tige isolée. L'axe prolongé porte, en outre, calée à son extrémité, une palette extérieure sur laquelle agit une tige verticale soulevée, tous les deux tours du moteur, par une came montée sur un arbre tournant à une vitesse moitié moindre que celle de l'arbre moteur. On voit donc que, chaque fois que l'explosion doit être produite, la palette intérieure est écartée de la tige isolée, et une étincelle se produit entre ces deux pièces, déterminant l'inflammation du mélange tonnant comprimé. »

On peut voir sur la figure 31 (allumage Mors) une semblable disposition de rupteur.

En voici une autre, qui a fait ses preuves, le rupteur Brasier.

Rupteur Brasier. — Le rupteur Brasier, dont on peut voir la disposition sur la figure 29, est composé de pièces simples, en acier trempé, travaillant sans choc, et ne saurait mieux être comparé qu'à la détente d'un revolver dans lequel le chien tombe toujours à la même vitesse, quel que soit le temps que l'on ait mis à l'armer.

L'inflammateur est entouré d'eau, l'axe de la palette également ; ces organes ne chauffent donc

jamais, d'où absence d'huile cuite sur l'inflammateur, ce qui supprime les
ratés d'allumage.

*Montage d'un allumage
par magnéto.* — Pour
terminer ces considé-
rations rapides sur l'allumage par magnéto, voici,
en deux mots, comment
est fait le montage d'un
semblable système d'allu-
mage. La figure 30 mon-
tre schématiquement les
dispositions employées
(d'après H. Farman,
L'*Automobile*).

La magnéto D est re-
liée, d'une part, à la masse, et, de l'autre, aux pièces A situées au fond des
cylindres (l'étincelle produite par la rupture jaillira entre ces pièces et
les pointes de l'inflammateur). L'arbre à cames des
soupapes d'échappement
(ou quelquefois celui des
soupapes d'admission,
lorsqu'elles sont com-
mandées) porte une se-
conde série de cames, en
nombre égal à celui des cylindres.

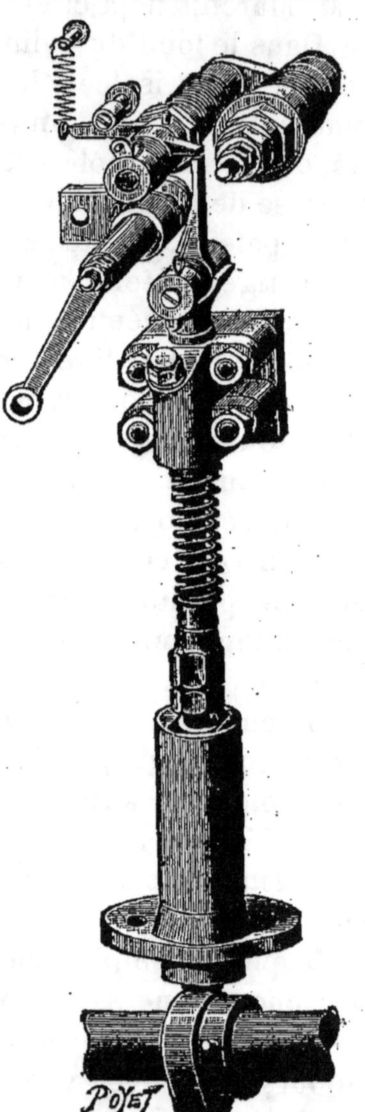

Fig. 29. — Rupteur Brasier.

Chacune de ces cames vient agir sur la tige correspondante qui, à son tour, pousse une palette.
Celle-ci se trouve poussée par un ressort vers la
came ; au moment où l'allumage doit se produire,
la tige de commande s'élève, la palette écarte
brusquement l'extrémité de l'inflammateur, situé à
l'intérieur du cylindre, du fond de celui-ci. Il en résulte une rupture brutale du
courant et la production d'étincelles d'allumage, ainsi que nous l'avons expliqué ci-
dessus.

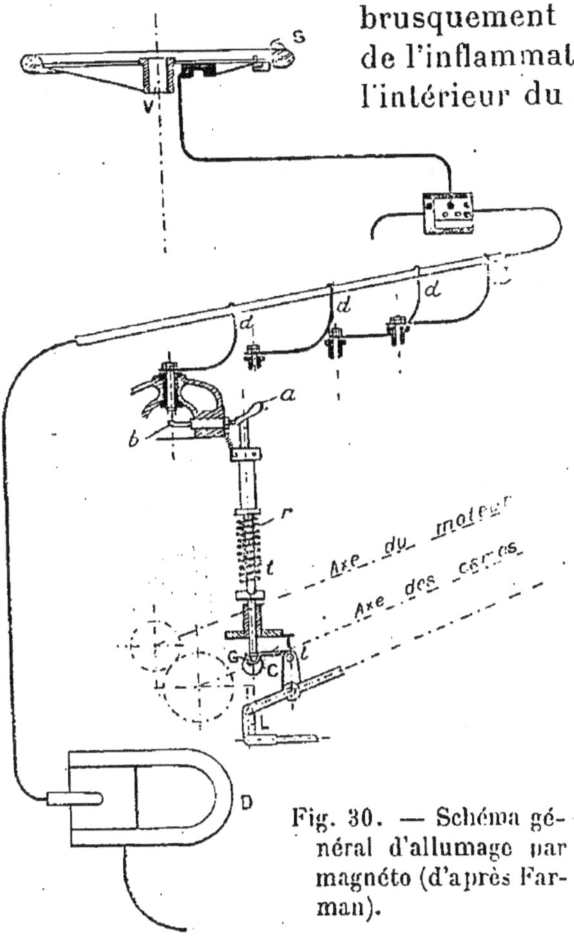

Ainsi, pendant les moments où l'étincelle
n'a pas lieu, le courant passe dans

Fig. 30. — Schéma gé-
néral d'allumage par
magnéto (d'après Far-
man).

un circuit ainsi constitué : la magnéto D, les
pièces A, les inflammateurs (lesquels, à ce moment
ferment le circuit par l'effet du ressort *r*), la
masse et retour à la magnéto par la masse.

Quand l'étincelle doit se produire, la came poussant la tige t amène la rupture du courant entre les pièces A et l'extrémité b des inflammateurs.

Pour obtenir l'avance à l'allumage dans le système par magnéto, on dispose une pièce mobile munie d'un galet entre la came d'allumage et la tige E. Cette pièce est commandée par un levier relié à la manette située sous la main du conducteur. Les déplacements du galet permettent de faire varier, dans certaines limites, le moment où a lieu la rupture.

Enfin, à titre d'exemple, donnons la description de l'allumage dans les voitures G. Richard-Brasier et Mors, dans lesquelles l'allumage par magnéto fonctionne parfaitement.

Allumage Georges Richard-Brasier. — Le système de rupture employé par ces constructeurs ne se dérègle pas, et la vérification en est extrêmement rapide et facile. L'avantage principal du procédé est la rupture rapide à vitesse constante, quelle que soit la vitesse du moteur, ce qui assure une inflammation parfaite des gaz, même lorsque le moteur tourne lentement.

La rapidité constante du moteur permet de faire tourner la magnéto à la même vitesse que le moteur et non plus, comme jadis, à une vitesse double ; les organes fatiguent donc moins et surtout, pour chaque émission du courant, le temps pendant lequel l'étincelle est disponible entre deux intervalles se trouve doublé, d'où facilité de faire varier l'allumage dans la plus grande mesure.

La vitesse de rupture est déterminée par un petit ressort très souple, lequel est tel que l'allumage est assuré pour peu que la magnéto tourne et le départ du moteur en est facilité.

L'allumage par rupteur direct à basse tension à l'intérieur du cylindre, supprime complètement les ratés occasionnés par l'encrassement des bougies. En effet, l'étincelle prenant naissance du contact même, ne peut manquer de se produire, quelle que soit la quantité d'huile accumulée sur l'inflammateur, alors qu'au contraire, avec la bougie à haute tension, l'électricité préférant passer par l'huile que par les pointes, il ne se produit pas d'étincelle.

Les organes d'allumage d'une voiture Richard-Brasier se composent donc :

1° De la magnéto ;

2° De la partie propre à l'inflammation, placée à l'intérieur du cylindre et composée de deux pièces ; l'inflammateur isolé vissé directement dans le cylindre et la palette d'inflammateur, son axe et son toc à ressort, accessible en démontant la soupape d'admission ;

3° Des organes mécaniques commandant la palette d'inflammateur. Ceux-ci se composent d'un poussoir manœuvré par un arbre à cames parallèle à celui des soupapes d'échappement et qui est muni, à sa partie supérieure, d'un culbuteur agissant directement sur la palette et glissant contre la came d'avance à l'allumage.

Si nous étudions le fonctionnement de l'ensemble, nous voyons que, sollicité par la came, le culbuteur pousse devant lui le petit toc extérieur de la palette jusqu'au contact de l'inflammateur, puis, continuant sa course, le toc étant déformable par rapport à la palette au moyen d'un ressort, il rencontre la came d'avance à l'allumage et s'incline à droite suffisamment pour laisser échapper le toc. A ce moment, celui-ci, sollicité par le petit ressort de rappel ou de rupture, revient rapidement à sa place en produisant la rupture dans le cylindre; puis, la came faisant redescendre le culbuteur, se remet en place pour recommencer à nouveau la prochaine explosion.

La came d'avance à l'allumage, manœuvrée par une manette placée sur le tablier, produit l'échappement du culbuteur plus ou moins tôt, et fait ainsi varier le moment de rupture du point mort à l'avance maximum.

Ce dispositif a surtout pour but de faciliter la mise en marche du moteur. Aussitôt en marche, l'avance à l'allumage devra être remise à sa position normale, comme d'habitude. Une recommandation essentielle est de ne jamais laisser tourner le moteur dans la position de retard à l'allumage, car, dans ce cas, les soupapes d'échappement se brûlent et se détériorent rapidement.

La manette d'avance à l'allumage possède, à la partie inférieure, un cran pour la mise en marche, et à la partie supérieure, 4 crans, au moyen desquels on peut faire varier l'avance : le premier correspond au démarrage en marche ralentie dans les villes où les embrayages ou débrayages se font d'une façon continue, et le dernier au meilleur rendement sur la route, lorsque le moteur tourne à son régime normal.

L'allumage par magnéto a, d'ailleurs, l'avantage de produire automatiquement son avance ou son retard, ainsi que nous l'avons déjà dit, l'intensité du courant augmentant avec la vitesse de rotation de la magnéto.

On peut dire que l'allumage par magnéto, lorsqu'il est bien installé, bien réglé et bien entretenu, supprime la presque totalité des pannes d'allumage. Disons seulement ici que le mauvais fonctionnement peut provenir d'un accident à la magnéto, qui ne donne plus de courant, ou bien d'un défaut d'isolement du circuit (perte à la masse, par exemple) (1).

Lorsque l'on fait le montage d'un allumage par magnéto Georges Richard-Brasier sur une voiture de cette marque, il importe d'observer les repères marqués sur les dents d'engrenages. On s'assure de la bonne position de ces repères de la façon suivante :

Mettre l'avance à l'allumage amenant le moteur à un point de rupture et chercher, en tournant la

---

(1) Toutefois, et ainsi que le fait remarquer M. Marchis (*Les moteurs à essence pour automobiles*, p. 308), « la force électromotrice du courant principal n'a pas besoin d'être considérable pour obtenir un extra-courant de rupture ayant une tension considérable et donnant naissance à une étincelle suffisamment chaude.

« Dès lors, les fils qui conduisent le courant de la source d'électricité aux pièces qui, en s'écartant, doivent donner naissance à l'extra-courant de rupture, au lieu d'être parcourus par un courant de 10 à 15,000 volts de force électromotrice, comme dans les cas du courant secondaire d'une bobine, sont parcourus par un courant dont la force électromotrice est de 50 à 100 volts. L'isolement de ce fil a donc besoin d'être beaucoup moins soigné et les chances de panne résultant des défauts d'isolement sont considérablement diminuées. »

magnéto à la main, un des deux points durs qu'on sent à chaque tour ; passer très légèrement ce point, mettre les dents d'engrenage en prise; s'il y a des ratés, passer une dent en avant ou en arrière suivant la réussite de l'opération.

En dehors de ce réglage au montage, il est bon, afin d'éviter toute surprise désagréable, de s'assurer, de temps en temps, que tout est en ordre. A cet effet, un index est fixé sur le moteur tout près du volant. Sur le volant lui-même, se trouvent des traits correspondant aux diverses positions des pistons dans les cylindres ; par exemple, pour un moteur à deux cylindres, on trouve quatre traits, marqués H, B, E, R :

H correspond au piston au point mort en haut du cylindre,

B au piston au point mort en bas du cylindre,

E au point où la soupape d'échappement doit commencer à se soulever,

R au moment où l'échappement du culbuteur doit se produire avec toute l'avance à l'allumage.

Pour vérifier l'allumage, on ouvre d'abord le robinet de purge ; puis, avec la manivelle, on fait tourner doucement le moteur jusqu'à ce que le volant présente le trait R en face de l'index, la manette étant en position d'avance maximum ; à ce moment, le carburateur doit échapper le toc. Si l'échappement se produisait trop tard ou trop tôt, on dévissera ou on vissera l'écrou de réglage du poussoir inférieur, et, une fois le réglage fait, on le bloquera au moyen du contre-écrou. On répétera cette opération pour le second cylindre.

Il peut arriver aussi que la palette ou l'inflammateur soient trop usés ; il en résulterait alors un jeu que l'on sentira en arrêtant le volant du moteur deux ou trois centimètres avant que le trait R soit en face de l'index, et en appuyant avec le doigt sur l'extrémité du petit levier de rappel opposé au toc. Si, en faisant cette opération, on remarquait un certain jeu, il faudrait changer l'inflammateur, ou bien démonter la palette et en cintrer légèrement l'extrémité ; ce cas arrive d'ailleurs très rarement.

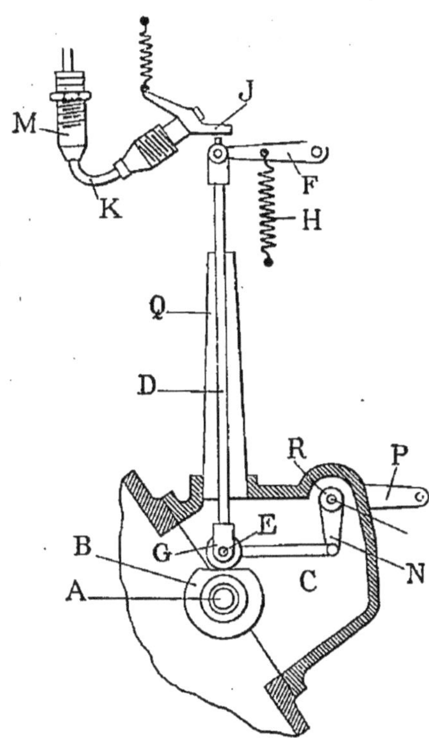

Fig. 31. — Allumage Mors.

Allumage Mors.— Dans l'allumage Mors (représenté schématiquement par la figure 31), la magnéto est commandée par engrenages ; on est parvenu à faire tourner la magnéto à la même vitesse que le moteur, ce qui réduit l'usure des organes et diminue le bruit.

Entre l'inflammateur fixe M vissé dans le fond du cylindre et la palette d'allumage K (dont le mouvement est commandé par la tige D poussée par la came B montée sur l'arbre A qui commande les soupapes d'admission), se produit la rupture du courant qui donne naissance à l'étincelle, et le conducteur varie à volonté, du minimum au maximum, le point d'allumage par le déplacement latéral de la tige d'allumage D qui fait varier le moment où, par l'intermédiaire du galet G, la tige D articulée aux leviers E et F est soulevée par la came B; en effet, son déplacement est obtenu par l'intermédiaire du levier N calé sur un arbre R dont la rotation est commandée au moyen du levier P et d'une bielle par une manette placée sur le garde-crotte. Par le déplacement de la manette sur le secteur denté, on obtient tous les degrés d'avance ou de retard à l'allumage.

CHAPITRE IV

Le Refroidissement.

Les explosions motrices se produisant périodiquement dans le cylindre arriveraient à échauffer considérablement celui-ci, si un dispositif *ad hoc* ne venait pas lui enlever l'excès de chaleur nuisible à sa bonne conservation ; le plus grave inconvénient de cet échauffement serait la décomposition de l'huile de graissage, ce qui amènerait un grippage du piston, c'est-à-dire un des accidents les plus graves qui puissent survenir en automobile, fait heureusement fort rare.

Deux modes de refroidissement peuvent s'employer :

Pour les moteurs de faible puissance, il suffit de garnir d'ailettes à l'extérieur la partie du cylindre correspondant à la chambre d'explosion, afin d'augmenter sa surface ; le déplacement même du moteur produit un refroidissement suffisant. C'est ainsi que sont refroidis la plupart des moteurs de motocyclettes. La vitesse même de la machine est l'agent principal du refroidissement (1).

---

(1) Cependant, quelques rares motocyclettes sont munies de circulation d'eau. Ce système de refroidissement ne s'applique guère, d'ailleurs, fort heureusement, qu'à des motocyclettes de course, de puissance très élevée. Nous disons fort heureusement, parce que la motocyclette de touriste doit être une machine simple et que cette complication ne pourrait que lui être nuisible.

Un premier inconvénient évident de ce système simple est le suivant: lorsque la voiture marche à faible allure, la vitesse ne produit plus un courant d'air assez important pour que le refroidissement soit suffisant.

Or, c'est précisément quand la voiture monte à faible allure une côte que le moteur chauffe le plus; c'est alors qu'il serait nécessaire d'avoir un refroidissement énergique; à ce moment, le simple refroidissement par l'air a une action tout à fait insuffisante.

On a cherché à remédier à cet inconvénient en combinant le refroidissement par ailettes avec un ventilateur mû par le moteur et fournissant un courant d'air suffisant à tout moment et indépendamment des allures de la voiture. Ce dispositif a été appliqué en particulier sur les petites voiturettes modèle 1902 de la maison Georges Richard. Par ce moyen, on obtient déjà un résultat très satisfaisant, lorsque la puissance du moteur est faible (inférieure à 5 chevaux).

Mais il ne faudrait pas songer à se contenter du refroidissement par ailettes dans un moteur de plus de 5 chevaux; on emploie alors le refroidissement par circulation d'eau, qui est aujourd'hui appliqué, pour ainsi dire, à toutes les voitures.

Avant de le décrire, disons encore que le refroidissement par ailettes a été perfectionné par l'emploi d'ailettes ondulées, afin d'en augmenter la surface, par celui d'ailettes rapportées (et non venues de fonte avec le cylindre), en métal plus conducteur que le cylindre lui-même, etc., etc.

Le refroidissement par circulation d'eau. — Ce mode de refroidissement comporte plusieurs parties : tout d'abord, une enveloppe ou chemise entourant le cylindre et dans laquelle circule l'eau. Pour produire cette circulation, on emploie, soit une pompe mue par le moteur lui-même, soit, plus simplement, on applique le système du thermo-siphon. L'eau arrive à s'échauffer assez notablement et, en tous cas, assez pour être vaporisée en partie. La provision apportée disparaîtrait donc assez vite, aussi complète-t-on toujours le système de circulation par un appareil dit « refroidisseur » ou « radiateur », destiné à refroidir cette eau avant de la faire passer à nouveau dans le cylindre.

L'enveloppe ou *chemise*, dont nous avons parlé en traitant du moteur (Voir page 18) peut être, ainsi que nous l'avons dit, venue de fonte avec le cylindre ou, comme on le fait souvent aujourd'hui, rapportée sur celui-ci ; elle présente une tubulure d'entrée d'eau et une autre pour la sortie.

Circulation de l'eau. — *Pompes.* — Dans la plupart des voitures, la circulation est obtenue au moyen d'une petite pompe commandée par l'arbre moteur. Cette commande peut avoir lieu, soit par engrenages, soit au moyen de volants de friction garnis de cuir.

Il existe de nombreux modèles de pompes, présentant tous un fonctionnement satisfaisant. Ces pompes, toutes rotatives, appartiennent à deux types :

α. *Pompes à engrenages.* — Elles consistent en

deux pignons dentés engrenant l'un avec l'autre; l'un des pignons est commandé par le moteur et il commande à son tour le deuxième pignon. L'eau, arrivant par la tuyauterie d'aspiration, se loge entre les dents et se trouve refoulée par la rotation.

Ces pompes sont robustes et susceptibles de donner des pressions de refoulement élevées, mais elles s'usent relativement vite et ne peuvent pas tourner à des vitesses supérieures à 5 ou 600 tours, ce qui rend impossible l'attaque directe par le moteur.

Les voitures Mercédès, Mors, de Dion, notamment, sont munies de pompes à engrenages.

β. *Pompes centrifuges.*— Ces pompes, dont l'emploi se développe chaque jour dans l'industrie (elles tendent à remplacer, dans la plupart de leurs applications, les pompes à pistons), sont également très employées dans les automobiles. On sait qu'elles consistent, en principe, en une roue à palettes, animée d'un mouvement de rotation rapide, projetant, par l'effet de la force centrifuge, l'eau du centre à la périphérie (1).

Ces pompes ont sur les précédentes divers avantages : elles peuvent, sans inconvénient, tourner à

---

(1) Voir, pour plus de détails sur les pompes centrifuges :

Butin, *Les pompes de circulation d'eau pour le refroidissement des moteurs à combustion interne* (Rapports et comptes rendus du Congrès des Applications de l'alcool dénaturé, 16 au 23 novembre 1903, p, 135);

Rateau, *Ventilateurs et pompes centrifuges pour hautes pressions mus par turbines à vapeur ou par moteurs électriques* (Bulletin de la Société de l'Industrie minérale);

J. Rey, *Les Pompes centrifuges* (Conférence faite à la Société d'Encouragement, mars 1904).

de très grandes vitesses, l'usure en est presque nulle et la simplicité beaucoup plus grande; enfin, si elles sont bien étudiées, elles ont un très bon rendement. La maison Grouvelle et Arquembourg a étudié un modèle de pompe centrifuge réalisant d'assez sérieux perfectionnements sur celles construites jusqu'ici pour les voitures automobiles.

Thermo-siphon. — Dans certaines voitures, on a cherché à supprimer la pompe et à réaliser la circulation par l'application du principe du *thermo-siphon.* On sait que l'eau chaude est plus légère que l'eau froide et que, par suite, dans un réservoir, les couches chaudes tendent à monter pendant que les couches froides descendent. Pour obtenir la circulation dans ces conditions, le réservoir d'eau se trouve à un niveau supérieur à celui de la culasse du moteur. L'eau qui s'est échauffée autour de celui-ci s'élève donc tout naturellement dans le réservoir pendant qu'une portion de liquide plus froid descend du réservoir jusqu'au moteur.

Ce système, si pratique par sa simplicité, est parfait si le constructeur a soin de prévoir pour la circulation des tuyaux de section assez grande et avec coudes de grand rayon, pour diminuer la résistance au passage de l'eau.

La maison Renault frères a appliqué avec succès ce système simple à ses voitures, et la Société des Anciens Etablissements Georges Richard-Brasier l'a adopté pour son modèle 1904.

Dans le modèle 14 chevaux (que la maison Renault frères exposait au Salon 1903), il existe un ventilateur sur le volant, mais les réservoirs sont toujours disposés pour réaliser la circulation par thermo-siphon.

Ce ventilateur active la circulation d'air à travers les radiateurs et n'est pas susceptible de mauvais fonctionnement, puisqu'il fait corps avec le volant lui-même, et que son mouvement ne dépend pas de courroies pouvant trop facilement se distendre ou se rompre.

Par ce perfectionnement, la maison Renault frères a voulu permettre aux conducteurs de ses voitures de laisser tourner indéfiniment le moteur à l'arrêt ou de monter les rampes les plus dures, pendant un temps très long, sans qu'ils aient besoin de se préoccuper du refroidissement.

Radiateur. — L'eau ayant travaillé dans le cylindre est refroidie au moyen du *radiateur*. Celui-ci consiste, en principe, en un tube plusieurs fois recourbé et garni d'ailettes afin de présenter une plus grande surface de refroidissement. C'est le type le plus simple de radiateur employé couramment jusqu'ici. Il se place, soit devant la voiture, soit sur les côtés du capot (Renault frères).

Dans les voitures Renault 1904, le radiateur occupe même une position toute particulière, à l'arrière du capot, ainsi qu'on peut le voir sur les figures 98, 99 et 100.

De même que dans le refroidissement du moteur par ailettes, le courant d'air produit par le déplacement de la voiture est l'agent du refroidissement de l'eau. Aussi la même objection se présente-t-elle ici : si la vitesse du véhicule est faible, le refroidissement peut ne pas être suffisant et cet inconvénient peut

prendre une certaine importance si le ralentisse-
est dû à la montée d'une côte pendant laquelle le
moteur tend à chauffer. Pour cette raison, on a, sur
certaines voitures, appliqué un ventilateur au
refroidissement de l'eau. Ce ventilateur, commandé
par le moteur, assure le passage d'un courant d'air
suffisant à travers le radiateur, même aux allures les plus ralenties de la voiture. Cette excellente disposition se généralise chaque jour davantage.

Nid d'abeilles. — La maison Mercédès a imaginé
un modèle de radiateur plus actif que celui que
nous venons de décrire et qui est couramment
connu aujourd'hui sous le nom de « radiateur nid
d'abeilles »; il consiste, en principe, en un réservoir
de forme plate (épaisseur 10 à 12 centimètres)
contenant l'eau, et traversé dans son épaisseur par
une multitude de petits tubes dans lesquels circule
l'air destiné au refroidissement (c'est un dispositif
à rapprocher des chaudières multitubulaires dans
lesquelles l'eau circule à l'extérieur de tubes tra-
versés par les gaz du foyer).

Ce refroidisseur est très énergique, et l'effet en
est augmenté lorsqu'on le complète, comme font
tous les constructeurs qui l'emploient, par un ventilateur destiné à produire à tout moment un courant d'air suffisant à travers ces tubes. L'emploi du
radiateur nid d'abeilles se répand de plus en plus
et, pour les voitures de grande puissance surtout,
les résultats qu'il donne sont excellents. On lui
reproche cependant d'être très fragile et d'avoir
une résistance très minime aux chocs auxquels il

est exposé plus que tout autre organe par sa position à l'avant de la voiture.

Outre l'avantage d'être très énergique comme refroidisseur, le « nid d'abeilles » présente celui de supprimer le réservoir d'eau dans la voiture, car il joue lui-même le rôle de ce réservoir. Il résulte de cette suppression une simplification dans les tuyauteries et une réduction dans la place occupée sur la voiture par l'appareil de refroidissement.

Réservoir d'eau. — Sauf le cas où la voiture est munie d'un « nid d'abeilles », il y existe nécessairement un *réservoir* auquel revient l'eau refroidie par le radiateur et duquel part le tuyau amenant le liquide à la pompe qui est chargée de le refouler vers le cylindre. Ce réservoir consiste en une simple bâche métallique disposée souvent sous le siège du conducteur et fermée par un bouchon à vis.

La circulation peut être établie de six manières différentes. Voici quels sont les six circuits possibles, dans l'ordre d'emploi le plus fréquent (d'après M. Marchis) :

1° Pompe - Moteur - Radiateur (1) ;
2' Pompe - Radiateur - Moteur - Réservoir ;
3° Pompe - Moteur - Radiateur - Réservoir ;
4° Pompe - Moteur - Réservoir - Radiateur ;
5° Pompe - Radiateur - Réservoir - Moteur ;
6° Pompe - Réservoir - Moteur - Radiateur.

Les cycles 5 et 6 sont très rarement employés.

---

(1) Le radiateur, nid d'abeilles, sert de réservoir.

CHAPITRE V

La Régulation.

De même que les machines à vapeur, le moteur d'automobile doit être muni d'un appareil destiné à maintenir sa vitesse voisine de la valeur qu'on s'est fixée. C'est là le rôle du régulateur. En outre, celui-ci sert, dans les véhicules perfectionnés, à modifier la composition du mélange carburé, ainsi que nous l'avons exposé en traitant de la carburation.

D'une façon générale, le principe des régulateurs est le même que pour les machines à vapeur. Ils sont formés de boules métalliques montées sur un système articulé et tournant à une vitesse proportionnelle à celle du moteur. La force centrifuge produite par cette rotation tend à écarter d'autant plus les boules de leur position de repos, que la vitesse est plus grande. Ce déplacement des boules agit au moyen de petits leviers sur un dispositif commandant le plus souvent l'admission et, dans un grand nombre de cas, l'entrée d'air additionnelle au carburateur.

L'action du régulateur peut s'opérer de diverses manières (1) :

-----

(1) Nous empruntons ces généralités à l'intéressant travail de M. Bochet : *Les Automobiles à pétrole. Essai de description des méthodes générales.*

L'effet du régulateur peut être : soit d'étrangler l'admission du mélange détonant, soit d'empêcher sa formation, soit de supprimer momentanément le fonctionnement des soupapes d'admission.

Le premier procédé est analogue à ceux que l'on emploie sur les machines à vapeur. Il permet la marche régulière et sans à-coup du moteur. Ce système s'employait autrefois assez rarement puisqu'il n'est guère applicable qu'avec l'allumage électrique.

On a cherché à obtenir parfois l'atténuation de l'explosion ; pour cela « on provoque, sous l'influence du régulateur, une simple diminution de la levée et de la durée d'ouverture des soupapes d'échappement, de manière que les cylindres ne se vident qu'incomplètement des gaz brûlés, et plus ou moins incomplètement suivant que le régulateur agit plus ou moins ». Dès lors, pendant la première partie de la course efficace, la pression intérieure reste supérieure à celle de l'atmosphère, et les soupapes d'admission ne se lèvent que pendant la dernière et plus ou moins grande partie de cette course. On peut penser que, dans ces conditions, qui sont notablement différentes d'une admission continue par un orifice étranglé, les gaz frais et les gaz brûlés ne se mélangent pas, que les seconds restent en matelas plus ou moins épais au contact du frotteur, tandis que les premiers sont normalement comprimés dans le fond de la chambre d'explosion de manière à s'y enflammer, mais en ne produisant qu'une explosion atténuée, puisqu'une moindre masse de mélange détonant est intéressée.

Pour réaliser ces deux effets, on emploie des systèmes divers pouvant se ramener à deux types principaux : ou bien la came de commande, terminée latéralement par des surfaces hélicoïdales qui en atténuent progressivement la saillie, coulisse longitudinalement sur son arbre sous l'action du régulateur, ou bien elle agit sur la tige des soupapes par l'intermédiaire d'un renvoi de sonnette en équerre, dont l'axe est monté sur un coulisseau, que le régulateur déplace par l'intermédiaire de la tige des soupapes et perpendiculairement à l'arbre à cames, de sorte que le renvoi de sonnette, dont le mouvement angulaire est constant, ne vient appuyer sur la tige des soupapes que pendant une partie plus ou moins longue de sa course et ne la soulève que d'une quantité plus ou moins grande.

Enfin, disons encore, pour terminer ces généralités que, dans la plupart des voitures, l'action du régulateur peut être supprimée pendant quelque temps, au moyen d'un système dit « accélérateur » et commandé par une pédale située à côté des pédales de frein et de débrayage dont nous parlerons plus tard. En appuyant le pied sur cette pédale, le conducteur a la faculté de supprimer momentanément l'action du régulateur et « emballe » par suite, son moteur, soit pour la mise en marche avant d'embrayer, soit lorsqu'il veut momentanément lui faire produire une force exceptionnelle.

On peut également contrecarrer l'action du régulateur de façon à réduire la marche du moteur et non plus à l'accélérer comme nous venons de le dire. Cet effet s'obtient en contrebalançant plus ou moins le ressort antagoniste des boules, ce qui revient, en somme, à modifier le réglage de l'appareil.

Les régulateurs employés à ce jour en automobilisme agissent donc, soit en faisant varier l'alimentation (en qualité ou en quantité), soit en faisant varier les conditions de l'échappement (régulation par le procédé de « tout ou rien » (ancien type Panhard); régulateurs sur l'échappement, très en faveur, notamment chez de Dion-Bouton, Hautier, Gillet-Forest, Mors, etc,), soit encore en supprimant l'alimentation, lorsque le carburateur est à distributeur mécanique (régulateur Gobron-Brillié).

On peut également obtenir la régulation du moteur au moyen de la dépression produite à l'aspiration du moteur par la succion des pistons dont l'effort est toujours proportionnel au carré de la vitesse du piston.

Régulateur Grouvelle et Arquembourg. — MM. Grouvelle et Arquembourg ont imaginé et construit un régulateur de vitesse fort intéressant basé sur l'utilisation de ce phénomène de dépression; voici la description rapide de ce régulateur.

Le régulateur de MM. Grouvelle et Arquembourg agit sur l'essence même; cette régulation est commandée automatiquement par la dépression due au moteur.

Pour réaliser la régulation, ces constructeurs emploient le dispositif représenté en coupe verti-

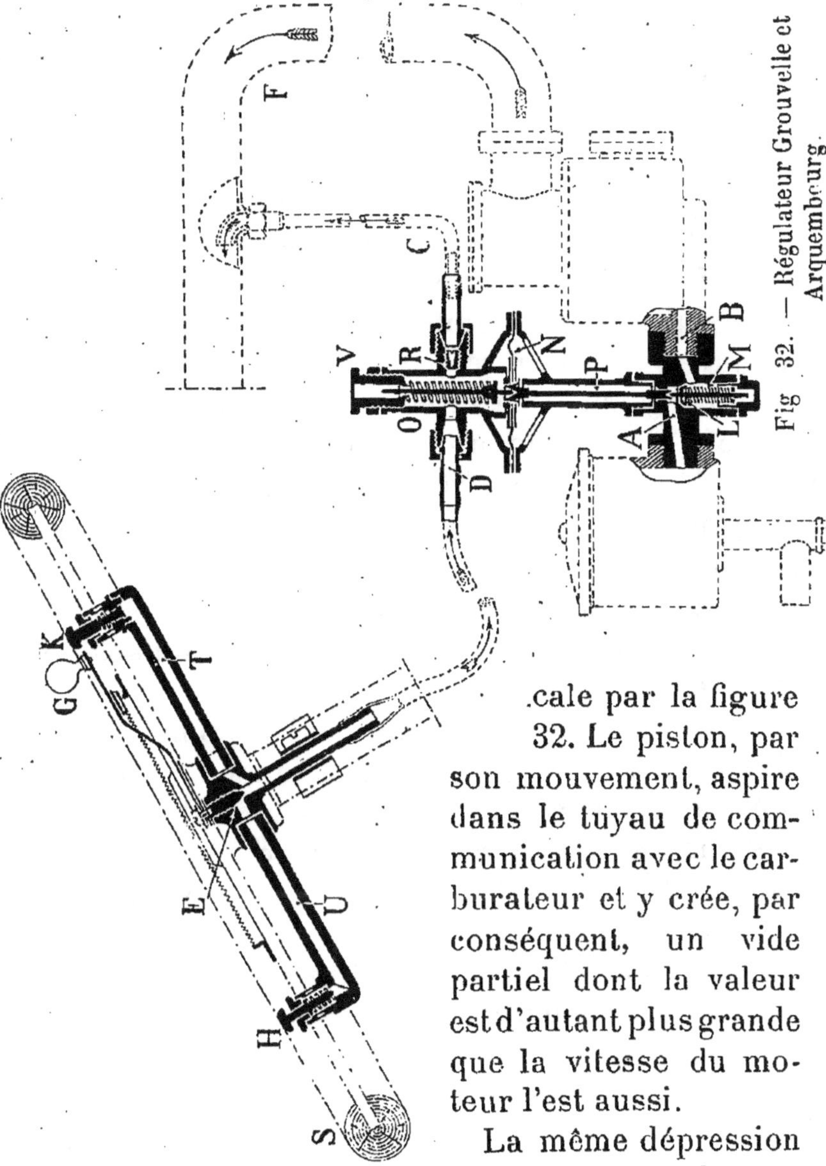

.cale par la figure 32. Le piston, par son mouvement, aspire dans le tuyau de communication avec le carburateur et y crée, par conséquent, un vide partiel dont la valeur est d'autant plus grande que la vitesse du moteur l'est aussi.

La même dépression se produit dans une chambre C. Pour cela, une dérivation partant du tube principal d'aspiration la fait communiquer avec une chambre C renfermant une membrane N; à la partie supérieure, cette chambre communique avec l'atmosphère. La membrane est suspendue à un ressort R.

Quand le piston aspire, la dépression se produit à la fois dans le carburateur, où a lieu, grâce à elle, le giclage de l'essence et l'entrée de l'air dans la chambre C, où la membrane N est attirée vers le bas, puisqu'elle est soumise à sa face supérieure à la pression atmosphérique et à sa face inférieure à une pression moindre, celle qui règne dans la conduite reliant le carburateur aux cylindres. Cette descente de la membrane s'arrête au moment où l'effort dû à la dépression est devenu assez grand pour vaincre la résistance du ressort. C'est à ce moment que le régulateur intervient; or, par le réglage de la tension du ressort, on peut disposer à volonté du moment où a lieu cet arrêt dans la descente de la membrane.

Il se produit alors une obturation complète du débit d'essence pure; à cet effet, la membrane est munie à sa partie inférieure d'une aiguille portant elle-même à son extrémité un pointeau intercalé entre le flotteur et l'ajutage dans la canalisation d'essence.

Nous avons décrit au chapitre II (carburation) le carburateur imaginé par MM. Grouvelle et Arquembourg auquel s'applique tout particulièrement bien le système de régulation que nous décrivons. Mais ce système peut s'employer également avec tout carburateur à canal de débit d'essence.

L'appareil est complété par un dispositif permettant au conducteur d'obtenir diverses allures sans toucher au ressort R. Nous venons de voir, en effet, que, par le réglage de celui-ci, on a la faculté de faire tourner le moteur à un nombre de tours déterminé. Remarquons, d'ailleurs, que cette possibilité existe dans une certaine limite avec les régulateurs à boules, ainsi que nous l'avons dit plus haut, car ils sont munis d'un accélérateur commandé par une pédale.

Avec le régulateur Grouvelle et Arquembourg, on obtient le même effet, d'ailleurs d'une façon plus complète, par le dispositif suivant : sur le volant de direction sont installés les orifices H et K d'un canal UT relié à la chambre C par un tuyau flexible, en caoutchouc par exemple. Ces orifices servent, l'un à augmenter, l'autre à diminuer la dépression produite sous la membrane; ils permettent, par conséquent, le premier de ralentir, le second d'activer l'allure du moteur. Le premier de ces orifices est muni d'une soupape conique qu'on peut voir sur la coupe du volant, fig. 32, constamment maintenue hors de son siège par un petit ressort à boudin. L'air atmosphérique appelé dans la canalisation par la dépression produite par le moteur pénètre donc constamment par cet orifice dans la partie gauche du canal UT. Cet air passe par le raccord vertical pour aller à la chambre C. D'ailleurs, un pointeau E manœuvré par une manette G se déplaçant sur un secteur denté permet de diminuer peu à peu, jusqu'au ralentissement complet du moteur, la quantité d'air introduite dans la chambre. C'est là la marche normale, au cours de laquelle, comme nous venons de le voir, le conducteur peut ralentir momentanément en appuyant sur H de façon à fermer l'entrée d'air. Si l'on veut produire cette obturation d'une manière durable, on ferait usage du pointeau manœuvré par la manette G. L'effet de ralentissement est alors produit par ce fait que la raréfaction de l'air dans la chambre C est très sensible et qu'il se produit, par conséquent, une forte dépression dont l'effet est de coller sur son siège le pointeau fermant l'arrivée d'essence.

A l'autre extrémité du canal se trouve l'orifice K muni également d'une soupape disposée en sens inverse de la précédente. Ici, le ressort à boudin, au lieu de maintenir toujours ouverte la soupape tend, au contraire, à la fermer. Cet orifice sert à faire entrer dans la chambre de la membrane une quantité d'air suffisante pour réduire plus ou moins la dépression au-dessous de la membrane, de façon à ce que le ressort R le ramène plus rapidement à sa position de repos, d'où passage plus abondant de l'essence et, par suite, augmentation de la vitesse du moteur, lequel s'emballe.

En résumé, si l'on veut ralentir le moteur, il suffit d'appuyer avec le pouce sur le poussoir H ; si on veut accélérer l'allure, au contraire, il n'y aura qu'à appuyer sur K. Lorsque le ralentissement de l'allure doit être continu et non momentané, on déplacera la manette G sur son secteur de façon à fermer plus ou moins le pointeau E. Cette faculté est précieuse pour la traversée d'une ville ou lorsque pour toute autre raison, on désire marcher pendant quelque temps à allure ralentie. Si pendant ce temps on voulait néanmoins accélérer momentanément l'allure, il suffira d'appuyer sur le bouton K pour emballer le moteur. Aussitôt qu'on lâche ce bouton, le moteur reprend son allure primitive.

Il est inutile d'insister davantage sur ce remarquable appareil d'une bien grande simplicité, comme on le voit, et dont le fonctionnement ne laisse en rien à désirer (1).

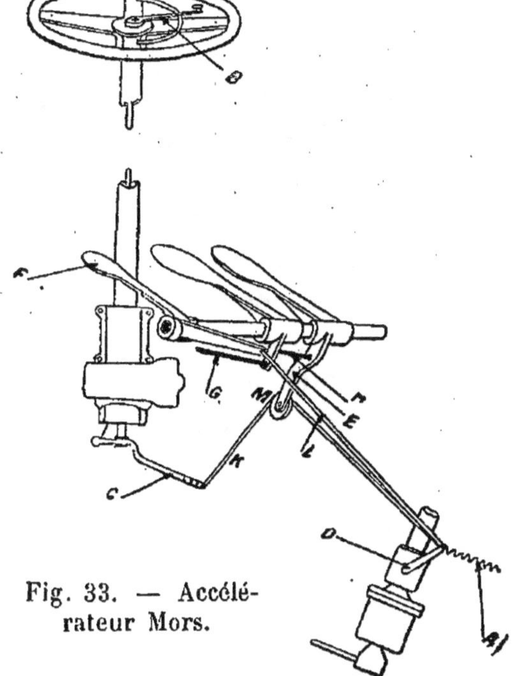

Fig. 33. — Accélérateur Mors.

Retardateurs et accélérateurs. — Nous avons déjà indiqué en passant le rôle de ces organes. Presque toutes les voitures actuellement en service sont munies d'*accélérateurs*, le plus souvent au pied.

Remarquons, avec M. Bochet (2), que « l'emploi de l'accélérateur n'est efficace qu'autant que les conditions de la marche, rampe, état de la chaussée, rapport entre la vitesse de rotation du moteur et la vitesse de translation de la voiture, ne sont

____

(1) Nous empruntons les détails de cette description à l'article si clair de M. Baudry de Saunier, sur le même sujet, dans la *Vie Automobile*.

(2) Bochet, *loc. cit.*, p. 39.

pas telles que la consommation d'énergie à chaque cycle du moteur soit égale à la partie utilisable de celle développée par une explosion ; car alors le régulateur ne tend pas, dans son fonctionnement naturel, à entrer en jeu, et il est indifférent de le paralyser ou non ».

Accélérateur Mors. — La figure 33 représente, à titre d'exemple, l'ensemble de l'accélération dans les voitures Mors. La pédale F est la pédale d'accération, ou en abrégé, l'accélérateur. Les câbles K et L sont indépendants ; la manœuvre est donc efficace, quelle que soit la position de la manette du modérateur, car la pédale F est reliée par le second câble L au levier D du papillon du carburateur et, si l'on appuie sur l'accélérateur, le câble L tient le papillon ouvert tant que le conducteur agit sur la pédale.

CHAPITRE VI

Changement de vitesses et marche arrière Embrayage

————⋘◆⋙————

Changement de vitesses.

Les moteurs à explosion sont établis généralement pour tourner à une vitesse déterminée pour laquelle leur rendement est maximum ; cette vitesse est la *vitesse de régime*. La construction de l'automobile a fait des progrès considérables dans ces dernières années et l'on établit couramment aujourd'hui des moteurs qui peuvent tourner, dans d'excellentes conditions, à des vitesses excessivement variables, grâce aux carburateurs automatiques dont nous avons parlé dans un chapitre antérieur. Néanmoins, on admet que le moteur ne tournera qu'à sa vitesse de régime, et il en résulte la nécessité d'un organisme essentiel de l'automobile : le changement de vitesses.

On conçoit, en effet, que, si le moteur fait toujours le même nombre de tours, la vitesse de la voiture, elle, doit être variable, soit que l'on veuille, en plat, aller plus ou moins vite, soit que, pour monter une côte, par exemple, on veuille faire produire au moteur sa puissance maxima, auquel cas il est nécessaire de démultiplier sa vitesse.

Admettons donc que le moteur tourne toujours sensiblement à la même vitesse. Celle-ci est transmise aux roues motrices par l'ensemble d'organes que nous allons passer en revue maintenant; pour obtenir aux roues de la voiture des vitesses différentes, il est nécessaire, soit de multiplier le nombre de tours du moteur, soit au contraire de le démultiplier. En pratique, c'est toujours le deuxième cas qui se présente, car pour réaliser la plus grande vitesse d'une voiture, on transmet aux roues le nombre de tours même que le moteur peut faire en marche à allure maxima. C'est donc pour obtenir des vitesses inférieures à la vitesse maxima que l'on veut réaliser qu'il est nécessaire d'interposer des organes intermédiaires jouant le rôle de réducteurs de vitesse.

C'est l'ensemble de ces organes qui constitue le *changement de vitesses*.

On a essayé divers systèmes de changements de vitesses : ceux-ci peuvent être classés en deux groupes, suivant que le changement de vitesse se fait d'une façon progressive ou qu'il a lieu par engrenages. En théorie, le premier système est le meilleur. En effet, par ce moyen, on peut réaliser toutes les vitesses possibles entre la vitesse maxima et la vitesse minima que la voiture est susceptible de produire. Par les engrenages, au contraire, on ne peut obtenir qu'un nombre réduit de rapports de vitesses (1).

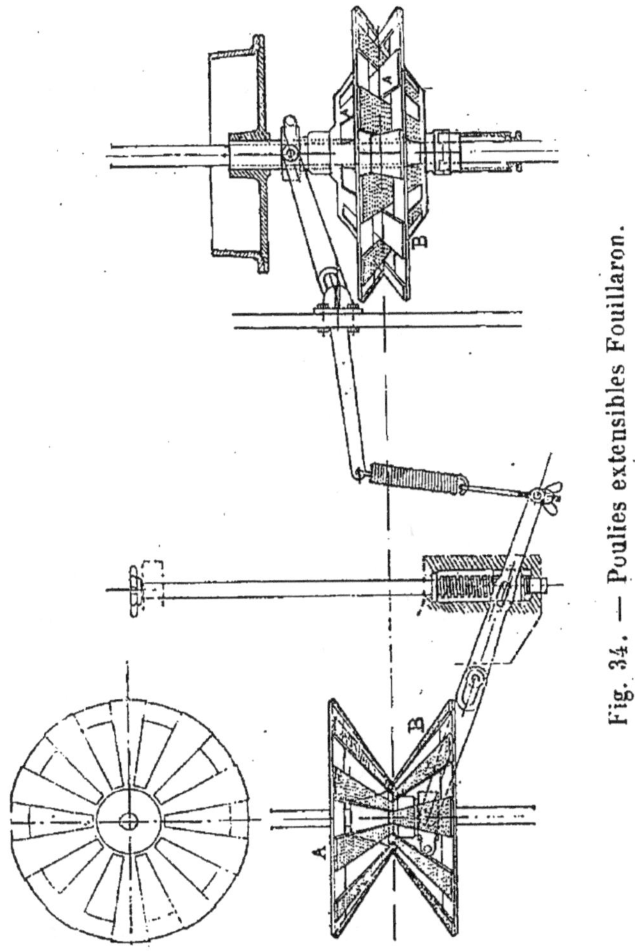

Fig. 34. — Poulies extensibles Fouillaron.

(1) En pratique, on peut réaliser avec les bonnes voitures modernes des vitess's quelconques autres que les trois ou quatre que l'on réaliserait seulement en théorie si le moteur tournait toujours à la même vitesse et si l'on ne disposait pour changer celle-ci que de trains d'engrenages. C'est que, en effet, comme nous l'avons dit plus haut, on est parvenu à faire des moteurs qui, alimentés par des carburateurs automatiques, constituent des systèmes excessivement souples et dont la vitesse peut être très variable sans nuire en rien à leur bon fonctionnement.

1° Changements de vitesses progressifs. —
Le changement de vitesses progressif est réalisé
au moyen de poulies de diamètre variable à volonté.

Poulies extensibles Fouillaron. — Ces poulies
consistent, en principe, en deux cônes entaillés,
l'un pouvant pénétrer dans l'autre d'une quantité
variable. La figure 34 représente d'une façon schématique l'ensemble du système Fouillaron (1); la
courroie (non figurée) est une succession de lamelles triangulaires, enfilées sur plusieurs cordes
à boyau. Ce mécanisme est réversible, c'est-à-
dire que la courroie tend à écarter les cônes, et
produit ainsi un effort sur les leviers; ceci explique
la liaison souple par un ressort de leur extrémité
libre. Les cônes A sont les cônes mobiles, les
cônes B sont les cônes fixes.

Nous n'insisterons pas davantage sur les systèmes
de changement de vitesses progressifs pour passer à
l'étude du changement de vitesses par engrenages
employé dans la presque totalité des automobiles.

**2° Changements de vitesses par engre-
nages.** — Ce sont les plus répandus, sous diverses
variantes qui peuvent se ramener à trois types
principaux, que nous allons rapidement passer en
revue, pour donner ensuite la description de quelques modèles de changements de vitesses par engrenages employés sur les voitures des meilleures
marques.

----

(1) Nous empruntons cette figure, ainsi que les figures 35, 36, 38
et 39 et les généralités sur les changements de vitesses à l'intéressant ouvrage de M. H. Leblanc, *Les mécanismes* (Paris, Garnier
frères), que nous aurons plus d'une fois l'occasion de citer.

Les trois types auxquels peuvent être ramenés tous les changements de vitesses par engrenages sont :

a. — Le changement de vitesses par train baladeur;

b. — Le changement de vitesses à embrayage à griffes ;

c. — Le changement de vitesses par embrayage à friction.

a. Changement de vitesses par train baladeur. — Ce système est très employé. Voici, en principe, en quoi il consiste :

Le moteur communique son mouvement par l'intermédiaire d'un embrayage, que nous décrirons plus loin, à un premier arbre. Un manchon monté sur celui-ci porte un certain nombre (trois ou quatre le plus souvent) de roues dentées; ce manchon dit «manchon baladeur» peut se déplacer sur l'arbre, le déplacement étant réalisé au moyen d'un système de commande par leviers placés sous la main du conducteur. Un deuxième arbre porte d'autres engrenages de diamètres convenablement calculés par le constructeur pour réaliser des rapports de vitesses donnés lorsqu'ils se trouvent en prise avec le pignon correspondant du premier arbre. A l'extrémité de cet arbre est calé un pignon conique qui commande un autre pignon conique communiquant le mouvement à l'arbre portant les roues dentées des chaînes, lorsque la transmission du mouvement aux roues se fait par chaînes. Dans le cas de transmission par cardan, le deuxième arbre commande directement la première articulation de la cardan.

La figure 35 représente, à titre d'exemple, pour mieux faire comprendre le fonctionnement de ce

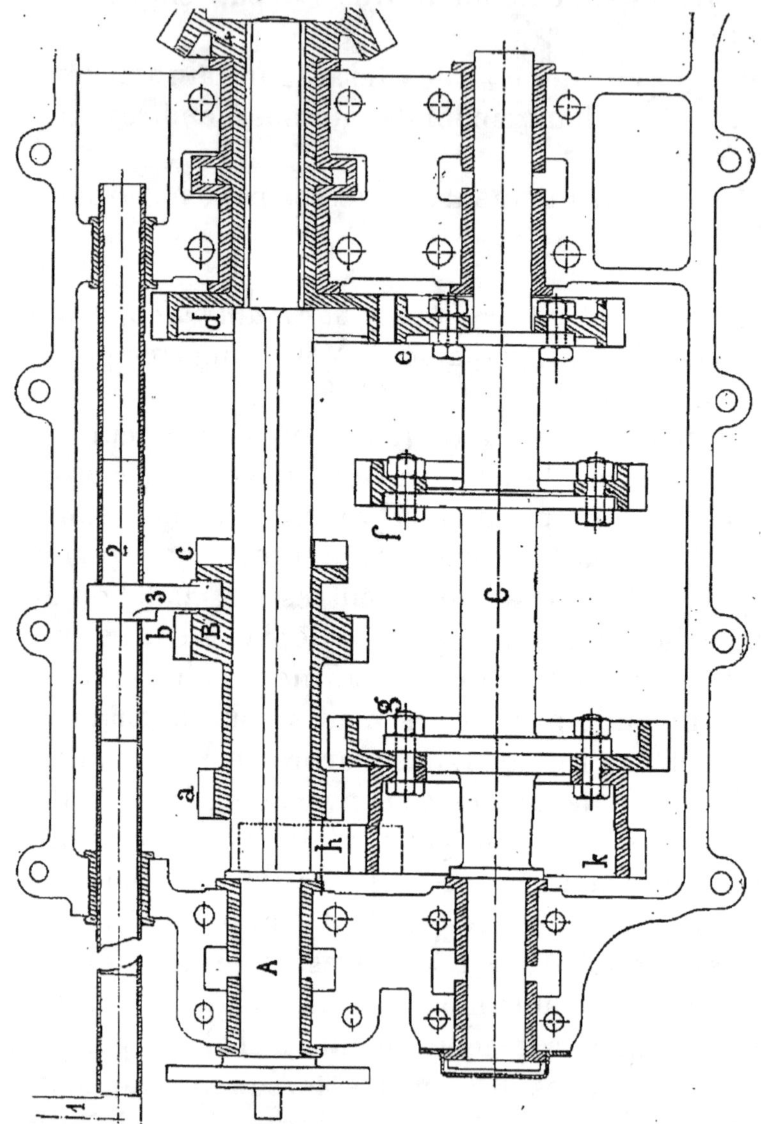

Fig. 35. — Changement de vitesses par train baladeur Ader.

système, le changement de vitesses par train baladeur adopté pour les voitures Ader, par la Société industrielle des Téléphones.

A est l'arbre commandé par le moteur ; le train baladeur, porté par l'arbre A, est figuré en B ; il se compose de deux roues a, b et d'un manchon à griffe c. L'arbre intermédiaire C tourne fou dans ses coussinets. Il porte une roue g, formant avec d le système de petite vitesse, et une roue f, formant avec b le système de moyenne vitesse. La grande vitesse est fournie par le manchon c venant griffer les bras de la roue d. Le pignon 4 est alors entraîné à la vitesse de régime de l'arbre A. La petite et la moyenne vitesses ont pour expression sur l'arbre C :

$$\frac{a}{g} \text{ et } \frac{b}{f}$$ par rapport au nombre de tours de l'arbre A.

Pour la grande vitesse, le moteur attaque donc directement le différentiel. L'arbre c tourne fou.

Le système formé par le levier 1, l'arbre 2 et la fourchette 3 sert à promener le baladeur de façon à amener en prise les engrenages donnant la vitesse choisie.

Le train baladeur constitue un organe simple et robuste, de manœuvre facile, de construction économique. Pour atténuer son seul inconvénient, le choc sur les dents au moment de la prise, on fait des dents résistantes amincies à leurs deux extrémités.

b. Changement de vitesses à embrayage à griffes. — Ce système est recommandable par sa simplicité. La figure 36 représente un changement de vitesses de ce type.

Le moteur commande l'arbre A ; l'arbre B transmet le mouvement au différentiel des roues mo-

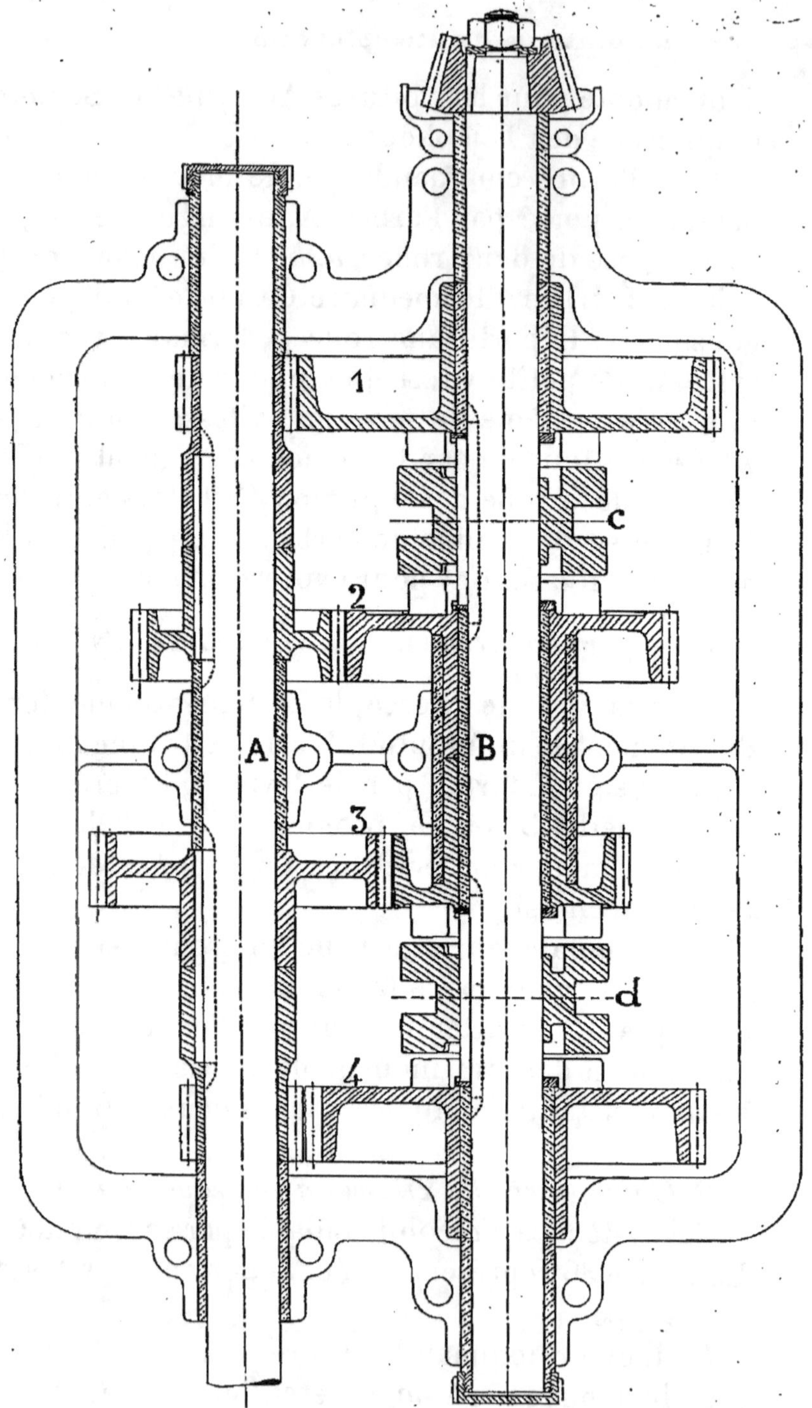

Fig. 36. — Changement de vitesses à embrayage à griffes.

trices. Toutes les roues montées sur A sont clavetées ; celles montées sur B sont folles, mais elles portent des griffes correspondant aux encoches des manchons d'embrayage *c*, *d*. Ces manchons sont solidaires de l'arbre B par une clavette sur laquelle ils glissent. La figure représente le mécanisme dans la position de débrayage ; toutes les roues tournent folles sur l'arbre B. Lorsque l'on met en prise le manchon *c* (ou *d*) avec l'une des roues voisines, on intéresse l'arbre B par le manchon et sa clavette au mouvement du système dont fait partie la roue griffée par ce manchon. La raison variant pour chaque système, la vitesse de l'arbre B dépendra du système embrayé.

Le système 1 donne la petite vitesse ;

Le système 2 donne la moyenne vitesse ;

Le système 3 donne la grande vitesse ;

Le système 4 donne la marche arrière (voir plus loin).

Dans ce système, les *engrenages sont toujours en prise*, ce qui est un avantage. En revanche, l'effort se donne tout d'un coup, à chaque embrayage ; en outre, les roues tournant continuellement sur leurs douilles, il en résulte une certaine usure, ce que l'on atténue en leur donnant une grande portée (comme on peut le voir sur la figure).

c. Changement de vitesses par embrayage à friction. — La figure 37 représente un changement de vitesses de ce type créé par la maison de Dion-Bouton. Le principe du système est le suivant : sur l'arbre à commander sont montées folles des boîtes *a*, *b*, *c*, *d* ; un pignon est solidaire de cha-

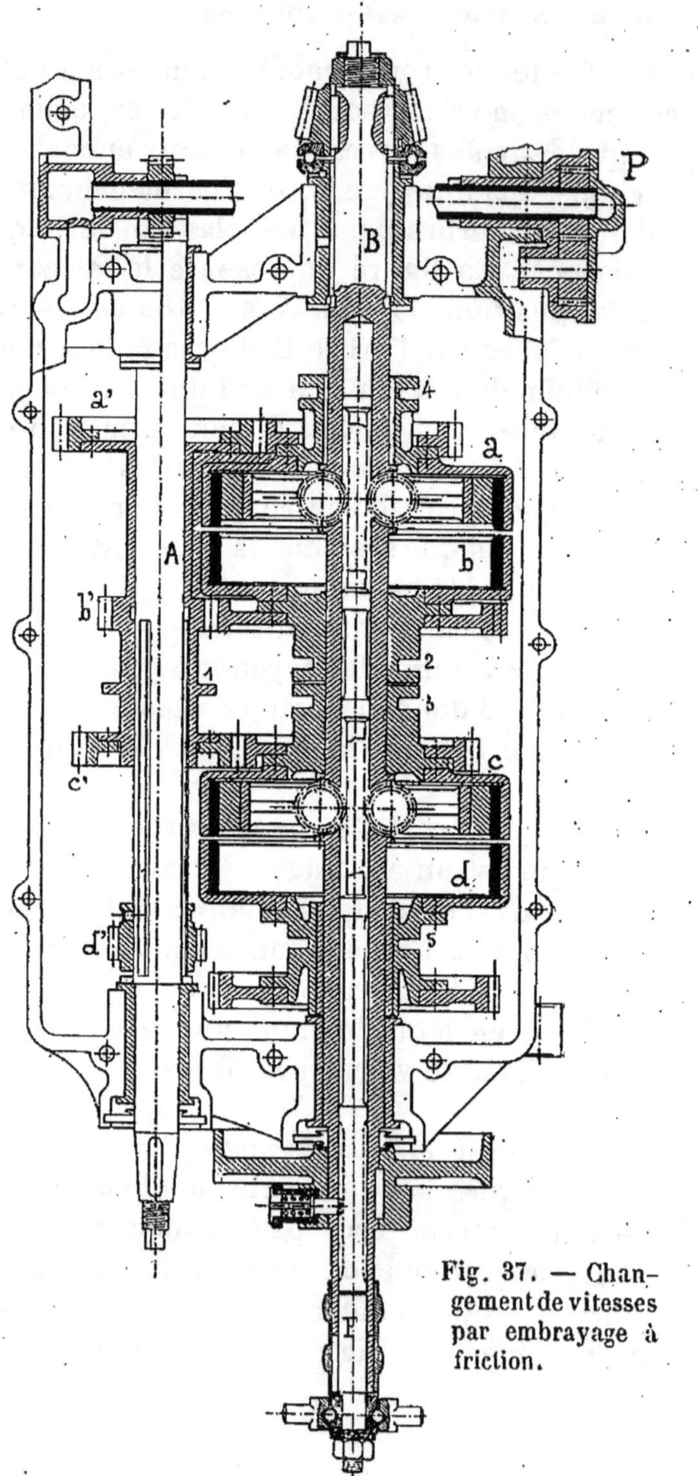

Fig. 37. — Changement de vitesses par embrayage à friction.

cune de ces boîtes. Sur l'arbre B est calée une paire de segments extensibles.

Enfin, sur l'arbre A se meut un train baladeur à quatre pignons a', b', c', d'. Si nous déplaçons les deux trains du côté du différentiel, nous amenons les boîtes b et d sur les segments; au moyen d'une crémaillère et d'un jeu de leviers, on peut écarter les segments qui viennent bloquer l'une des boîtes b ou d à volonté, en la solidarisant avec l'arbre. Le pignon se trouve donc entraîné. Les boîtes c et a restent folles sur l'arbre B. Inversement, en déplaçant les deux trains du côté du moteur, on amène les boîtes a, c, sur les segments, en laissant folles les boîtes b et d.

On pourra disposer, soit de la boîte a, soit de la boîte c, avec la crémaillère.

Le système b, b' donne la petite vitesse ;

Le système c, c' donne la moyenne vitesse ;

Le système a, a' donne la grande vitesse ;

Le système d, d' donne la marche arrière (voir plus loin).

Dans ce système, les engrenages sont toujours en prise. Le démarrage est progressif et sans choc (1).

Attaque directe de la grande vitesse. — Dans toutes les voitures modernes, la commande des roues motrices se fait par l'attaque directe à la grande vitesse. On évite ainsi pour cette vitesse l'intermédiaire des engrenages qui consomment toujours une certaine puissance, et dont l'usure est

---

(1) Leblanc, *loc. cit.*, p. 149.

appréciable surtout s'ils sont manœuvrés sans les

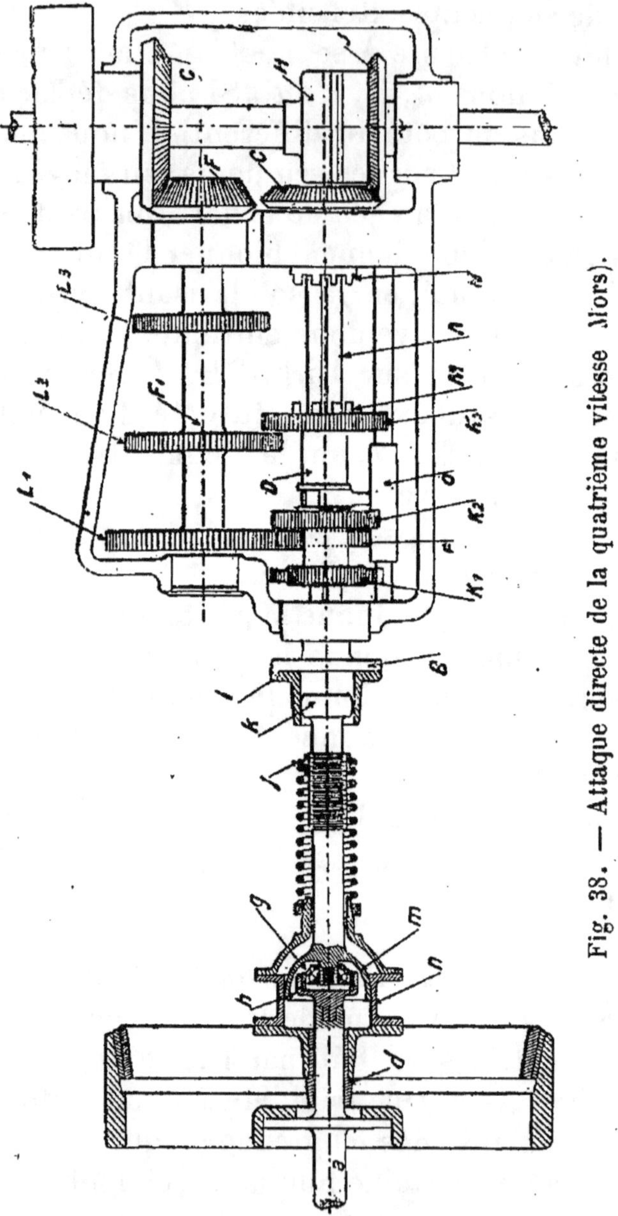

Fig. 38. — Attaque directe de la quatrième vitesse (Mors).

précautions nécessaires. On estime à 12 à 15 %

149

l'augmentation de rendement due à l'attaque directe.

Or, avec les moteurs perfectionnés que l'on est parvenu à construire, il est possible de marcher presque toujours en grande vitesse et de réaliser par un réglage convenable des vitesses excessivement variables, depuis l'allure la plus lente jusqu'à la plus rapide. On conçoit sans peine l'immense avantage de cette possibilité qu'a le chauffeur de se servir très rarement des engrenages.

La figure 38 représente, à titre d'exemple, l'attaque directe de la quatrième vitesse dans le changement de vitesses Mors. La douille du train baladeur D porte des griffes M qui peuvent venir en prise avec les griffes correspondantes N d'un pignon conique C engrenant avec un autre pignon conique J fixé sur les coquilles du différentiel H. La quatrième vitesse est obtenue par la mise en prise des griffes ci-dessus ; il en résulte qu'en quatrième vitesse, le train baladeur n'entre plus en jeu ; l'arbre moteur actionne directement le différentiel.

Marche arrière.

La marche arrière est obligatoire, aux termes de l'article 5, § 2 du décret du 10 mars 1899, pour toute voiture de poids à vide supérieur à 350 kilogrammes.

La marche arrière est commandée, soit par le même levier que pour le changement de vitesses (un des crans auxquels on peut amener ce levier correspond alors à la marche arrière), soit, dans d'autres voitures, au moyen d'un levier spécial, généralement plus court que le levier de changement de vitesses.

Principe de la marche arrière. — On sait que, si une roue dentée A (fig. 39) en conduit une autre B, les sens de rotation de ces roues sont tels que l'indiquent les flèches sur la figure, Si maintenant, l'on vient à interposer un *intermédiaire* C (fig. 40) entre A et B, le sens de rotation

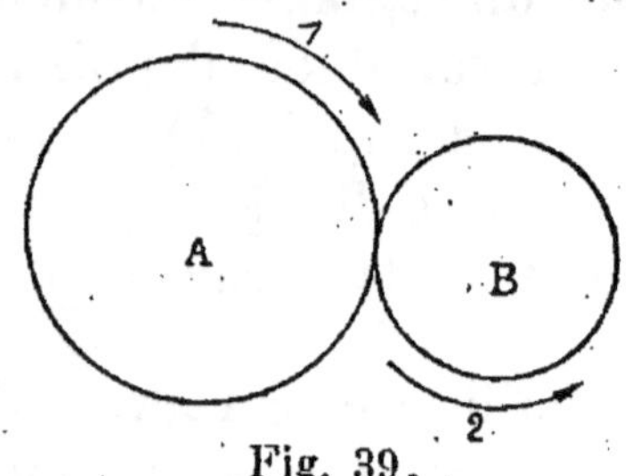

Fig. 39.

de la roue B sera changé. C'est là le principe de tous les dispositifs de marche arrière : la boîte d'engrenages contient un système comprenant un intermédiaire, lequel donne la marche arrière.

C'est ainsi que, dans le changement de vitesses par train baladeur que nous avons décrit ci-dessus, et que représente la figure 35, la roue K, continuellement en prise avec l'intermédiaire *h*, forme avec la roue *a* le système de marche arrière.

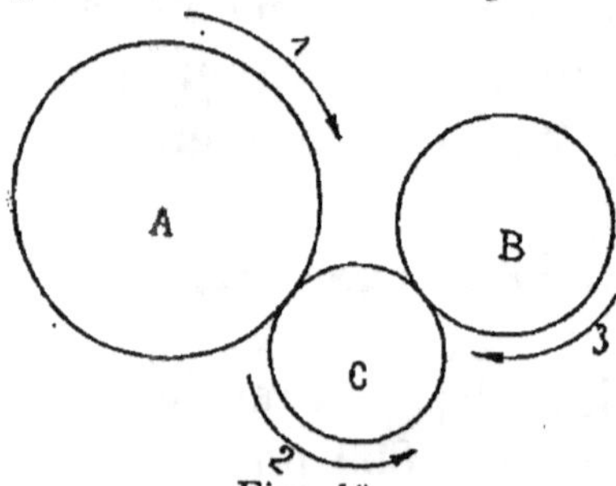

Fig. 40.

Dans le changement de vitesses représenté par la figure 36, le système 4 fournit la marche arrière au moyen d'un intermédiaire situé derrière les deux roues de la figure et engrenant avec elles de façon à changer le sens de rotation de l'arbre B.

Dans le changement de vitesses par embrayage

à friction (fig. 37), le système dd' donne la marche arrière au moyen d'un intermédiaire de double largeur reliant les deux roues.

Boîte d'engrenages et manœuvre du changement de vitesses. — Les engrenages doivent travailler dans l'huile; il est évident que, sans cela, leur usure serait très rapide et que le grippage se produirait presque inévitablement. Aussi sont-ils renfermés dans un carter dit « carter du changement de vitesses » ou « boîte d'engrenages », le plus souvent construit en aluminium ou en alliage de ce métal, lequel est plein d'huile jusqu'à la moitié ou aux deux tiers et est pourvu à la partie inférieure d'un orifice de vidange avec bouchon à vis. Le carter est fermé à sa partie supérieure par un couvercle plan maintenu par des boulons avec écrous à oreilles le plus souvent.

Pour obtenir une bonne conservation des engrenages, il est de la plus grande importance d'observer soigneusement les précautions sur lesquelles nous reviendrons plus tard, de ne jamais changer de vitesse sans débrayer au préalable (c'est du reste une recommandation élémentaire) et de ne jamais passer d'une vitesse à l'autre sans attendre que les engrenages tournent sensiblement à la même vitesse. En effet, si l'on néglige cette précaution, on présente l'un à l'autre deux engrenages dont l'un tourne très lentement, et dont l'autre, tournant à très grande vitesse, constitue en quelque sorte un disque plein où les dents du premier n'arrivent plus à se loger et viennent se briser inévitablement. Cette réduction de la vitesse s'obtient fort simplement par le débrayage : en effet, le train baladeur ne se trouvant plus lié mécaniquement au moteur, tourne de moins en moins vite et il arrive un moment où sa vitesse est sensiblement égale à celle du deuxième train d'engrenages qui tourne, entraîné par le mouvement de la voiture. L'habitude permet au conducteur de saisir le moment où ces deux vitesses sont sensiblement égales. Si cette opération est bien faite, le changement de vitesse s'opère sans bruit ; dans le cas contraire, un bruit de ferraille de mauvais augure se fera entendre, et il ne faut pas un bien grand nombre de changements de vitesses ainsi opérés pour mettre hors service un train d'engrenages.

Voyons maintenant, après ces généralités, quelques *exemples de changements de vitesses* employés dans les voitures Mors, Darracq, Renault, etc.

Changement de vitesses Mors (voir fig. 38). — Nous avons vu comment se fait dans ce système l'attaque directe de la quatrième vitesse.

Disons quelques mots de l'obtention des autres vitesses. L'arbre moteur A porte un train baladeur D formé par une douille sur laquelle sont montés les engrenages moteurs K_1, K_2, K_3. L'arbre commandé F_1 porte les trois engrenages commandés L_1, L_2, L_3 et, à une extrémité, un engrenage conique G calé sur le différentiel H. Par la mise en prise de l'une des paires d'engrenages $K_1 L_1$, $K_2 L_2$, $K_3 L_3$, on obtient respectivement l'une des trois premières vitesses.

9*

Pour la grande vitesse, l'arbre moteur attaque directement le différentiel (V. p. 148).

La manœuvre du changement de marche (marche arrière) et celle des changements de vitesse se font au moyen d'un levier unique.

Lorsque, à partir de la position de première vitesse, on ramène en arrière le levier de manœuvre, l'engrenage moteur de première vitesse K_1 (celui du train baladeur) cesse d'être en prise avec l'engrenage commandé de première vitesse L_1. C'est la position d'arrêt (cran « stop »).

En continuant de ramener en arrière le levier de manœuvre, le bec de la fourchette de manœuvre O met en prise un engrenage auxiliaire ou intermédiaire P (commandé par le pignon K_1) avec l'engrenage commandé de première vitesse L_1. L'arbre F_1, commandé à ce moment par l'intermédiaire P, tourne en sens inverse de celui dans lequel il tourne pendant les trois premières vitesses et produit la marche arrière.

Changement de vitesses Darracq. — La figure 41 représente ce changement de vitesses. Il comporte trois vitesses et une marche arrière par train baladeur ; la manœuvre se fait, non par un levier, comme dans la plupart des voitures, mais par une seule manette placée sous le volant de direction.

Le changement de vitesses est composé de deux arbres tournant dans des paliers à billes ; le premier de ces arbres, qui n'est que la continuation de celui du moteur, est en deux pièces : l'une porte le cône d'embrayage et un manchon à griffes ; l'autre, de section carrée, sur laquelle manœuvre le train ba-

ladeur formé de deux engrenages, est relié au différentiel et porte également un manchon à griffes
opposé à celui du cône d'embrayage. Les deux

Fig. 41. — Changement de vitesses Darracq.

tronçons de cet arbre deviennent solidaires lorsque
les manchons à griffes sont en prise, et ainsi se
trouve réalisée la troisième vitesse *en prise directe.*

Le tout est renfermé dans un carter étanche, rempli de graisse consistante.

Changement de vitesses Renault frères. — Cet appareil, représenté par la figure 42, a ceci de particulier qu'il est une combinaison du système par train baladeur et des systèmes à engrenages toujours en prise.

Comme dans le changement de vitesses Darracq,

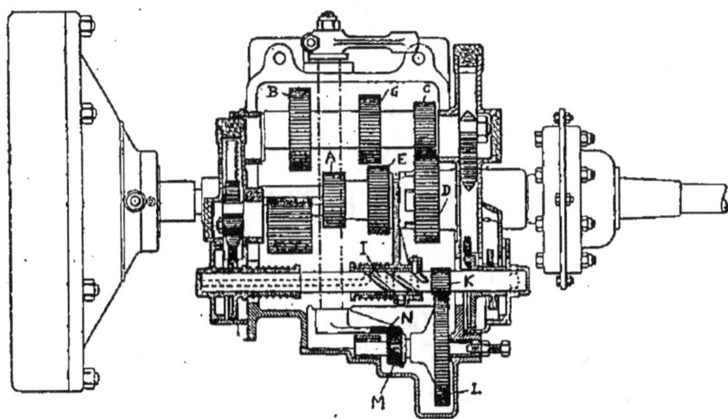

Fig. 42. — Changement de vitesses Renault.

que nous venons de décrire, l'arbre moteur est formé de deux tronçons, chacun d'eux étant terminé par une noix à griffes. L'emprise de ces deux noix permet de réunir le premier tronçon au second, de façon à ne faire qu'un seul arbre.

Sur l'un des tronçons peut se déplacer, sur une portée carrée, un train baladeur formé de deux pignons A, E, de tailles différentes.

Le second arbre porte trois roues dentées de diamètres inégaux, B, G, C. Ces engrenages transmettent le mouvement du premier tronçon de l'arbre moteur au second tronçon, pour la première et la deuxième vitesses (l'arbre moteur étant sectionné en ses deux tronçons); pour la troisième vitesse, on réalise l'attaque directe en réunissant, au moyen des noix à griffes, les deux tronçons de l'arbre moteur.

Une des particularités les plus intéressantes de ce changement de vitesses consiste en ceci que, pour changer de vitesse, au lieu d'amener les engrenages en prise par un simple déplacement latéral (les dents s'attaquant par les flancs), on amène les roues à mettre en prise en face l'une de l'autre, puis, l'arbre BGC pouvant se mouvoir parallèlement à lui-même, on l'approche de l'arbre moteur, et les dents des roues en regard se pénètrent sans choc.

Ces diverses manœuvres (déplacement latéral du baladeur AE, déplacement parallèlement à lui-même de l'arbre BGC) s'obtiennent au moyen d'une sorte de grosse vis I portant des rainures qui commandent la fourchette en relation avec les pièces mobiles. Cette vis est manœuvrée par un secteur denté L commandé par le levier de changement de vitesse. Un système de pignons (K, M, N), visible sur la figure, produit deux multiplications de mouvements successives réalisant, par la rotation de la grosse vis, les trois manœuvres : éloignement de l'arbre BGC, déplacement du train baladeur, rapprochement de l'arbre BGC nécessaires pour opérer un changement de vitesses.

Cet ensemble est contenu dans un carter, auquel on a donné, dans les ateliers, le nom de « mandoline » à cause de sa forme spéciale.

Changement de vitesses C. G. V. (Charron, Girardot et Voigt). — La figure 43 représente ce changement de vitesses, pour un moteur de 25 chevaux (fig. 9 et 10). En voici une description rapide, d'après celle qu'en fait dans la *Vie Automobile* M. Baudry de Saunier :

« Les roues de ce changement de vitesses sont larges, robustes et les arbres sont montés sur billes. Le système est, cela va sans dire, à attaque directe de la grande vitesse. Le renvoi du mouvement de l'arbre primaire se fait sur ce même arbre par un arbre secondaire qui lui est parallèle dans un même plan horizontal.

« La boîte se compose de deux arbres horizontaux et parallèles : 1° l'arbre primaire A, qui commence en T par sa butée dans le volant du moteur et se termine, cylindrique, à l'intérieur de l'engrenage F ; 2° l'arbre secondaire B, dont les deux extrémités roulent dans des paliers à billes.

« Le premier arbre, carré sur presque toute sa longueur, porte un baladeur de trois engrenages, que la fourchette peut faire voyager ; il porte également, fou sur lui, un équipage fixe composé d'une roue et d'un pignon d'angle solidaires.

« Le second arbre porte quatre engrenages, fixes latéralement, dont l'un demeure constamment en prise avec l'équipage fou sur le premier arbre. Il en résulte que c'est par cet engrenage que toutes les vitesses (sauf la grande) passent d'un arbre à l'autre.

« Pour obtenir la grande (quatrième) vitesse en prise directe, on recule le baladeur jusqu'à ce que les tenons que porte la deuxième roue de l'arbre

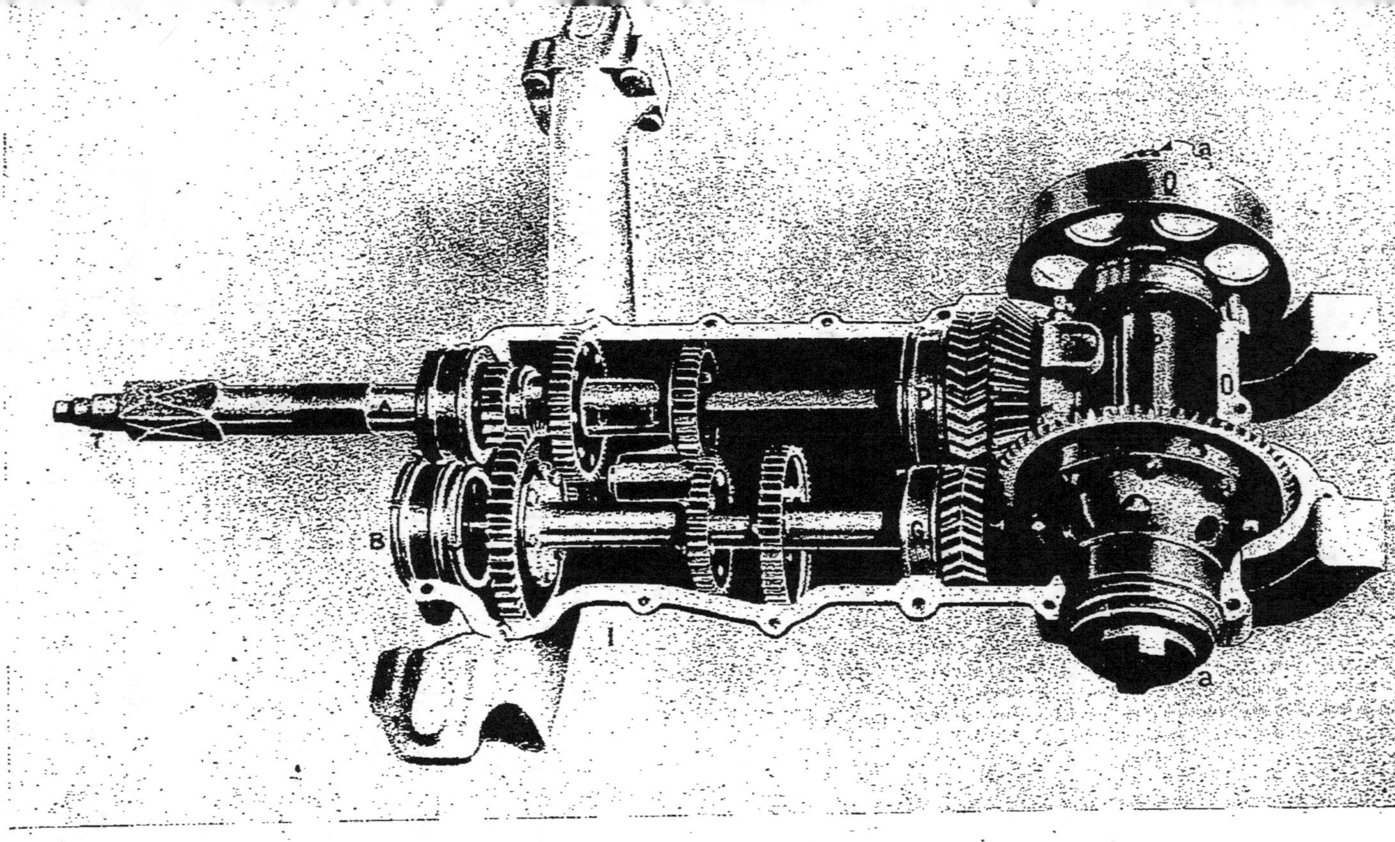

Fig. 43. — Boîte d'engrenages C. G. V. (voitures 25 chevaux).

primaire s'engagent dans les logements (invisibles sur la figure) qui sont ménagés dans F. Du coup, F est ainsi rendu solidaire de l'arbre primaire et tourne exactement à la vitesse de l'arbre moteur lui-même.

« La marche arrière est obtenue par le déplacement, dû à une fourchette inférieure, de deux pignons qui s'interposent dans la combinaison de petite vitesse. »

Embrayage.

Nous avons vu plus haut qu'on entend par *embrayage* le dispositif par lequel le moteur commande le premier train d'engrenages, dispositif permettant d'isoler momentanément le moteur du reste de la voiture, ou, en d'autres termes, de le laisser tourner à vide.

Nous avons exposé une des nécessités de l'embrayage, celle de permettre le changement de vitesse sans à-coup ; en voici une autre :

L'embrayage est indispensable pour permettre la mise en route du moteur, ou pour descendre une forte pente sur laquelle on débraiera en laissant aller la voiture par son propre poids.

Le plus souvent l'embrayage est obtenu au moyen d'une transmission par cônes de friction. La figure 44 représente schématiquement un embrayage de ce type (d'après **H. Leblanc**). Sur l'arbre du moteur est calé un cône femelle ; un cône mâle est monté sur le premier arbre du changement de vitesses. La surface de l'un des cônes, généralement le cône femelle, est garnie de cuir. Normalement, un ressort maintient le cône mâle appliqué sur le cône femelle. L'entraînement a lieu alors grâce au frottement. Une pédale disposée devant le chauffeur permet d'annuler l'effet du ressort momentanément et de retirer par conséquent le cône mâle du cône femelle ; le moteur tourne alors à vide, sans transmettre le mouvement au premier train d'engrenages et, par conséquent, sans agir sur les roues de la voiture. C'est là le système d'embrayage le plus communément employé ; il permet, lorsque le chauffeur sait manier progressivement la pédale d'embrayage,

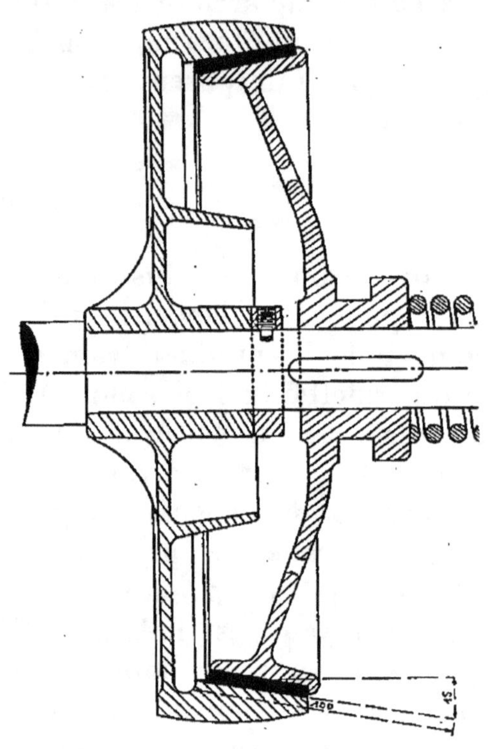

Fig. 44. — Embrayage à cônes de friction.

de produire celui-ci sans à-coup, en amenant très progressivement en contact les parties frottantes des cônes mâle et femelle.

Néanmoins, certains constructeurs ne trouvent pas assez progressif ce système d'embrayage et lui préfèrent le système par courroies et poulies. Il y a

dans ce cas, tout comme dans les commandes
d'atelier, une poulie fixe, une poulie folle et une
courroie que l'on peut faire passer de l'une à l'autre
au moyen d'une fourchette manœuvrée également
par la pédale de débrayage. On peut toutefois
reprocher à ce procédé, d'ailleurs assez peu
employé, d'être sujet à des déréglages dus à
l'allongement inévitable des courroies.

Exemples d'embrayages. — Nous allons donner,
comme nous l'avons fait pour les changements de
vitesses, la description de quelques systèmes d'embrayages.

Embrayage Mors. — Cet embrayage, que l'on

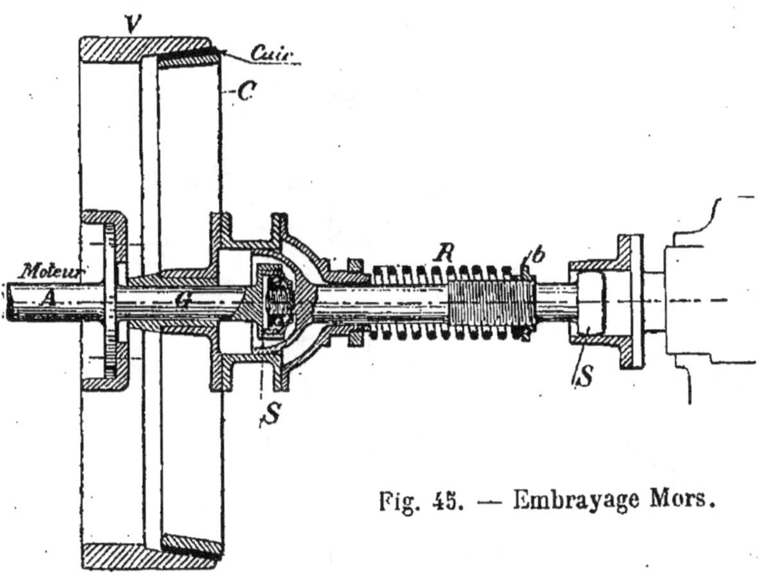

Fig. 45. — Embrayage Mors.

peut voir en place dans la figure 38, est représenté
à part, figure 45.

L'arbre moteur A porte, boulonné sur un plateau,
le volant V dans lequel vient se loger le cône en

aluminium C bagué en son moyeu sur une douille qui coulisse sur le prolongement de l'arbre moteur A. L'arbre d'embrayage porte, à son extrémité avant, un champignon S formant cuvette à billes. Enfin, l'extrémité de l'arbre moteur porte une boîte (*g*, fig. 38) renfermant une autre cuvette. Le ressort d'embrayage R prend point d'appui, d'une part,

sur une butée *b* vissée sur l'arbre d'embrayage, et, d'autre part, sur le cône : les réactions sur l'arbre d'embrayage s'équilibrent.

Pour parer aux déformations du châssis, inévitables, l'embrayage doit présenter une certaine élasticité.

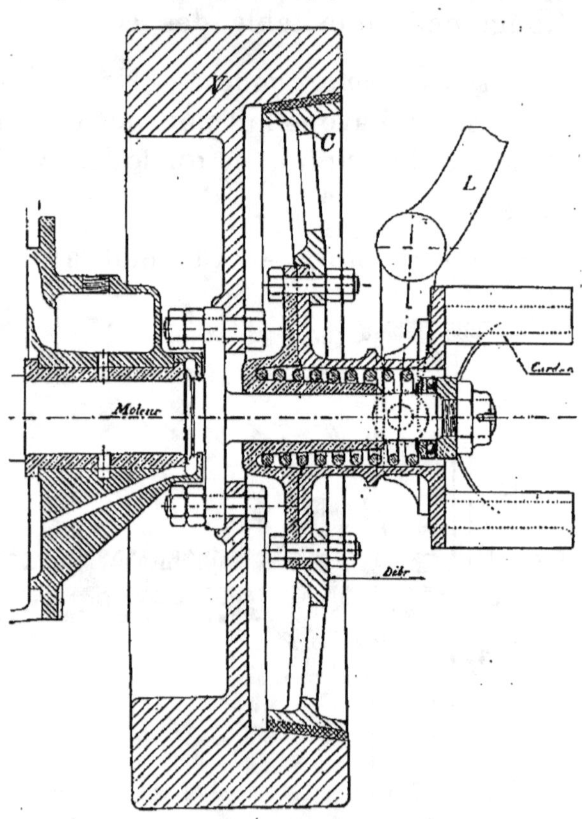

Fig. 46. — Embrayage Richard-Brasier.

Cette propriété est réalisée dans l'embrayage Mors, en reliant l'arbre à la boîte d'engrenages par l'intermédiaire d'un joint « à carré sphérique ». L'arbre d'embrayage porte à l'arrière une pièce car rée S qui se loge dans une douille carrée portée par le plateau terminant l'arbre moteur de la boîte d'engrenages. Les faces de la pièce S sont taillées suivant des portions de cylindre.

Embrayage Richard-Brasier. — La figure 46 représente cet embrayage, qui est du même type que le système Mors que nous venons de décrire. V est le volant du moteur, dans lequel vient encore se loger le cône mâle C, garni de cuir à sa partie extérieure. L'arbre d'embrayage est relié au changement de vitesses par une articulation de Cardan, représentée sur la figure 46, et qui joue le rôle du joint « à carré sphérique » de l'embrayage Mors, c'est-à-dire qu'elle donne de l'élasticité à l'embrayage en prévision des déformations du châssis, pendant la marche.

Embrayage Renault frères. — Dans cet embrayage, que réprésente la figure 47, une disposition différente a été adoptée, celle dite des *cônes renversés*. On remarquera, en effet, que les cônes ont leurs génératrices inclinées en sens inverse des exemples précédents ; dans ces conditions, l'effort se traduit par une pression vers l'intérieur des cônes.

Pour rendre possible le montage, la partie frottante du cône femelle (ou volant) est formée par une bague conique fixée sur le volant (V. fig. 47). Le cuir est, comme toujours, rivé sur le cône mâle.

Enfin, le ressort d'embrayage est logé à l'intérieur de l'appareil, dont les dimensions sont ainsi notablement réduites.

On voit sur la figure le jeu de leviers qui permet le débrayage en appuyant sur la pédale.

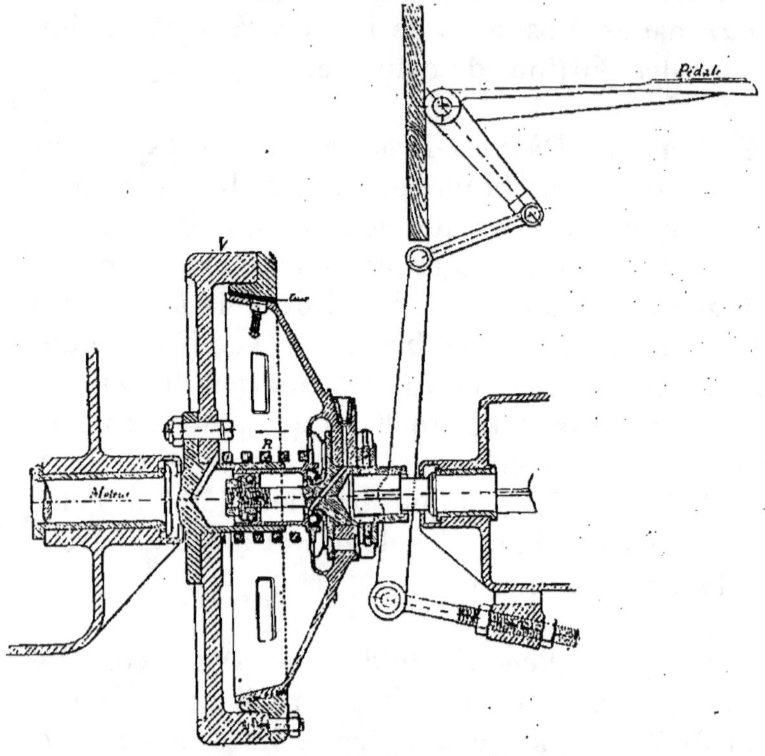

Fig. 47. — Embrayage Renault.

Embrayage Mercédès. — Cet embrayage est d'un type très différent de ceux que nous venons de décrire, car il est formé par deux segments de fonte qui sont pressés contre les parois intérieures du volant par un ressort spécial.

Embrayage C. G. V. — La maison Charron, Girardot et Voigt emploie sur ses voitures l'embrayage que représente la figure 48 (pour une voiture 15 chevaux). Cet appareil est du type ordinaire à cônes; il n'exerce aucune poussée sur

Fig. 48. — Embrayage C. G. V.

l'arbre moteur. Le roulement du cône est à billes. L'ensemble est d'une très grande douceur de fonctionnement.

Embrayage de Diétrich. — La caractéristique de cet embrayage, qui est représenté figure 49, est dans la commande par le cône mâle de l'arbre du

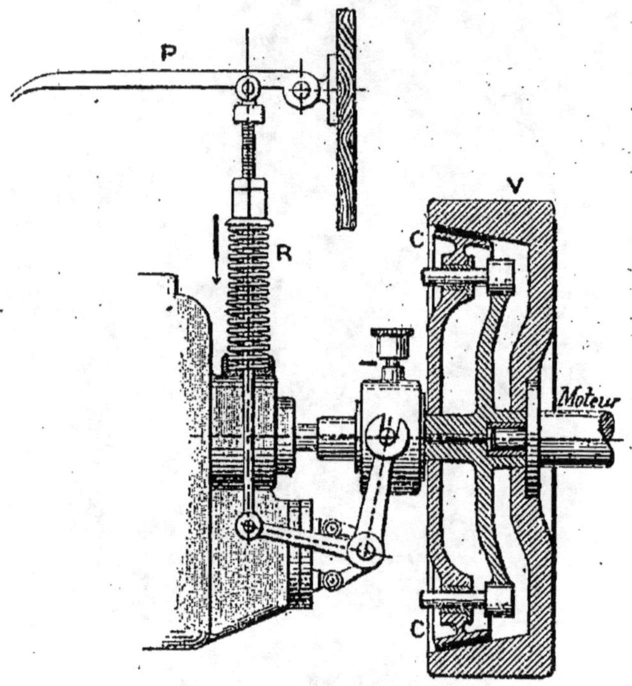

Fig. 49. — Embrayage de Diétrich.

changement de vitesses par l'intermédiaire d'un plateau à 4 tocs, visible sur la figure entre le cône mâle C et le cône-volant femelle V.

Embrayage Clément-Bayard. — La figure 50 représente cet embrayage, du type courant, mais présentant une particularité intéressante : sur le pourtour du cône mâle sont disposés des ressorts poussoirs *r*, au nombre de 5, dont le rôle est de soulever le cuir de quelques millimètres et d'assu-

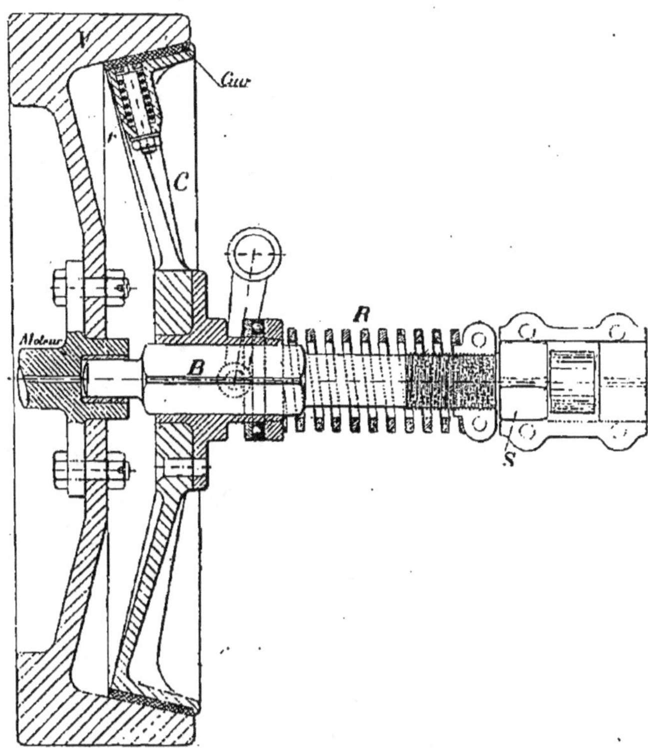

Fig. 50. — Embrayage Bayard-A. Clément.

rer au début de l'embrayage un peu plus de progressivité (1).

---

(1) Nous avons utilisé, pour une partie de cette description des embrayages, l'intéressant article de M. André, paru dans *La Revue technique*, sur ce même sujet, auquel nous empruntons également quelques-unes des figures relatives à ces organes.

CHAPITRE VII

La transmission flexible
et le différentiel

Iᵒ Transmission flexible.

On entend par transmission flexible le dispositif destiné à communiquer aux roues motrices du véhicule le mouvement du moteur, démultiplié, s'il y a lieu, par les engrenages du changement de vitesses.

Les roues ayant à suivre les irrégularités de la route, et étant portées par les ressorts de suspension du véhicule, on comprend sans peine qu'il puisse se produire certains mouvements relatifs entre l'ensemble du mécanisme (moteur, changement de vitesse) et les roues de la voiture. Il est donc impossible d'employer pour transmettre le mouvement un système rigide tel qu'un simple prolongement de l'arbre moteur.

De là la nécessité de transmissions flexibles auxquelles a été donné ce nom précisément parce qu'elles sont susceptibles de se déformer sans cesser d'agir.

La transmission du mouvement aux roues se fait
par trois moyens principaux, savoir :

a) par courroies ;

b) par chaînes ;

c) par cardan.

a) Transmission par courroies. — Cette transmission ne présente aucune particularité ; elle ne
diffère en rien de celle employée dans les ateliers
pour la commande des machines ; généralement le
système est pourvu d'un appareil de tension pour
maintenir constante celle de la courroie.

Le rendement mécanique de cette transmission
est très élevé ; mais, malgré cela, le système est
peu employé. Ses partisans les plus fidèles sont les
maisons *de Diétrich, Delahaye, Bollée,* etc.

b) Transmission par chaînes. — La transmission
par roue dentée et chaîne est très répandue.
Beaucoup de constructeurs qui font usage du système à la Cardan pour les voitures de puissance
relativement réduite (jusqu'à une vingtaine de
chevaux, par exemple) emploient la transmission
par chaîne pour les voitures plus fortes. D'autres
préfèrent la chaîne, même pour les voitures cou-
rantes ; c'est ainsi que les C. G. V. 15 chevaux en
sont pourvues.

D'une façon générale, presque toutes les voitures de course sont munies de transmission par
chaînes.

Ainsi, dans les éliminatoires de la coupe Gordon-
Bennett (mai 1904), les voitures de Diétrich,
Hotchkiss, G. Richard-Brasier, Mors, Gobron-Bril-

lié, Turcat-Méry, étaient pourvues de transmission par chaînes doubles. La maison Gardner-Serpollet a employé une chaîne centrale unique, tandis que les maisons Darracq, Bayard-Clément, Panhard-Levassor ont donné la préférence à la cardan, malgré la puissance considérable des voitures engagées (85 à 100 chevaux).

Le système est très simple en lui-même : le mouvement du moteur, démultiplié, s'il y a lieu dans la boîte d'engrenages, est transmis par des pignons d'angle à un arbre portant à ses extrémités des roues dentées, sur lesquelles passent les chaînes qui vont transmettre le mouvement aux roues munies de couronnes dentées. (Voir figure 104, un exemple de voiture avec transmission par chaînes.)

Ce système exige de fréquents réglages : en effet, les chaînes ont tendance à s'allonger et leur rupture est relativement facile. Une chaîne trop tendue produit une résistance inutile et sa résistance à la rupture est moindre. Au contraire, si la tension est trop faible, la chaîne peut avoir tendance à quitter les roues dentées. On peut compter que la chaîne est bien tendue lorsqu'elle peut se soulever de 3 à 5 centimètres.

Lorsque les chaînes sont mal entretenues et qu'elles se trouvent recouvertes de boue, les ruptures deviennent plus fréquentes ; aussi est-il prudent, lorsqu'on fait usage d'une voiture à chaînes, de se munir de maillons de rechange.

c) Transmission par cardan. — Ce système de transmission est une application de l'articulation de Cardan, très employée dans beaucoup d'appareils de physique.

La figure 51 représente schématiquement un joint ou articulation de Cardan (1); en principe, la cardan consiste en un croisillon à deux branches

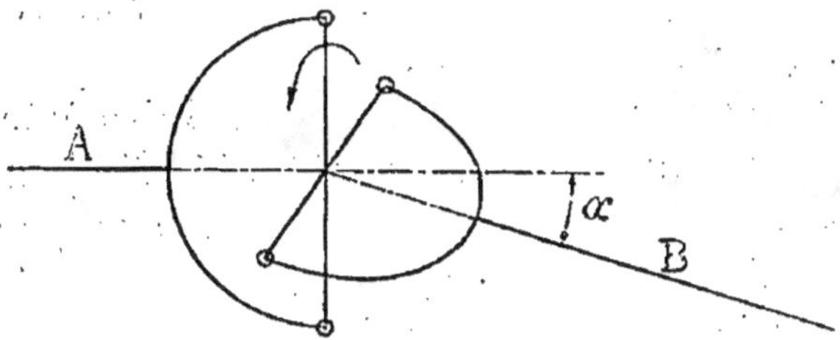

Fig. 51. — Schéma d'articulation de Cardan.

rigides ; les quatre extrémités du croisillon se terminent par un tourillon à embase. Chaque branche est prise dans une fourche solidaire d'une des portions A, B, d'arbre à lier. Les deux fourches sont dans des plans perpendiculaires. Chaque tour de l'arbre moteur A provoque un tour de l'arbre conduit B.

L'emploi de ce système de transmission est très général aujourd'hui; la plupart des voitures de tourisme de puissance inférieure à 20 chevaux en sont munies.

L'arbre moteur du changement de vitesses attaque, au moyen de l'articulation de Cardan, un arbre qui, à son tour, agit par l'intermédiaire d'une seconde articulation semblable sur le différentiel monté sur l'essieu des roues motrices.

La figure 52 montre un exemple de la façon dont est

____

(1) H. Leblanc, *loc. cit.*, p. 354.

réalisée pratiquement cette transmission ; la cardan
figurée est construite par la maison Malicet et Blin.
On pourra voir sur les figures 95, 97 et 100 la place
que cette transmission occupe dans l'ensemble
du mécanisme d'une voiture.

Fig. 52. — Cardan Malicet et Blin.

On voit aisément que, dans les trois cas que
nous venons de passer en revue, la condition que
nous avons posée au début est réalisée, et que la
liaison du moteur avec les roues motrices n'est pas
rigide et permet, par suite, la déformation de l'ensemble du mécanisme. Dans les deux premiers cas
(transmission par courroie et par chaîne), la flexi-
bilité de la transmission est évidente ; dans le troisième cas, les joints de Cardan la réalisent aussi
d'une façon absolument parfaite.

2° Le Différentiel.

Lorsque la voiture passe dans une courbe (et ce
phénomène est surtout accentué si la courbe est à
petit rayon), les roues qui se trouvent à l'extérieur
de la courbe ont à parcourir un chemin plus grand
que celles qui se trouvent à l'intérieur. Si l'essieu
qui réunit l'une à l'autre les deux roues motrices
était en une seule pièce, la roue située à l'intérieur

10*

se trouverait forcée de patiner, d'où divers inconvénients dont l'usure considérable des pneumatiques ne serait pas le moindre. On évite cet inconvénient par l'emploi du *différentiel*. Cet organe est disposé de telle sorte que chacune des deux roues motrices prend d'elle-même la vitesse de rotation qui lui convient pour parcourir la courbe. Le différentiel est une application des trains d'engrenages épicycloïdaux (1).

À cet effet, l'essieu des roues motrices est coupé en son milieu ; chacune des extrêmités de ce demi-axe porte un pignon d'angle. La transmission flexible agit sur une couronne dentée et, sur deux ou quatre des rayons de celle-ci, tournent librement des pignons satellites qui peuvent engrener avec une des roues dentées montées aux extrémités de l'essieu ou avec les deux à la fois. L'engrenage avec une seule de ces roues se produit lorsque la voiture parcourt une courbe, le second cas se réalise lorsque le véhicule suit une ligne droite.

Comme tous les organes délicats de la voiture, le différentiel est contenu dans un carter spécial qui le protège contre la poussière de la route et sert, en outre, à assurer le graissage parfait du système. On aperçoit ce carter sur l'essieu arrière des divers châssis représentés fig. 97 (Di), 100, 102.

La figure 53 représente, d'après Leblanc, un tel différentiel. Chacun des arbres indépendants 1 et 2 est solidaire d'une des roues de la voiture. Deux pignons coniques égaux sont calés à l'extrémité de

____

(1) V. Leblanc, *loc. cit.*, p. 217 et suiv.

ces arbres. Un manchon à deux bras, 3, tourne fou sur les extrémités prolongées des arbres 1 et 2. Sur ce manchon tournent fous les satellites 6 ; la boîte 4, solidaire du pignon 7 commandé par le pignon 5, entraîne le manchon 3. Deux douilles

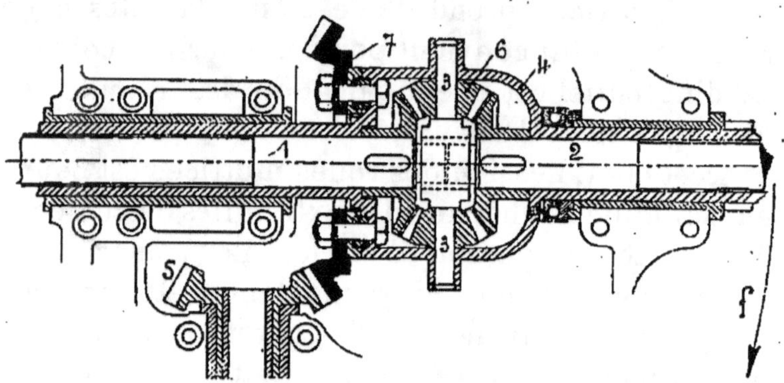

Fig. 53. — Différentiel.

très longues servant de guides aux arbres 1, 2 (et les maintenant en ligne droite) terminent la boîte 4.

En ligne droite, les roues de la voiture ont la même vitesse angulaire que le carter porte-train. Les satellites n'ont qu'un mouvement de rotation autour de l'axe 1, 2 ; ils ne servent que de lien rigide entre la boîte 4 et les pignons 1, 2.

Dans un virage à droite, par exemple, l'axe 1, 2 se déplace autour d'un centre plus rapproché de la roue 1 que de la roue 2, dans le sens de la flèche *f*. Les vitesses des arbres 1 et 2 deviennent différentes et les satellites s'animent d'un mouvement épicycloïdal dépendant de cette différence des vitesses. Le calcul, par l'application de la formule de Willis, relative aux vitesses angulaires des trains épicycloïdaux, montre que, dans un virage, *la vitesse*

*angulaire du différentiel doit être égale à la demi-
somme des vitesses angulaires des roues de la voiture.* Il en résulte, pratiquement, la nécessité *absolue* de rendre le différentiel indépendant du
moteur, dans un virage, pour que le train satellite

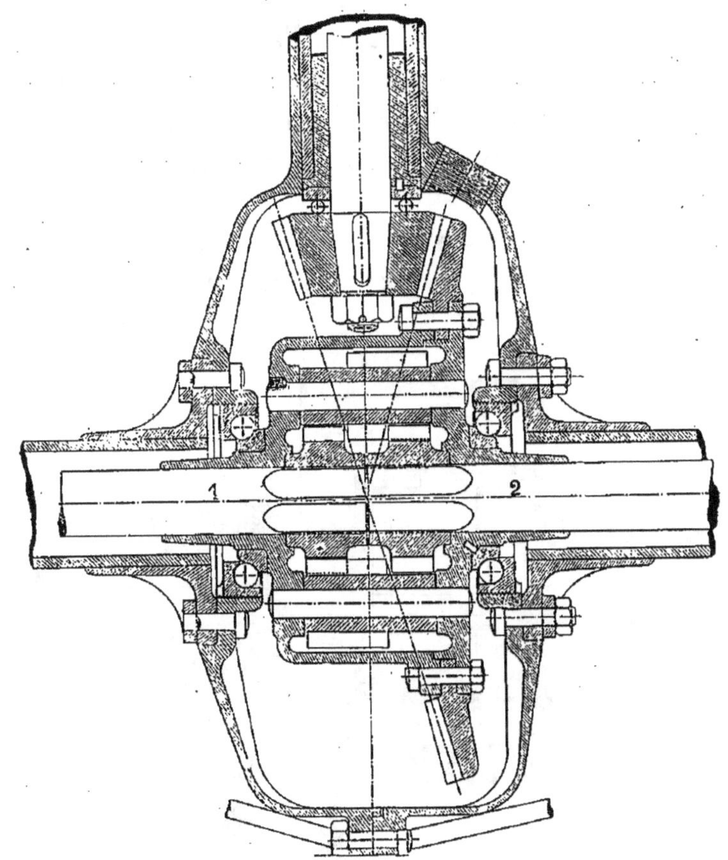

Fig. 54. — Différentiel à roues droites.

puisse adopter sa vitesse différentielle, fonction des
vitesses des roues.

On construit également des différentiels montés

avec des roues droites. La figure 54, que nous empruntons également à l'ouvrage de M. Leblanc, en est un exemple ; aux extrémités des arbres 1, 2, sont clavetées des roues droites qui engrènent avec quatre satellites fous sur leurs axes, parallèles aux axes 1, 2. Deux des satellites, ceux diamétralement opposés, engrènent avec l'arbre 1 et les deux autres avec l'arbre 2. Le tout est renfermé dans un carter à bain d'huile ; les roulements sont montés à billes, ainsi qu'on peut le voir sur la figure.

La figure 55 représente un autre exemple de différentiel, dans lequel la boîte-train épicycloïdal est

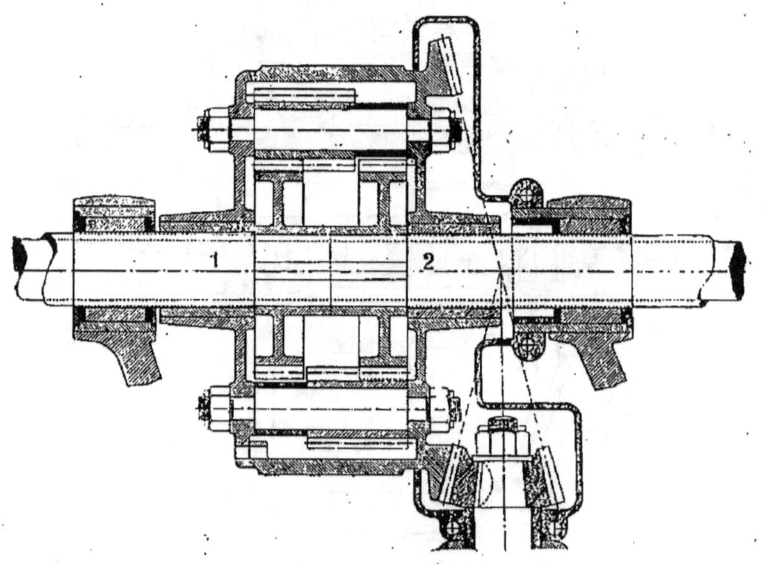

Fig. 55. — Différentiel.

disposée pour recevoir le frein sur le différentiel. Dans ce type, les roulements sont à rouleaux.

Enfin, la figure 56 montre, en perspective, l'inté-

rieur d'un différentiel G. Richard-Brasier. Ce modèle est caractérisé par un certain nombre de perfectionnements intéressants : les pignons coniques ne sont plus en
porte-à-faux ; le diamètre des essieux a été
augmenté ; les extrémités des essieux, au lieu
d'être graissées par
l'huile du carter, tournent dans des paliers
à bague de graissage
supprimant les projections d'huile sur les
pneus (dont l'huile est
l'un des plus mortels
ennemis, comme nous
aurons l'occasion de le
dire plus loin).

Le différentiel est
un appareil absolument indispensable,
et, cependant, il présente l'inconvénient de
favoriser le dérapage, sur le sol glissant, ainsi
que nous le montrerons dans un chapitre ultérieur

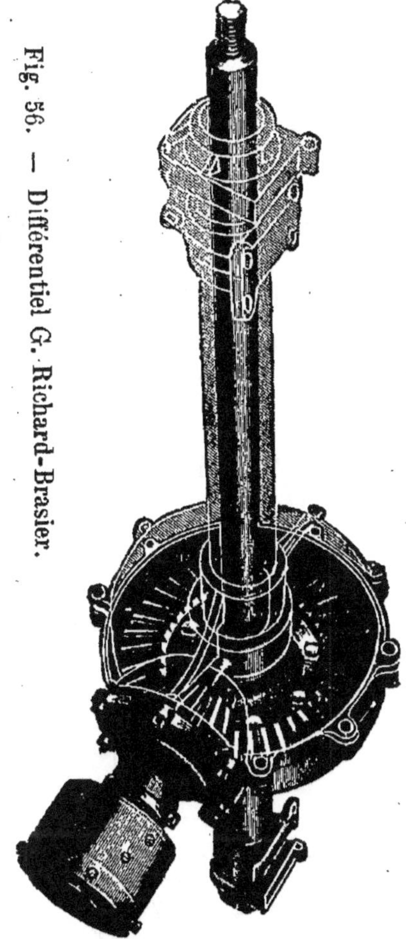

Fig. 56. — Différentiel G. Richard-Brasier.

CHAPITRE VIII

La direction.

On désigne sous ce nom l'ensemble des organes
servant à diriger la voiture.

Pour changer la direction de la voiture, on agit
sur les roues. On peut dire d'une façon absolue
que les roues directrices sont toujours les roues
de devant.

Nous ne connaissons pas d'exemple de voitures
à roues directrices arrière.

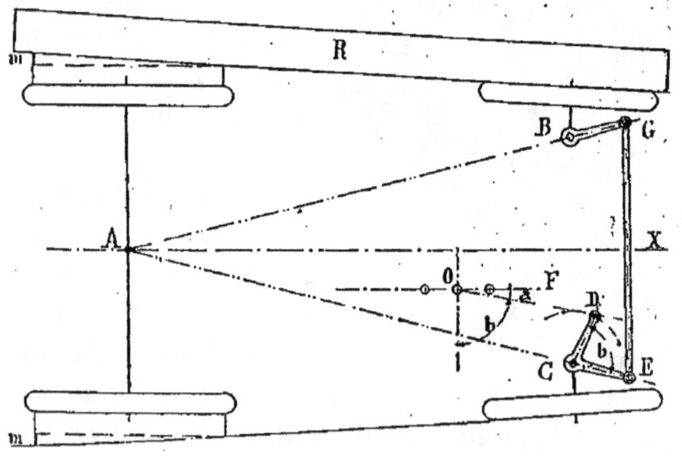

Fig. 57. — Épure de direction
Jeantaud.

Les deux roues d'avant sont réunies par une
barre d'accouplement E G au moyen de deux le-

viers, l'un double D C E pour la roue de droite, l'autre simple B G pour la roue de gauche (nous indiquons la gauche et la droite par rapport au conducteur assis à sa place), ainsi qu'on peut le voir sur la figure 57.

Les leviers B G et C E doivent être dans le prolongement des lignes A B et A C, joignant le milieu A de l'essieu arrière aux centres des fusées verticales B et C.

Le levier double D C E est lui-même relié à une bielle de commande déplacée de droite à gauche ou de gauche à droite par un secteur denté. Celui-ci reçoit le mouvement d'une vis sans fin montée sur la tige de direction qui elle-même porte à son extrémité supérieure le *volant de direction* (1).

La commande de la direction se fait de trois manières principales :

1° *Commande par roue et vis sans fin*. — C'est le système le plus répandu ; la figure 58 en représente un exemple (direction construite par la maison Malicet et Blin). L'arbre 1 porte le volant à son extrémité supérieure ; il actionne par une vis sans fin le secteur 2 relié aux leviers de commande des roues directrices. La vis 3 sert de butée.

2° *Commande par vis et écrou*. — Ce type est

---

(1) Quelques rares voitures sont munies d'une barre ou d'une sorte de guidon pour la direction ; cette dernière disposition est entièrement abandonnée aujourd'hui ; la première, celle d'une barre, est employée sur quelques voitures de construction américaine. Mais son emploi est très rare et ne nous paraît présenter aucun avantage sur le volant dont l'emploi est particulièrement commode.

représenté par la figure 59. L'arbre 1 du volant porte une vis 2 faisant mouvoir un écrou 4. Cet écrou

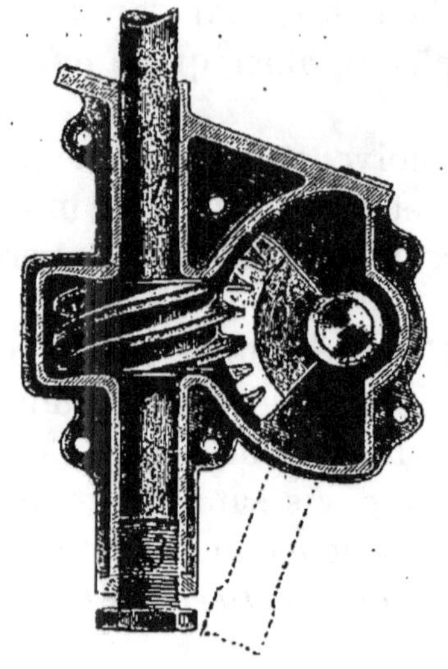

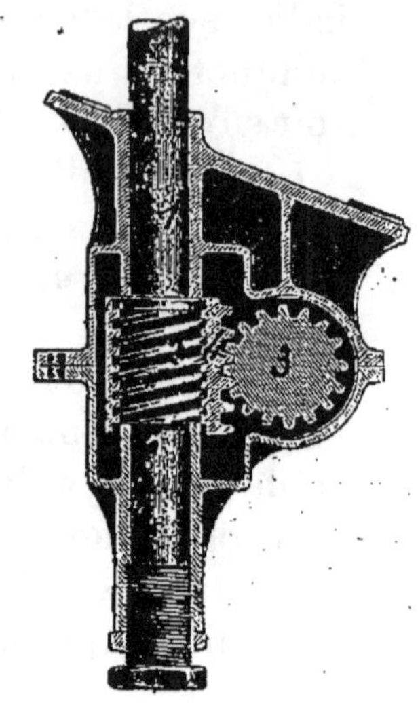

Fig. 58. — Direction par vis sans fin et secteur.

Fig. 59. — Direction par vis et écrou.

porte une crémaillère actionnant le pignon 3 relié aux bielles de commande des roues.

3° *Commande par cames coniques.* — M. Denis a fait une fort ingénieuse application des cames coniques au système de direction que représente la figure 60. A est une came conique symétrique, solidaire de l'arbre du volant G ; cette came oblige les deux galets coniques B à s'abaisser ou à s'élever suivant une rotation ayant son centre au point situé au milieu de leur axe commun. Dans leur mouvement, ces galets entraînent la boîte manivelle D.

Si l'on fait tourner le volant dans le sens de la

flèche *f*, par exemple, le doigt F tourne dans le sens de la flèche *f'* et *vice versa*.

La came est maintenue constamment appliquée sur les galets par un ressort C servant, en outre, à rattraper le jeu qui peut se produire.

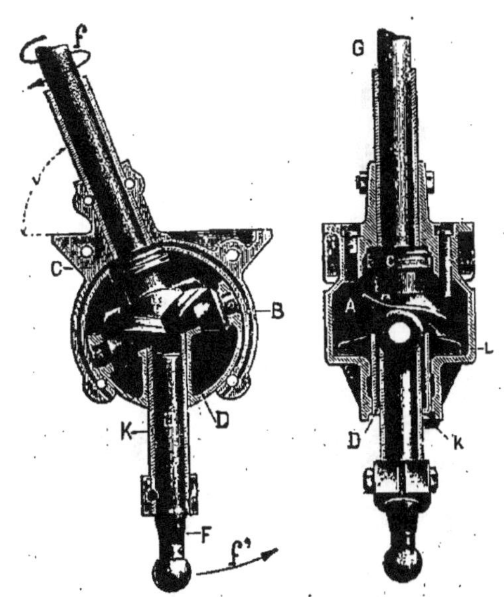

Fig. 60. — Direction par cames coniques.

Lorsque la voiture effectue un parcours en ligne droite, les galets B sont maintenus, calés en place, par la came A ; dans ces conditions, le mécanisme est donc irréversible.

Au contraire, dans un virage, la came imprime aux galets l'inclinaison convenable ; mais, dans ce cas, les galets tendent à ramener la came à sa position normale. Il y a donc une tendance naturelle au redressement après chaque virage.

Cet intéressant système de direction est également construit par MM. Malicet et Blin.

La figure 61 représente l'aspect extérieur d'une colonne de direction C. G. V. (voiture 25 chevaux). Les tiges de commande de l'avance à l'allumage et

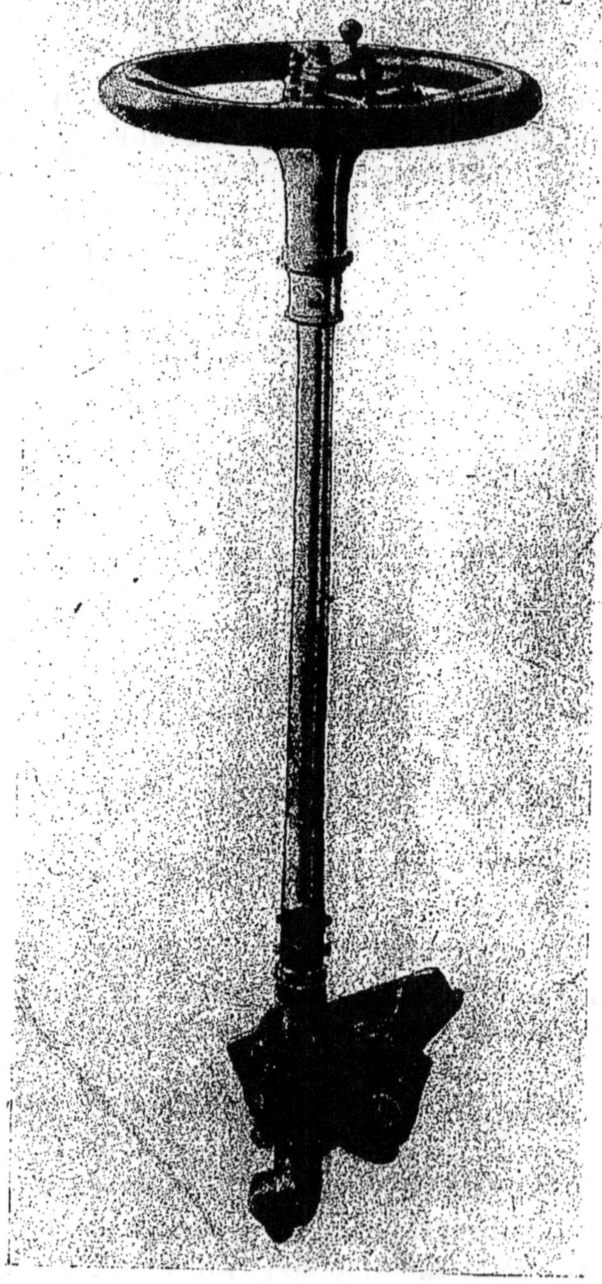

Fig. 64. — Ensemble de direction C. G. V.

celle de l'admission de gaz passent à l'intérieur du tube de direction.

Le volant porte généralement quelques organes accessoires tels qu'un bouton permettant de couper

Fig. 62. — Volant de direction C. G. V.

l'allumage ou encore d'organes de manœuvre de la régulation, comme dans le système Grouvelle et Arquembourg que nous avons décrit au chapitre v (voir fig. 32). La figure 62, qui représente un volant de direction C. G. V. (Charron, Girardot et Voigt) en est un autre exemple. Les manettes de commande de l'admission des gaz et de l'allumage sont disposées sur le volant, où la manœuvre en est très aisée.

Lorsque l'on agit sur le volant, on déplace simultanément les deux roues, mais d'une quantité légèrement différente, la roue de droite décrivant un cercle plus court que la gauche, si l'on tourne à droite, par exemple.

Les divers systèmes de direction décrits ci-dessus sont *irréversibles*, ce qui veut dire que les chocs reçus par les roues directrices (dans des creux du chemin, contre des cailloux) ne se transmettent pas au volant de direction. C'est là une propriété précieuse que n'avaient pas les premières voitures, dans lesquelles la direction était loin d'être irréversible ; aussi la conduite en était-elle excessivement fatigante.

On comprend sans peine l'importance capitale de la direction dans une voiture ; aussi le montage doit-il en être particulièrement soigné et les points d'attache des leviers étudiés de telle façon qu'il ne puisse jamais y avoir en cours de route de démontage accidentel ; il en résulterait, en effet, les plus graves accidents.

Essieux et Ressorts.

Les **essieux** des voitures automobiles sont généralement faits en fer à grain fin ; il importe qu'ils soient de très bonne qualité, car la rupture d'un essieu est un très grave accident constituant, une panne fort dangereuse, surtout si cette rupture se produisait à l'essieu avant.

L'essieu se termine à ses extrémités par des fusées sur lesquelles sont montés les moyeux garnis à leur intérieur de douilles en bronze; des écrous et contre-écrous maintiennent en place les moyeux. Le graissage est réalisé d'une façon très simple au moyen d'un chapeau en bronze monté sur le moyeu.

Depuis quelque temps, on fait des essieux d'automobiles avec moyeux munis de roulements à billes.

L'essieu arrière est généralement à corps droit pour les voitures à roues égales, et coudé pour les voitures à roues arrière plus grandes.

Les **ressorts** des voitures automobiles diffèrent légèrement suivant qu'il s'agit des ressorts avant ou des ressorts arrière. Les ressorts avant sont maintenus par des brides sur l'essieu et se composent de plusieurs lames, dont une formant toute la longueur du ressort et dite « lame maîtresse ». Les autres lames de dimensions décroissantes sont maintenues en place par un collier. A l'arrière, une pièce spéciale dite « main » est réunie au châssis de la voiture. A la partie intérieure, la liaison avec le châssis est réalisée au moyen d'une pièce dite « jambe de force ».

Les ressorts arrière sont plus simples, car ils ne comportent pas de jambe de force et sont réunis au châssis par des mains analogues à la main arrière du ressort d'avant.

Suspension Truffault. — La figure 63 représente le système de suspension Truffault appliqué
à toutes les voitures Peugeot. Voici en quoi consiste ce perfectionnement.

Lorsque les ressorts interposés entre la caisse
et les essieux d'une automobile sont très flexibles
(et c'est le cas de toutes les voitures dans lesquelles
le constructeur a voulu réaliser le maximum de
confortable), ces ressorts, comprimés au passage
d'une inégalité de la route, tendent à reprendre leur
position initiale ; mais, avant de l'atteindre, ils
passent par une série d'oscillations qui ont le
double inconvénient d'incommoder les voyageurs
et de faire perdre de la puissance, en empêchant
la voiture de *plaquer* sur le sol.

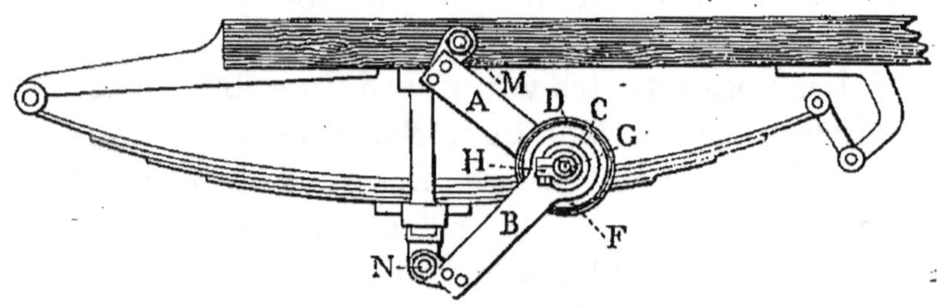

Fig. 63. — Suspension Truffault.

La suspension Truffault a pour but la suppression de ces oscillations. C'est, en quelque sorte,
un *frein* qui empêche le retour brusque du ressort
à sa position normale.

Le système est formé par deux bras A et B articulés à frottement dur sur un arc C, au moyen
d'un plateau F (bras B) et d'une coquille (bras A).
Entre le plateau et la coquille est serré un cuir
embouti ; un écrou fendu G vissé sur l'axe fileté C

assure le serrage, que l'on règle au moyen de l'écrou G ; un collier de serrage H maintient G sur l'axe.

Les bras A et B sont articulés : au châssis par l'axe M, à l'essieu par l'axe N, à frottements réglables, en cuir.

Lorsque la roue subit un choc, les deux bras suivent le mouvement des points M et N, dont la distance diminue ; puis, la résistance au frottement des diverses articulations étant égale dans les deux sens, les deux points M et N, ou, en d'autres termes, le châssis et les ressorts, reviennent *progressivement* à leur position normale, *sans oscillations*.

Ce système a été appliqué notamment à la voiture Richard-Brasier, conduite par Théry, qui a remporté la coupe Gordon-Bennett en 1904.

CHAPITRE IX

Les freins.

La présence de deux freins sur les voitures automobiles est obligatoire aux termes de l'article 6 du décret du 10 mars 1899.

D'ailleurs, même si la loi ne les exigeait pas, la raison en commanderait l'emploi, car ils constituent un élément de sécurité dont la valeur est inappréciable.

Les voitures sont donc munies d'au moins deux freins indépendants l'un de l'autre et agissant le plus souvent, le premier sur le différentiel, le second sur les roues arrière elles-mêmes.

En principe, les freins sont constitués par des colliers en métal, le plus souvent en acier, garnis de bois et agissant sur des tambours ou couronnes de frein.

Le premier frein fonctionne le plus souvent au moyen d'une pédale.

Le second agit sur des couronnes latérales aux roues motrices et est manœuvré généralement par un levier voisin des leviers de changement de vitesse.

Lorsqu'on veut freiner, il faut toujours commencer par débrayer, sans quoi l'effort du frein ne suffirait pas à arrêter le moteur et la voiture. Le premier frein commandé par pédale est générale-

11*

ment construit de telle sorte que le débrayage se produit automatiquement lorsqu'on appuie sur la pédale de freinage.

Néanmoins, il est préférable de débrayer dans tous les cas avant de donner un coup de frein.

La maison Panhard-Levassor emploie sur ses voitures des freins au pied, à mâchoires dont l'effet est très énergique.

La pédale actionne par un levier deux autres leviers; au moyen de deux leviers de renvoi, les segments ou mâchoires des freins sont appuyés sur le tambour lorsque l'on presse sur la pédale.

Dès qu'on abandonne celle-ci à elle-même, des ressorts de rappel écartent les mâchoires du tambour et suppriment, par conséquent, le freinage; il convient, lorsque la voiture est neuve, de régler le frein au moyen d'écrous disposés par le constructeur, à cet effet, jusqu'à ce que l'on obtienne le fonctionnement le plus puissant, tout en laissant un certain jeu pour éviter que le frein ne bride.

Le même dispositif de frein s'emploie avec les freins à main.

Les figures 64 et 65 représentent le frein adopté sur les voitures C. G. V. Ces freins agissent sur des couronnes boulonnées aux rais des roues (voir plus loin).

Il est essentiel de maintenir les freins en bon état et de les vérifier fréquemment, car, sans bons freins il n'y a pas de sécurité en automobile. Cependant, il ne faut pas en abuser, comme le conseille fort bien M. Baudry de Saunier; il est préférable de se servir le moins souvent possible des freins et

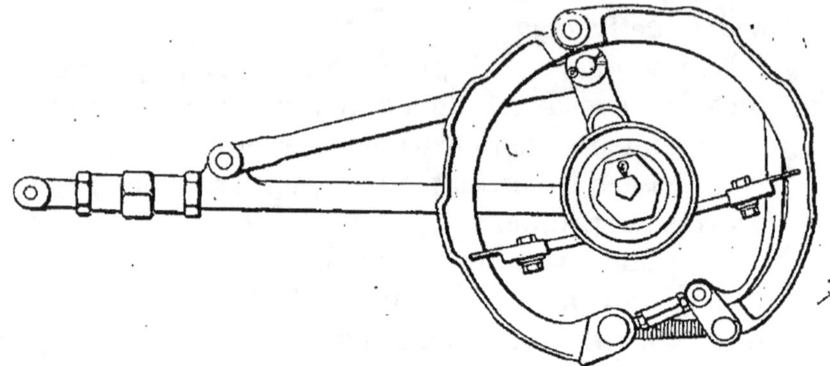

Fig. 64. — Frein C. G. V.

« de conduire la voiture comme si elle n'en portait aucun ».

L'action du frein doit être progressive, mais ce-

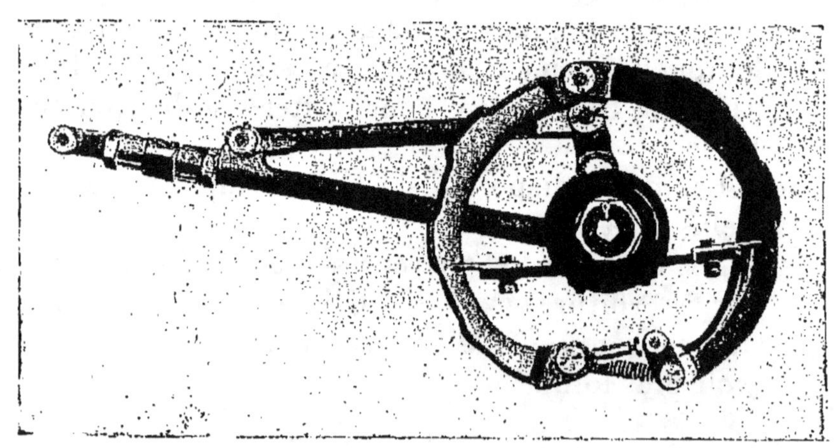

Fig. 65. — Frein C. G. V.

pendant aboutir au bloquage complet des roues; en outre, son action doit s'exercer efficacement aussi bien pour la marche arrière que pour la marche avant.

Il arrive parfois que le frein chauffe en dehors des moments où l'on en fait usage; cela tient à ce que le collier ou les mâchoires sont trop rapprochés du tambour; il suffira d'en vérifier le réglage pour voir cesser cet inconvénient.

Voici, à titre d'exemple, la description sommaire du frein employé par la Société Charron, Girardot et Voigt sur ses voitures.

Le frein agit par deux semelles sur la couronne montée sur chaque roue. Les figures 64 et 65 représentent la disposition de ce frein. La résistance de la bielle de tension se produit dans un plan très rapproché de celui de l'attaque de la chaîne; la section de l'essieu peut, par suite, être réduite, et l'on évite ainsi le porte-à-faux que l'on rencontre dans certains freins. Lorsqu'on fait usage du frein, la bielle de tension des chaînes travaille à la traction, tandis que la bielle de tension du frein travaille à la compression et que l'axe qui réunit ces deux bielles travaille au cisaillement. Il en résulte que les supports des pignons ne reçoivent d'autre effort que celui, très négligeable, qui résulte de la différence de ces deux efforts opposés, alors que, dans beaucoup d'autres systèmes, ces supports reçoivent les deux efforts ajoutés. Dans ce système, en outre, l'essieu, les chaînes, les freins et les cordes de tension agissent autour d'un même centre qui est l'axe du support des pignons de chaînes, si bien qu'au passage d'un caniveau aucun coincement ne peut se produire.

Une particularité intéressante de ce frein est la possibilité de démonter les roues sans rien changer au réglage des freins. Ceux-ci serrent avec la même énergie en marche arrière et en marche avant.

Ce frein est manœuvré à la main au moyen d'un levier (1).

Ces voitures sont également munies d'un frein au pied, dont l'usage est d'ailleurs plus fréquent que le précédent. Il se compose d'un tambour faisant corps avec l'arbre du différentiel et d'un ruban d'acier auquel est fixé un ruban de fonte, lequel fonctionne progressivement dès qu'on appuie sur la pédale de commande. Un ressort de rappel empêche le ruban de toucher le tambour dès qu'on cesse d'appuyer sur la pédale de frein.

La maison Darracq emploie sur ses voitures 24 chevaux deux freins entièrement métalliques serrant aussi énergiquement en avant qu'en arrière. Le frein à pédale agit sur la transmission du différentiel ; dans les longues descentes, ce frein est plus exposé à chauffer, par suite de la grande vitesse et du poids de la voiture. Pour parer à cette difficulté, il est muni d'une poulie de forme spéciale à circulation d'eau. Les deux freins de ces voitures débraient automatiquement le moteur.

Les voitures 12 et 15 chevaux de la même marque sont munies également de deux freins ; l'un, au pied, agit sur la transmission du pignon de commande, et débraie préalablement le moteur, l'autre

---

(1) Baudry de Saunier. *La Locomotion.*

manœuvré par un levier placé à la droite du conducteur, agit sur les roues arrière et débraie également le moteur.

Les automobiles Gladiator sont munies de trois freins ; ceux-ci sont constitués par l'enroulement sur un tambour d'une bande d'acier garnie intérieurement de plaques métalliques pour le frein du différentiel lorsqu'il est commandé par une pédale. Les deux autres freins qui embrassent un tambour calé sur les roues motrices sont doublés de poils de chameau.

CHAPITRE X

Silencieux, graissage

Silencieux.

Si le moteur échappait directement à l'air, il en résulterait un bruit excessivement désagréable.

On fait disparaître ce bruit, ou tout au moins on l'atténue dans une très large mesure, en faisant arriver les gaz de l'échappement dans un appareil dit : « pot d'échappement » ou « silencieux ».

Voici, d'après M. Marchis (1), les conditions auxquelles doit satisfaire un bon silencieux :

1º Amortir aussi complètement que possible le bruit de l'échappement du moteur, *tout en produisant une diminution de puissance aussi petite que possible;*

2º Être peu encombrant, léger et de construction simple.

Le silencieux consistait à l'origine en un cylindre en tôle rempli de matières telles que de la paille de

____

(1) Marchis, *loc. cit.*, p. 156.

fer, et dans lequel arrivaient à une extrémité les gaz de l'échappement pour sortir dans l'atmosphère par un orifice situé à l'autre extrémité. Le courant gazeux se trouvant ainsi brisé, la vitesse de sortie finale des gaz était régularisée et la sortie se faisait par conséquent sans bruit. Mais la paille de fer employée dans ces premiers silencieux s'oxydait très rapidement et se trouvait réduite en poussière; il fallait la renouveler pour rendre efficace l'effet de l'appareil. Aussi a-t-on abandonné très vite ce système de silencieux pour le remplacer par une disposition de tuyaux portant des renflements et des étranglements successifs sur la tuyauterie d'échappement. Le pot d'échappement est alors constitué par un cylindre divisé en compartiments transversaux ou, le plus souvent, cylindriques concentriques. Une bonne proportion dans les dimensions est de donner au silencieux un volume égal à six à huit fois celui du cylindre du moteur.

Dans les figures 66 à 86, que nous empruntons aux *Petites annales illustrées du Cycle et de l'Automobile* (1), nous représentons la plupart des dispositions adoptées par les constructeurs pour les silencieux. Les figures 66 à 81 sont des coupes longitudinales; les figures 82 à 86 représentent des coupes transversales.

On remarquera qu'un certain nombre (la plupart) de ces silencieux comportent un tuyau central faisant suite au tuyau d'échappement du moteur;

---

(1) *Petites annales illustrées du Cycle et de l'Automobile*, n° 205, 1er juin 1901.

dans quelques types, ce tuyau est perforé : ainsi, dans la figure 66, le tuyau central présente des trous à son extrémité la plus éloignée de l'arrivée des gaz de l'échappement ; dans ce type, en outre, le tuyau central est entouré par deux chambres annulaires munies de trous en chicane, ce qui impose aux gaz un passage en chicane compliqué. Dans le type de la figure 67, les trous du tuyau central existent encore, mais sont disposés autrement et débouchent dans deux compartiments du silencieux, séparés par une cloison perforée ; la même cloison existe aussi à l'intérieur du tuyau, ce qui fait que les gaz, arrivant de l'échappement, entrent dans le tuyau central (par la gauche de la figure), en sortent par la première série de trous pour entrer dans le premier compartiment ; de là, à travers la cloison perforée, ils passent dans le deuxième compartiment, d'où ils pénètrent par la seconde série de trous dans le deuxième tronçon (à droite) du tuyau central, par lequel ils s'échappent dans l'atmosphère.

De ce type dérivent celui de la figure 77 et celui de la figure 70 ; entre les deux cloisons de ce dernier se trouvent une série d'écrans en toile métallique.

Le type de la figure 68 est composé de tuyaux imperforés : les flèches indiquent clairement sur la figure le trajet suivi par les gaz.

La figure 69 représente une combinaison des types des figures 66, 67 et 68.

Le type figure 73 comporte, outre un tube central séparé en plusieurs tronçons par des cloisons, une vis d'Archimède qui impose aux gaz une circulation intense.

Fig. 66.

Fig. 67.

Fig. 68.

Fig. 69.

Fig. 70.

Fig. 71.

Fig. 72.

Fig. 73.

Fig. 74.

Fig. 75.

Fig. 76.

Fig. 77.

Fig. 78.

Fig. 79.

Fig. 80.

Fig. 81.

Fig. 82.

Fig. 83.

Fig. 84.

Fig. 85.

Fig. 86.

Les figures 74 et 75 sont suffisamment claires pour ne pas nécessiter de description ; le trajet des gaz est indiqué par les flèches.

Le type figure 76, de disposition générale dérivant des n°s 67 et 70, est caractérisé par ce fait que les gaz sortent du silencieux par de petits orifices placés près de l'arrivée dans l'appareil.

La figure 78 représente un type dans lequel les gaz, comme dans le n° 67, sortent du tuyau central, parcourent un trajet plus compliqué (suivre les flèches) pour rentrer de nouveau dans le tuyau central et s'échapper dans l'atmosphère.

Le type figure 79 est analogue à celui de la figure 76, avec une disposition symétrique en plus.

Les types des figures 71 et 72 sont parmi les plus simples : le premier est formé par une série d'écrans en toile métallique, le second par de nombreuses cloisons en chicanes.

Les figures 80 et 81 représentent des silencieux destinés à desservir deux cylindres.

Les figures 82 à 86 représentent des coupes transversales de divers types de silencieux ; les flèches indiquent suffisamment bien le trajet des gaz.

Il y a intérêt à placer le silencieux aussi loin que possible du moteur, car la conduite d'échappement de grande longueur produit déjà une certaine régulation de la vitesse des gaz. Dans les voitures récentes, le silencieux est souvent placé à l'extrême-arrière, en travers de la voiture ou latéralement et à l'arrière (Voir les plans de châssis figures 100 et 102). Le tuyau de sortie des gaz est convenablement dirigé pour éviter dans la mesure du possible, la formation des nuages de poussière soulevés par la marche de l'automobile ; les constructeurs ont longtemps négligé cette précaution; aujourd'hui, la lutte contre la poussière se fait chaque jour plus sévère et cette question de la disposition du silencieux et de son échappement est examinée avec soin.

Graissage et graisseurs.

L'utilité du graissage est bien connue ; tous les organes en mouvement des machines doivent être abondamment graissés pour éviter l'échauffement des surfaces en contact, échauffement d'où résulterait très rapidement le grippage, lequel est un des accidents les plus graves qui puissent survenir à une machine.

Le graissage se fait de deux façons, suivant la région de la voiture qui doit être graissée : les têtes de bielles, les engrenages de changement de vitesses, etc., etc., sont abondamment graissés par un bain d'huile dans lequel ils baignent (changement de vitesses (ou qu'elles viennent effleurer dans leur mouvement (têtes de bielles). Les autres organes sont graissés au moyen de graisseurs spéciaux.

Graissage de Dion-Bouton. — Le procédé de graissage des têtes de bielles (et même des paliers et des pistons) par bain d'huile dans le carter, bien que très employé, n'est pas sans présenter de sérieux inconvénients. En effet, d'une part, ce graissage se fait d'une façon plus ou moins irrégulière, plus ou moins défectueuse. D'autre part, la

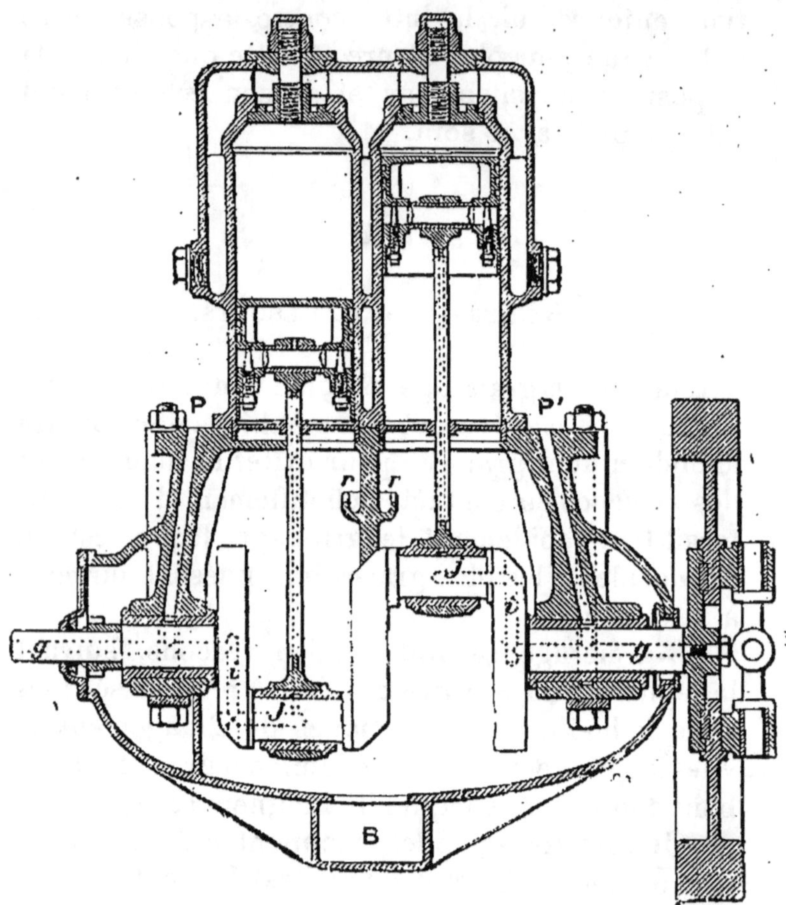

Fig. 87. — Graissage du moteur de Dion, deux-cylindres.

violente agitation à laquelle est soumise l'huile par le mouvement des têtes de bielles a pour effet de la dissocier, en lui faisant perdre toutes ses propriétés lubréfiantes.

La maison de Dion-Bouton a étudié le moyen de supprimer le barbotage et de réaliser un graissage précis des têtes de bielles, des paliers, et en général de tous les organes qu'il y a lieu de lubréfier.

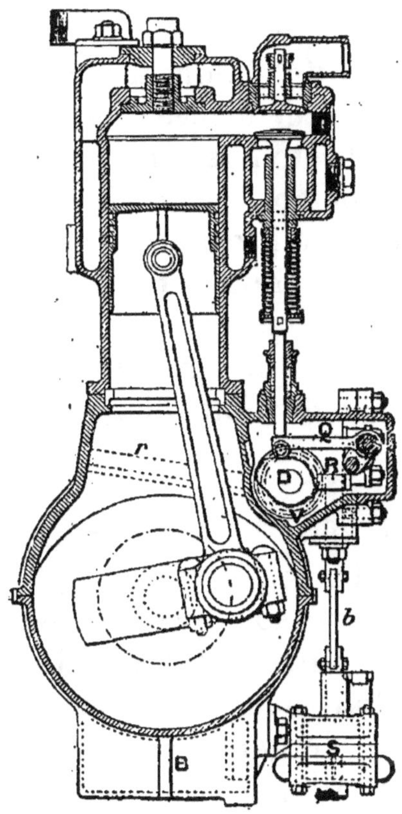

Fig. 88. — Moteur de Dion, deux-cylindres (graissage).

Voyons comment ce fait le graissage du moteur dans ce système (voir figures 87 et 88).

A la partie inférieure du carter du moteur se trouve une cuvette B où l'huile s'accumule; cette cuvette communique par un canal de faible longueur avec une pompe à engrenages S commandée par l'arbre de distribution du moteur ou arbre à cames; à cet effet, une vis sans fin V, montée sur cet arbre, attaque une roue oblique R calée à l'extrémité supérieure de l'arbre b de la pompe S.

La pompe refoule donc l'huile par un tube (non figuré) dans un réservoir situé au niveau de P P'. De ce réservoir, l'huile descend, par son propre poids, par les tubes P et P' et arrive sur les paliers du vilebrequin;

celui-ci est en partie creux et présente à son intérieur des conduits *g* et *i*, par lesquels l'huile s'écoule ; le conduit *i*, en particulier, amène le liquide dans les garnitures des têtes de bielles où la force centrifuge le chasse avec une grande violence.

L'effet de la force centrifuge est assez énergique pour qu'une certaine quantité d'huile soit chassée hors des coussinets des têtes de bielles ; cette huile vient graisser les pistons et retombe dans la cuvette B, d'où elle se rend à la pompe, et la circulation continue dans les mêmes conditions.

Enfin, *rr* est une rampe creuse inclinée dans laquelle tombe, dans les mêmes conditions, une certaine quantité d'huile qui se trouve amenée dans la boîte de distribution du moteur qu'elle vient graisser.

Graisseurs. — Ainsi que le fait remarquer M. Baudry de Saunier, les graisseurs employés sur la voiture automobile ne sont pas les mêmes que ceux appliqués sur les autres machines : l'automobile a rénové un peu toutes les industries.

Les graisseurs sont des organes d'importance capitale ; il importe, par suite, de les choisir aussi parfaits que possible et l'on ne saurait trop les entretenir en bon état.

D'après M. G. Lavergne, les graisseurs d'automobile devraient satisfaire aux conditions suivantes :

1o Être sûrs, malgré les trépidations de la voiture, les variations atmosphériques, le plus ou moins de fluidité de l'huile ;

2° N'être pas exagérés, afin d'éviter les projections de matières ;

3° Quand ils doivent graisser divers points soumis à des pressions et à des frottements inégaux ils doivent permettre de régler le débit de chacun indépendamment de celui des voisins ;

4° Être faciles à arrêter et à remettre en marche, en même temps que le moteur, ou, tout au moins, que la voiture ; mieux encore, s'arrêter et repartir automatiquement avec eux.

Voici, à titre d'exemple, la description des graisseurs Dubrulle, très employés sur les voitures Panhard et Levassor, etc.

Ces graisseurs consistent, en principe, en de petites pompes qui envoient l'huile dans des rampes d'où elle retombe goutte à goutte dans une cuvette, où une autre pompe prend l'huile et l'envoie par à-coups dans la canalisation. Il y a là, en quelque sorte, un véritable coup de bélier dans la conduite, grâce auquel l'huile progresse avec une grande force et arrive facilement aux organes qu'elle doit atteindre.

M. Dubrulle construit un très grand nombre d'autres types de graisseurs dont quelques-uns ne sont pas à déclic brusque, comme le précédent.

Ainsi, par exemple, dans un autre type, une pompe envoie également l'huile dans une rampe d'où elle descend goutte à goutte dans des cuvettes terminées chacune par un tube. L'huile est conduite à tour de rôle, par chacune de ces conduites, aux organes à graisser.

Dans d'autres systèmes de graisseurs, assez employés, le mouvement de l'huile est obtenu grâce à la pression réalisée sur la surface du liquide au moyen des gaz de l'échappement. L'huile est remontée par cette pression dans une rampe d'où son propre poids la fait descendre vers les organes à graisser. Des robinets pointeaux permettent le réglage du graissage et de faire varier la quantité d'huile qui tombe.

Le graissage dans les voitures Mercédès, notamment, se fait par ce système Du graisseur part un grand nombre de tuyaux distribuant à tous les organes l'huile refoulée par la pression de l'échappement.

Le graisseur, quel que soit son système, est toujours placé aujourd'hui devant le conducteur à portée de sa main, afin qu'il puisse, en cours de route, agir sur les pointeaux de réglage, s'il y a lieu.

En outre, les graisseurs sont fréquemment munis d'un appareil auxiliaire, dit « graisseur coup de poing », au moyen duquel on peut envoyer occasionnellement un supplément d'huile, par exemple lorsqu'on demande au moteur un supplément de travail particulièrement pénible et que l'on craint que le débit des graisseurs ne soit insuffisant.

Ce serait, d'ailleurs, une erreur de croire que plus les organes sont graissés et plus leur fonctionnement est bon. Il y a un juste milieu à observer et il est nuisible de noyer dans l'huile les organes en mouvement.

« En général, les chauffeurs inexpérimentés graissent beaucoup trop le moteur : il suffit pour s'en rendre compte, de remarquer qu'une machine à vapeur de 500 chevaux est suffisamment graissée par une goutte d'huile à la minute ; un moteur à essence comme ceux qu'utilise l'automobilisme doit se contenter de 6 à 8 gouttes par minute. Un excès d'huile est nuisible, parce qu'il trouble la composition du mélange carburé et fait perdre à l'explosion une partie de sa force (1) ».

____

(1) G. Lavergne. *Manuel théorique et pratique de l'Automobile sur route*, p. 437.

CHAPITRE XI

Le châssis et la carrosserie

Le châssis.

On entend par châssis, soit l'ensemble des organes d'une automobile montés sur le châssis proprement dit, avec les roues (en d'autres termes, l'automobile sans carrosserie), soit, au propre, le squelette ou la charpente, pour ainsi dire, qui supporte tous les organes de la voiture ; le châssis est monté au moyen de ressorts sur les deux trains de roues.

C'est ce châssis proprement dit que nous allons étudier tout d'abord. Nous décrirons ultérieurement, après avoir terminé l'étude de l'automobile dans son détail, l'ensemble des organes qui constitue le châssis dans le premier sens du mot.

Le châssis est formé par deux longerons allant d'un bout à l'autre de la voiture, réunis par des traverses intermédiaires en nombre variable, suivant la longueur du châssis.

A l'heure actuelle, les châssis adoptés par les divers constructeurs peuvent se classer en trois groupes :

1° Les châssis en tubes ;
2° Les châssis en bois armé ;
3° Les châssis en tôle emboutie.

Châssis en tubes.

Ce châssis est de moins en moins employé ; il est entièrement formé en tubes d'acier étiré, comme les cadres de bicyclette.

On reproche au châssis en tubes le défaut de donner lieu à des vibrations notables ; aussi y a-t-il une tendance très marquée chez les constructeurs à les abandonner pour leur substituer des châssis de l'un des deux types suivants.

Châssis en bois armé.

Ces châssis sont entièrement faits en bois armé d'un tube d'acier ; on obtient, par ce moyen, une grande rigidité, et l'on évite, d'une façon assez complète, les trépidations.

Les maisons qui font usage des châssis en bois armé sont assez nombreuses ; nous citerons, par exemple, les automobiles Charron, Girardot et Voigt, les automobiles Gladiator, etc.

Châssis en tôle emboutie.

Ces châssis jouissent actuellement d'une très grande faveur ; ils sont assez coûteux comme établissement ; mais donnent des ensembles d'une très grande solidité.

Les automobiles Darracq ont des châssis dits « cuirassés » en tôle d'acier emboutie et d'une seule pièce pratiquement indéformable.

Il existe une solution intermédiaire employée notamment par la Société des Anciens Etablissements Georges Richard ; les voitures de cette maison sont montées sur un double châssis dit « châssis mixte » : un premier châssis en tôle emboutie porte les ressorts sur lesquels sont montés les essieux et les roues : un deuxième châssis, en tubes, celui-là, reçoit le moteur et la plupart des organes de la voiture.

Ce système paraît très pratique et réalise une grande solidité, tout en permettant, ce qui est un très grand avantage, les déformations relatives de l'ensemble des organes moteurs par rapport aux roues de la voiture.

Une tendance que presque tous les constructeurs ont aujourd'hui est de faire des châssis aussi longs que possible ; cette forme de châssis permet l'emploi de carrosseries plus confortables, à entrée latérale, comme nous allons le dire maintenant.

La carrosserie.

Nous ne nous étendrons pas longuement sur cette question.

Chacun adopte la carrosserie qui convient soit à ses goûts, soit à ses besoins et au service qu'il compte demander à sa voiture, le même châssis pouvant recevoir, indifféremment, des carrosseries de formes très différentes. La seule considération à observer est évidemment de ne pas

1:*

monter, sur une voiture de faible puissance, une carrosserie trop lourde et à grand nombre de places.

Signalons, à ce sujet, une très sage circulaire de la maison Renault frères, que nous avons sous les yeux.

Ces constructeurs déclinent toute responsabilité relativement aux accidents qui pourraient survenir avec des voitures de leur fabrication munies de carrosseries de plus de quatre places : ils tiennent à conserver à leurs voitures le caractère de voitures légères.

Les automobilistes ne sont pas toujours aussi raisonnables et il en est qui, sur un châssis 10 chevaux par exemple, font monter de véritables maisons ambulantes.

L'automobile a donné naissance à un certain nombre de types de carrosseries qui lui sont spéciaux.

Tout au début, les carrossiers se contentaient d'employer les caisses utilisées jusque-là sur les voitures à chevaux ; il en résultait, bien entendu, la plupart du temps, une adaptation difficile, d'où des ensembles disgracieux et pas toujours commodes.

Peu à peu, la carrosserie automobile s'est développée et a créé de toutes pièces des types absolument nouveaux, mieux adaptés aux besoins de la locomotion nouvelle. Disons quelques mots des principaux types de caisses employées.

On peut diviser ces caisses en trois classes :

Fig. 89. — Limousine 15 chevaux C. G. V.

Caisses fermées ;
Caisses ouvertes ;
Caisses à ballon démontable.

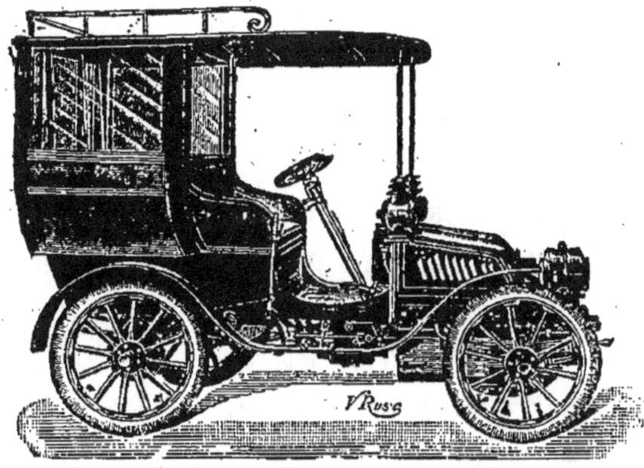

Fig. 90. — Limousine G. Richard-Brasier.

Caisses fermées. — Dans cette classe se rangent

Fig. 91. — Coupé G. Richard-Brasier.

les omnibus, les limousines, les cabs, les coupés,
les landaus et landaulets, les berlines, etc. Les

figures 89, 90 et 91 représentent les plus employées parmi ces carrosseries.

La voiture figure 89 est une *limousine*, carrosserie Rothschild, sur châssis C. G. V. 15 chevaux ; les figures 90 et 91 représentent, la première, une limousine, la seconde, un *coupé* montés sur des châssis G. Richard-Brasier.

Caisses ouvertes. — On comprend, dans ce groupe les tonneaux, les phaétons, les breacks, etc.

Les tonneaux et les doubles phaétons sont très employés ; ils sont, en effet, assez pratiques. Toutefois, pour le grand tourisme, on peut leur reprocher d'être trop ouverts et de laisser libre accès à la poussière, ainsi que d'être à peu près inutilisables en hiver, les voyageurs n'étant, en aucune façon, garantis du froid. Malgré ces inconvénients, leur emploi est excessivement répandu. Les premiers tonneaux, que l'on construisait généralement à 4 places, avaient leur entrée par derrière ; on a reconnu bientôt un assez grave inconvénient à cette disposition : les voyageurs, pour sortir de la voiture, doivent descendre sur la chaussée, par conséquent, souvent dans la boue, ou, tout au moins, dans la poussière. Cet inconvénient, à peu près nul pour la route, est, au contraire, assez sérieux pour la ville, d'autant plus que les places arrière sont généralement occupées par des dames. Aussi a-t-on imaginé d'allonger les châssis, ce qui a permis d'adopter des tonneaux ou des doubles phaétons à entrée latérale ; les voyageurs descendent ainsi directement sur le trottoir.

Les figures 92, 93, 94 et 95 représentent quelques

Fig. 93 — Double phaéton 15 chevaux C. G. V.

exemples de ces carrosseries ouvertes. La voiture de la figure 92 est un *tonneau*, carrosserie Rothschild, sur châssis C. G. V. 15 chevaux ; celle de la figure 92 est un *double phaéton*, avec capote, carrosserie Muhlbacher, même châssis ; celle de la figure 94 est un double phaéton sur châssis G. Richard-Brasier ; enfin, la figure 95 est un

Fig. 94. — Double phaéton G. Richard-Brasier.

double phaéton à entrée de chaque côté, carrosserie Muhlbacher, sur châssis C. G. V.

Caisses à ballon démontable. — Les caisses ouvertes sont assez agréables pour l'été, tandis qu'en hiver, l'emploi d'une voiture fermée s'impose. Cela conduirait à l'obligation, pour le propriétaire d'automobile qui fait usage de sa voiture toute l'année, d'avoir deux voitures : l'une pour l'été, l'autre pour l'hiver.

Pour éviter cette obligation, on a imaginé des caisses dites à ballon démontable, qui réalisent, par exemple, une limousine parfaitement fermée, et qui peuvent être transformées, en quelques instants, en enlevant la partie supérieure, en un tonneau entièrement ouvert.

On emploie beaucoup des tonneaux avec capote

Fig. 95. — Double phaéton à entrées latérales 15 chevaux C. G. V.

ou avec dais, pour protéger du soleil. Ce type réalise, en quelque sorte, un intermédiaire entre la voiture ouverte et la voiture fermée.

On remarque que la poussière atteint surtout les voyageurs par derrière; pour l'éviter, on munit souvent les voitures ouvertes d'une toile tendue à l'arrière.

Dans les premiers temps de l'automobilisme, on visait, avant tout, à réaliser des vitesses aussi considérables que possible. Les chauffeurs se sont assagis à ce point de vue et l'on est revenu à des considérations plus pratiques.

Dans ces premières voitures, pourvu que l'on allât vite, peu importait le confortable, et c'était un véritable supplice parfois que de parcourir quelques centaines de kilomètres dans les caisses étriquées où les voyageurs avaient à peine la place de s'asseoir, et étaient dans l'impossibilité matérielle d'allonger les jambes, si peu que ce fût.

Il est loin d'en être de même aujourd'hui; on a compris que les grandes vitesses (par exemple les vitesses supérieures à une cinquantaine de kilomètres à l'heure), ne sont vraiment pas intéressantes pour le touriste, et qu'il est préférable pour lui de sacrifier un peu la vitesse pour obtenir plus de confortable.

Cela posé, les carrossiers ont réalisé de véritables merveilles de bon goût et de commodité et les bonnes voitures automobiles présentent aujourd'hui un confortable que l'on ne trouve guère dans les voitures à chevaux même les plus luxueuses.

Ensemble des organes composant une automobile ou châssis.

Nous allons décrire rapidement l'ensemble des organes composant une automobile, afin de montrer la liaison des uns avec les autres, cet ensemble constituant ce que l'on appelle un *châssis*.

Tous les organes d'une automobile sont fixés directement ou indirectement au châssis proprement dit, que nous avons décrit au commencement de ce chapitre.

Emplacement du moteur. — La plupart des voitures modernes sont disposées avec moteur à l'avant. Il existe, néanmoins, en service, un assez grand nombre de voitures avec moteur à l'arrière, comme les voiturettes de Dion–Bouton, modèle 1900.

La maison Charron, Girardot et Voigt construit encore couramment des voitures dont le moteur est situé sous le siège. Jusqu'à ces derniers temps, le moteur était à peu près placé exclusivement à l'avant. La demande croissante pour les voitures à trois sièges permettant de transporter deux ou trois voyageurs de plus ayant nécessité l'allongement des châssis, l'empattement, c'est-à-dire la distance entre le milieu de la roue avant et le milieu de la roue arrière, a augmenté d'autant, ce qui empêche de tourner court. En plaçant ces caisses sur des châssis à moteur à l'avant, l'empattement diminue et, de cette façon, l'on peut tourner aussi facilement qu'avec les châssis de longueur courante.

Une autre question très importante et intimement liée à l'emplacement du moteur est celle de l'accès aux places arrière ; pour permettre d'entrer par côté, comme dans un coupé, il faut un châssis de longueur telle que les portes de côté puissent s'ouvrir sans être arrêtées par les roues arrière. Les portes ayant de 50 à 60 centimètres, il faut compter cette longueur en plus de la dimension habituelle de 2 mètres, si l'on désire entrer par côté, avec un châssis à moteur à l'avant...

Par contre, dans une voiture à moteur sous le siège, l'entrée par côté est réalisée sans nécessiter un châssis de dimension spéciale.

Le moteur à l'avant présente l'immense avantage d'être d'un accès facile, ce qui facilite notablement les opérations de montage, de démontage, et la recherche des pannes.

Le moteur et tous les organes voisins et intimement liés à lui sont situés, comme nous venons de le dire, à l'avant du châssis et renfermés sous le capot, de forme très variable, suivant les marques et qui donne un cachet tout particulier aux automobiles modernes.

Nous allons donner, comme exemple, et pour bien fixer les idées sur les relations entre les divers organes, une rapide description de quelques châssis des meilleures marques.

Les figures 96 et 97 représentent l'élévation et le plan d'un châssis Georges Richard-Brasier avec moteur à deux cylindres, modèle 1903. Dans cette voiture, le moteur est à l'avant.

En soulevant le capot, nous mettons donc à nu ;

1° *Le moteur* M. Nous n'avons rien de particulier à ajouter ici ; ce moteur, dans le châssis que nous décrivons, est formé de deux cylindres verticaux (voir fig. 1) ;

2° *Le carburateur*. La position de cet organe varie suivant les modèles de voiture ; il est, en tout cas, toujours situé dans un endroit où il soit facile d'accéder, car l'on a assez souvent besoin de toucher au carburateur, surtout lorsqu'on a une voiture neuve, incomplètement réglée.

Le carburateur reçoit l'essence, au moyen d'un tuyau en cuivre rouge, du réservoir Es, lequel est situé le plus souvent devant le conducteur, fixé sur la planchette verticale, visible sur la figure, qui clôt le capot à sa partie postérieure. Cette même planchette porte généralement le graisseur à départs multiples et, parfois, certains organes accessoires spéciaux à chaque type de voiture.

Sous le capot sont encore logés :

3° *La pompe de circulation* commandée par l'arbre même du moteur, comme nous l'avons dit dans le chapitre précédent ;

4° *Le régulateur* et tous ses organes de commande, dont l'accès doit être assez facile ;

5° *La magnéto*, dans les voitures à allumage de ce système (*m*, figure 97, p. 246).

Fig. 98. — Moteur Renault 4 cylindres.

Comme nous l'avons dit, la magnéto est commandée par l'arbre moteur au moyen d'engrenages : elle est située le plus souvent sur le côté et est enfermée dans une boîte qui la protège ;

Dans la figure 98, empruntée à la *Vie automobile*, et qui représente l'avant d'un châssis 14 chevaux Renault frères 1904 (capot enlevé), le lecteur verra la magnéto placée à l'avant (gauche de la figure). Cette magnéto, du type à bougies Simms-Bosch, est commandée directement par le moteur au moyen de deux engrenages à denture hélicoïdale.

6° Dans le cas d'allumage par bobines d'induction, les *bobines* sont généralement fixées à la planchette portant le réservoir d'essence, mais du côté opposé à celui-ci, c'est-à-dire du même côté que le capot.

Ces bobines doivent être facilement abordables, car, comme nous l'avons vu déjà, et ainsi que nous le dirons plus tard avec plus de détails, les trembleurs de ces bobines doivent être visités de temps en temps, si l'on veut obtenir un bon allumage et éviter les pannes d'allumage.

Les piles sont situées, tantôt dans le voisinage des bobines, ce qui présenterait l'avantage de réduire la longueur des conducteurs, tantôt (ce qui se fait assez couramment aujourd'hui) sous un des marchepieds de la voiture. Elles sont toujours enfermées dans une boîte en bois dans laquelle elles sont calées au moyen de ouate ou de lames de feutre.

A l'avant du capot se trouve *le radiateur*. Celui-ci est, tantôt entièrement indépendant, comme dans

Fig 99. — Châssis 14 chevaux Renault frères. — Elévation.

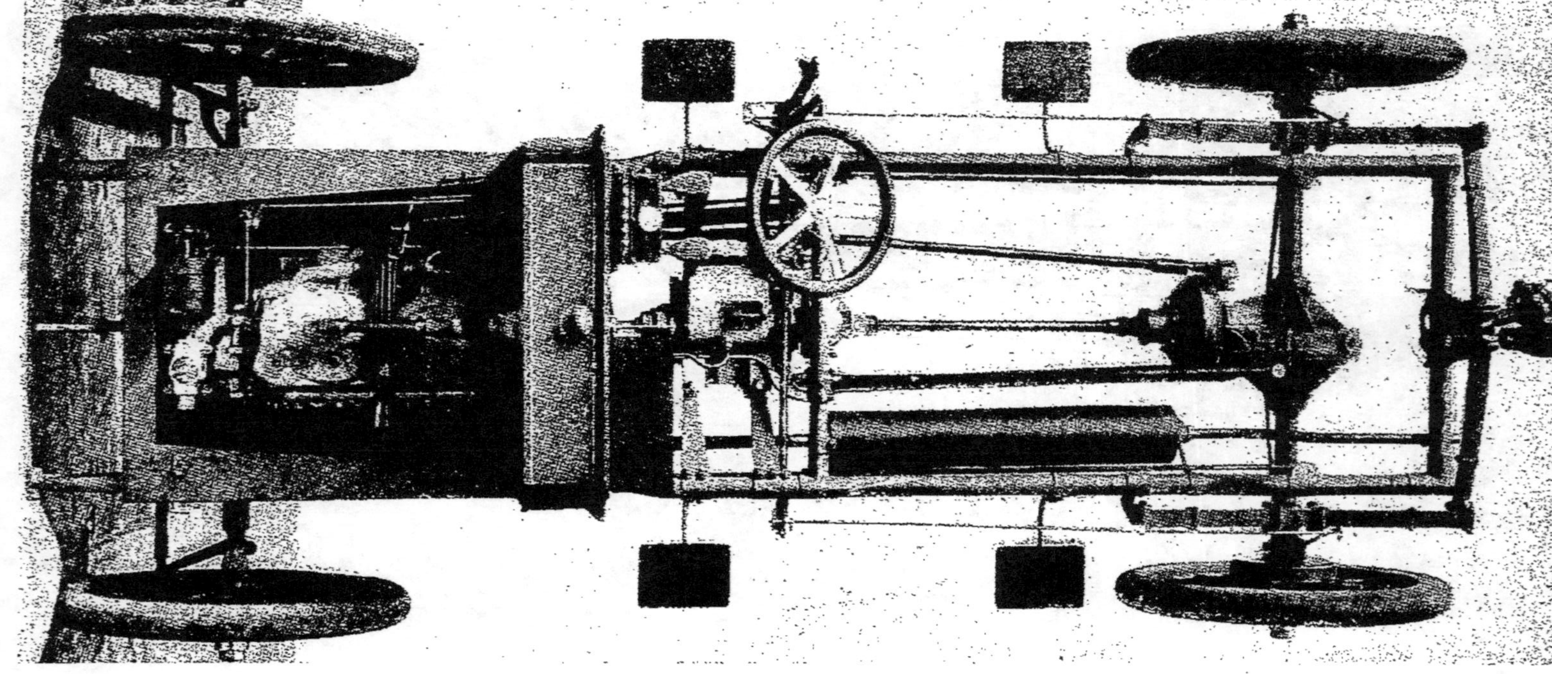

Fig. 100. — Châssis 14 chevaux Renault. — Plan.

le châssis représenté à la figure 96, tantôt, suivant une tendance assez générale aujourd'hui, disposé de façon à constituer l'avant du capot.

Dans les voitures Renault frères, des modèles antérieurs à 1904, le radiateur est placé des deux côtés du capot.

Dans le modèle 1904 des mêmes constructeurs, représenté par les figures 98, 99, 100 (1) le radiateur occupe une position toute spéciale, derrière le capot.

Le passage de l'air à travers ce radiateur est activé par un ventilateur monté sur le volant du moteur et qui aspire, dans une sorte de chambre close formée par le radiateur, le capot et un carter en tôle placé sous le moteur.

Nous avons donc là l'ensemble de tous les organes moteurs proprement dits de l'automobile : moteur et son alimentation (réservoir d'essence et carburateur), allumage et refroidissement du moteur.

Le moteur reçoit l'air carburé, le comprime, l'explosion a lieu, grâce à l'allumage, et le piston, chassé par la détente des gaz brûlés, met en mouvement, par l'intermédiaire des bielles et manivelles, un arbre coudé, dit « arbre du moteur ».

Les bielles sont renfermées dans un carter (C*b* fig. 96).

Le refroidissement est obtenu par circulation d'eau : le réservoir situé fréquemment sous le siège du conducteur fournit l'eau au moteur, grâce à la pompe de circulation, et le liquide échauffé va se

------

(1) D'après la *Vie automobile*.

refroidir dans le radiateur pour retourner au réservoir, et ainsi de suite.

Nous avons signalé, au chapitre spécial du refroidissement, que certains constructeurs suppriment la pompe et produisent la circulation d'eau par thermo-siphon, avec le plus grand succès (Renault frères (Voir fig. 98, 99 et 100), nouvelles voitures Georges Richard-Brasier, etc.).

L'arbre du moteur porte le volant (V, fig. 96 et 97) dont nous avons exposé la nécessité en décrivant le moteur, volant qui sert, en outre, dans la plupart des voitures, d'appareil d'embrayage, et qui, surtout dans les voitures de types récents, porte un ventilateur coopérant au refroidissement, suivant le système que nous avons décrit précédemment. Cette disposition devient très générale ; elle présente l'avantage que le ventilateur n'est pas susceptible de mauvais fonctionnement, puisqu'il fait corps avec le volant lui-même et que son mouvement ne dépend pas de courroies pouvant trop facilement se distendre ou se rompre.

L'arbre moteur porte donc la pièce femelle du système d'embrayage; dans son prolongement est situé un deuxième arbre muni de la partie mâle dudit embrayage.

A la suite de cet arbre se trouve l'appareil de *changement de vitesses*, décrit dans un chapitre spécial, et logé, dans le cas le plus général des changements de vitesse par engrenages, dans un carter (Cv fig. 96 et 97).

De ce carter sort un arbre portant, soit le pre-

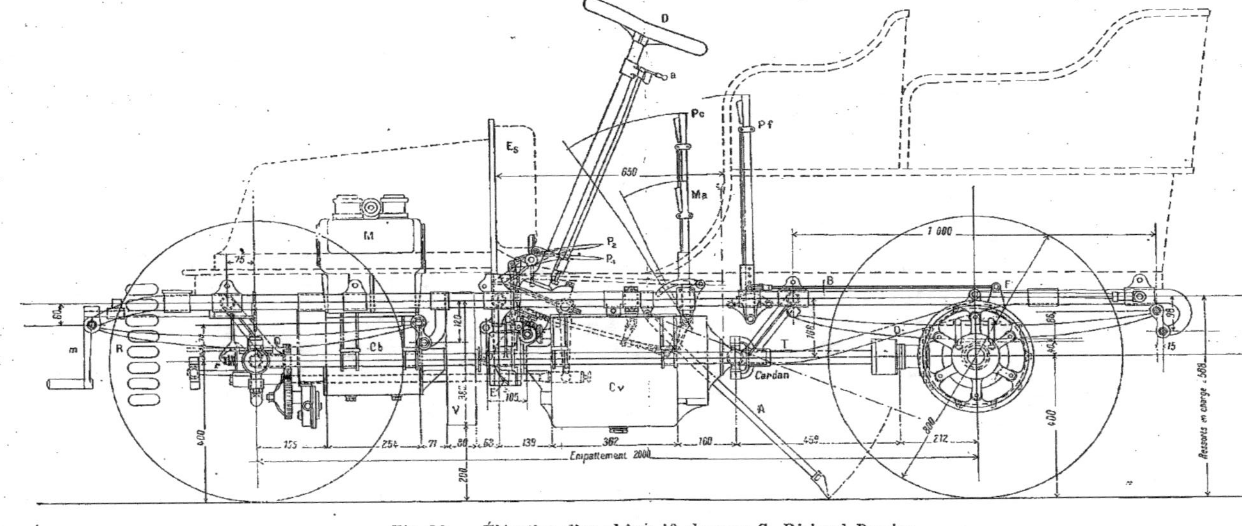

Fig. 96. — Élévation d'un châssis 10 chevaux G. Richard-Brasier.
(Voir plan page 246).

B : Châssis ;
M : Moteur ;
D : Volant de direction ;
a : Manette d'avance à l'allumage ;
V : Volant du moteur ;
Cv : Boîte d'engrenages ;
E : Premier élément de cardan ;
Cb : Carter du moteur ;
m : Manivelle de mise en route
r : Régulateur ;
P₁ : Pédale de débrayage ;

P₂ : Pédale de frein ;
Pc : Levier des vitesses ;
Pf : Levier du frein à main
Ma : Levier de marche arrière
F : Frein sur les roues ;
T : Arbre de cardan ;
Di : Différentiel ;
Q : Ressorts ;
Es : Réservoir d'essence
R : Radiateur ;
A : Béquille.

mier élément d'une articulation de Cardan, dans le cas de transmission par ce système, comme le représentent les figures 96, 99 et 101, soit les pignons de chaînes, auquel cas l'arbre de ces pignons est normal à l'arbre du moteur.

L'arbre de cardan T vient enfin commander les roues motrices par l'intermédiaire du *différentiel*, que l'on voit nettement sur les figures 97, 100 et 102.

Le changement de vitesses et le différentiel ne sont pas toujours indépendants, comme dans les châssis représentés par les figures 97, 100 et 102. Dans les voitures de Dion-Bouton, ces deux appareils sont renfermés dans un même carter, ainsi que le montre la figure 103 qui représente, d'une façon très schématique, l'arrière d'un châssis de Dion (à moteur deux cylindres représenté par les figures 3 et 4). Cv est le changement de vitesses et D le différentiel.

M. C. Henriod a établi et construit un appareil dit *essieu transformateur de vitesses* « l'Universel » dans lequel le changement de vitesses et le différentiel sont logés dans un même carter.

La figure 104 représente un châssis 15 chevaux C. G. V. avec transmission par chaînes.

Les figures 101 et 102 représentent, en élévation et en plan, un châssis Darracq 12 chevaux 2 cylindres, modèle 1904. L'allumage est fait par bobines. Le changement de vitesses et le différentiel (visible sur l'essieu arrière, figure 102) sont indépendants ; la transmission est par cardan. Le châssis proprement dit est en tôle emboutie d'une seule pièce (châssis cuirassé Darracq).

Fig. 101. — Châssis Darracq 12 chevaux, 2 cylindres. — Elévation.

Fig. 102. — Châssis Darracq 12 chevaux, 2 cylindres. — Elévation.

Le châssis porte tous les organes de manœuvre : direction (D fig. 96), manette d'avance à l'allumage a, manette d'admission ou système de régulation du moteur, leviers de changement de vitesse Pc, de marche arrière Ma, de frein Pf, pédales d'em-

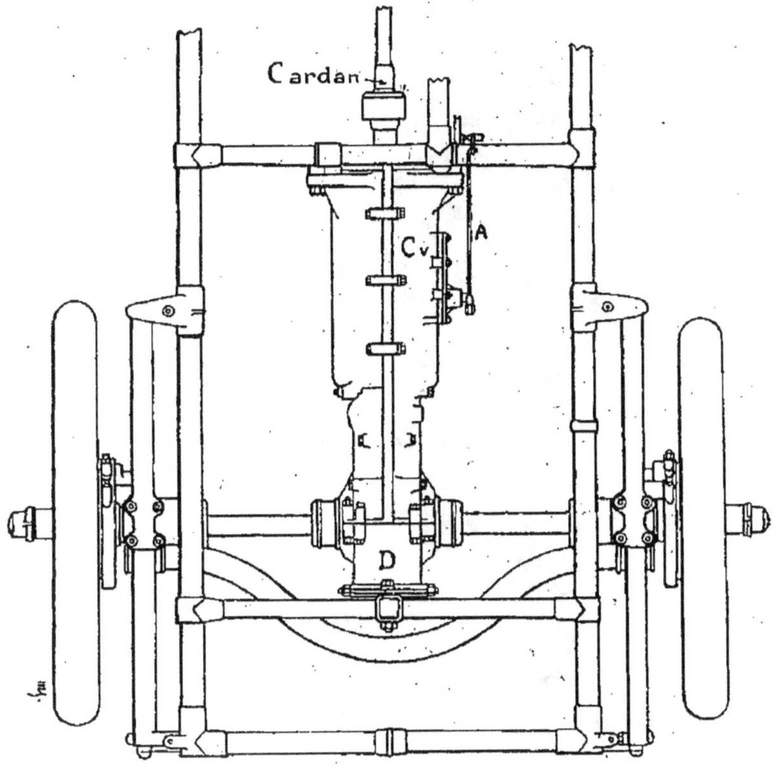

Fig. 103. — Arrière de châssis de Dion-Bouton.
(Vue en plan).

brayage Pl, de frein P_2, etc... Enfin, le châssis, suspendu par des ressorts, est monté sur les deux trains de roues.

Le châssis, ainsi complet au point de vue mécanique, peut recevoir des carrosseries de formes excessivement variables, ainsi que nous l'avons dit précédemment.

Fig. 104. — Châssis 15 chevaux C. G. V. à transmission par chaînes.

CHAPITRE XII

Les pneumatiques.

L'on a dit, avec beaucoup d'à-propos, que le pneumatique est un véritable rail souple pour automobiles.

L'utilité du pneumatique est capitale, et il n'est pas exagéré de prétendre que, sans cet intermédiaire élastique formé d'un matelas d'air entre les inégalités de la route et la voiture, l'automobile n'aurait pas atteint le degré de perfection que nous lui connaissons.

Bien plus, elle n'aurait peut-être pas existé. Le mécanisme d'une automobile est, en somme, assez délicat, et il s'accommoderait fort mal des trépidations qui se produiraient sans le pneumatique.

En outre, et ce n'est pas une considération à dédaigner, sans le pneumatique, il n'y aurait pas de confort possible en automobile, et les malheureux voyageurs qui feraient seulement quelques kilomètres à plus de 30 à l'heure sur une voiture sans pneumatiques arriveraient à l'étape, exténués, fourbus.

Malheureusement, le pneumatique n'est pas exempt d'inconvénients. Ses détracteurs lui en reprochent deux principaux :

Le pneu est sujet à des éclatements et des crevaisons, pour de multiples raisons que nous examinerons plus tard. Or, lorsque la voiture est lancée à grande vitesse, un éclatement, surtout aux virages, peut causer des chutes excessivement dangereuses. Hâtons-nous de dire, cependant, que cet accident est moins fréquent que certains ne prétendent et que, d'autre part, on paraît s'être exagéré le danger des éclatements de pneus. D'une enquête faite par la *Vie automobile* sur ce sujet, il semble résulter que beaucoup d'accidents attribués à des éclatements de pneumatiques sont, en réalité, dus à d'autres causes, et que l'éclatement est, non pas la cause, mais l'effet de l'accident.

D'ailleurs, bien des crevaisons et bien des éclatements pourraient être évités par des soins et des précautions faciles à observer.

L'autre inconvénient des pneumatiques est leur prix assez élevé.

Les pneus subissent en effet une usure relativement rapide, surtout si on les néglige, ce que trop de chauffeurs sont portés à faire.

Aussi a-t-on cherché à supprimer les pneus et à les remplacer par d'autres intermédiaires élastiques moins fragiles. A cet effet, on a proposé les *roues élastiques* et certains constructeurs emploient encore des caoutchoucs creux rappelant les « creux » employés autrefois sur les premiers cycles. Mais, il faut bien le reconnaître, il ne semble pas possible, dans l'état actuel des choses, de se passer des pneus : le mieux est de chercher à les utiliser aussi bien que possible, et de s'efforcer d'éviter les crevaisons et les éclatements dans la limite où cela est possible.

Tous nos lecteurs connaissent la constitution d'un pneumatique de voiture : il n'est donc pas utile d'en donner ici une longue description.

La figure 105 représente la coupe par la valve

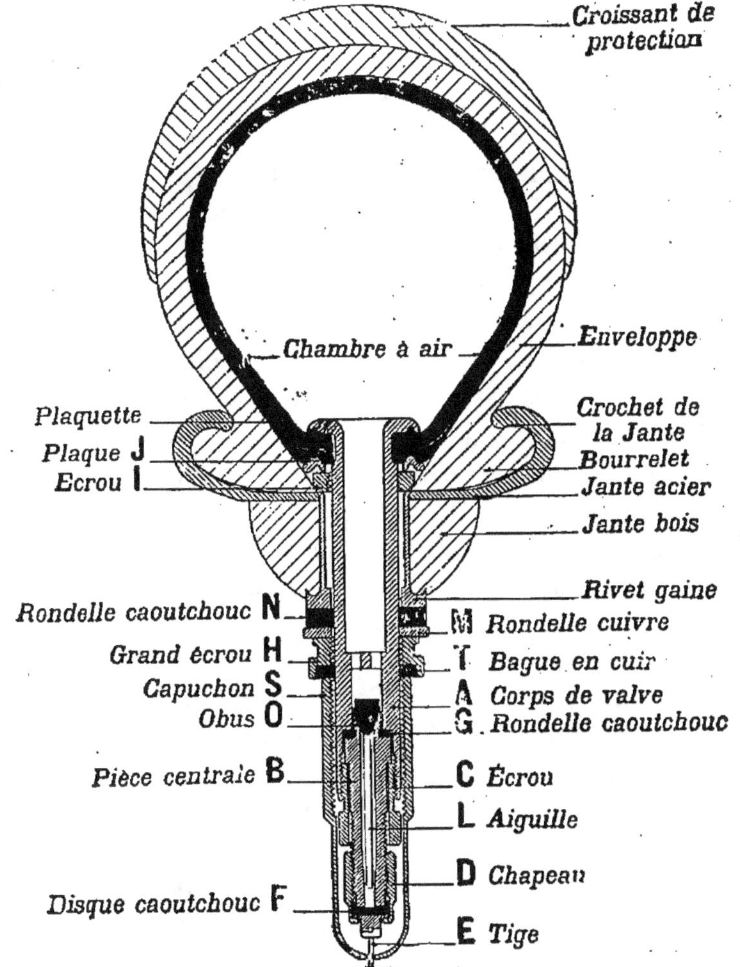

Fig. 105. — Coupe par la valve d'un pneumatique Michelin, modèle voiture.

d'un pneumatique Michelin, que nous pouvons prendre comme exemple.

On voit sur cette figure la *chambre à air*, formée par un boudin de toile caoutchoutée assez mince, présentant en un point de sa circonférence l'attache de la *valve* par laquelle la chambre communique avec l'extérieur.

La chambre est entourée par l'*enveloppe* servant à la protéger contre les aspérités du sol qui auraient vite fait de détruire les chambres à air dont la résistance est très faible.

Ce rôle de protection est complété par un croissant, visible sur la figure.

Tous les pneumatiques n'ont pas le profil représenté par cette figure. Dans certains, la bande de roulement a une forme spéciale, plate, par exemple, et cette disposition paraît présenter de sérieux avantages.

C'est ainsi que les voitures engagées dans les Eliminatoires françaises de la coupe Gordon-Bennett (maï 1904) étaient toutes montées sur pneus Michelin, avec bande de roulement étroite.

Avec ces profils, les chances de dérapage se trouvent diminuées. Cette question de dérapage a été étudiée de très près par les divers fabricants de pneus et ils ne se sont pas limités à créer des pneus à bande de roulement étroite. (Voir plus loin.)

En outre, certains pneus dits à *bande de roulement renforcée* présentent une résistance plus grande à l'usure. Il faut toujours proportionner la force des pneus au poids qu'ils auront à supporter. A cet effet, les fabricants indiquent dans leurs catalogues les modèles étudiés pour des poids déterminés. (Voir plus loin.)

La maison Michelin recommande instamment aux automobilistes de faire usage de *pneus à double semelle*. Il ne faut pas entendre par là un pneu spécial, d'une fabrication et d'une confection particulières, offrant plus de résistance à l'usure. La double semelle est le type immédiatement supérieur à celui qui conviendrait strictement pour la voiture considérée. Donnons un exemple : soit une voiture de 8 chevaux, pesant en ordre de marche, avec voyageurs et bagages, à l'avant 425 kilogrammes et à l'arrière 600 kilogrammes ; on pourrait se contenter de mettre à l'avant des pneus voiturette de 85 millimètres renforcé, et à l'arrière du type de 85 millimètres voiturette extra-fort, seulement, il faut remarquer que, dans ce cas, les pneus avant de la voiture supporteront à 15 kilogrammes près la charge maxima de 440 kilogr., pour laquelle ils sont créés, et ceux d'arrière seront exactement à la limite du type de 85, voiturette extra-fort, soit 600 kilog.

Dans ces conditions, il y aura intérêt à adopter un pneu plus résistant, et de mettre à l'arrière du 90 voiture pour les quatre roues.

En un mot, le 90 voiture constituera, pour ce cas particulier, la double semelle que préconise la maison Michelin.

Il convient donc, on ne saurait trop le répéter, de peser sa voiture, en pesant d'abord l'avant, puis l'arrière. Il est indispensable de peser la voiture avec la charge maxima qu'elle doit supporter ; il ne faut pas se dire que cette charge est accidentelle, que c'est une fois en passant qu'on surcharge la voiture ; il est de toute nécessité que, le jour où cette surcharge aura lieu, la voiture soit munie de pneus capables d'y résister.

L'enveloppe présente un bourrelet qui s'engage dans le crochet de la jante, où elle se trouve ainsi maintenue une fois le pneu gonflé.

La *valve* est représentée en coupe sur la figure avec une clarté suffisante. La pression de l'air dans la chambre à air applique l'obus O sur son siège, ce qui réalise une obturation parfaite : la chambre ne peut se dégonfler. Pour plus de sécurité, on visse à fond la tige de dégonflement E.

Au gonflage, la tige E étant dévissée au préalable, la pression de l'air comprimé par la pompe détache l'obus O de son siège et l'air pénètre dans la chambre ; pendant le retour du piston de la pompe à air, la pression dans la chambre devient supérieure à celle qui règne dans le cylindre de la pompe et l'obus est appliqué sur son siège, empêchant, par suite, la sortie de l'air pendant l'aspiration de la pompe.

Lorsque les pneus n'ont pas été gonflés depuis longtemps, il peut arriver, d'ailleurs, que l'obus se trouve collé sur son siège. On doit donc, avant de procéder au gonflage, s'en assurer en appuyant sur la tige E, ce qui laisse échapper un peu d'air.

Depuis quelque temps, les fabricants de pneumatiques se préoccupent de réaliser des bandages dits « antidérapants » étudiés en vue de réduire dans la mesure du possible les chances de dérapage. La question, très intéressante, a fait l'objet d'épreuves spéciales qui ont montré que les résultats obtenus sont très encourageants. Plusieurs solutions ont été proposées : bandages en caoutchouc à profil antidérapant, pneus en cuir, pneus ferrés, etc. Un autre système assez employé consiste en un anneau formé de chaînettes que l'on monte sur un pneumatique ordinaire (antidérapant Parsons).

Nous avons dit plus haut que la durée des pneumatiques peut être prolongée par des soins et des précautions assez élémentaires.

Les principales recommandations que nous puissions faire, d'après les conseils de Michelin, sont les suivantes :

Un pneu insuffisamment gonflé s'abîme extrêmement vite. En effet, si la paroi de caoutchouc et de toile, qui constitue l'enveloppe du pneu, n'est pas abîmée par les cailloux de la route, cela tient à ce que cette paroi s'appuie sur un coussin d'air qui l'empêche d'être cisaillée entre le sol et la jante de la roue. Si ce coussin d'air est insuffisant, le choc et, par suite, le cisaillement ont lieu.

Le pneu doit toujours être gonflé suffisamment dur pour que jamais, même au passage d'un caniveau, la rencontre d'un obstacle ne vienne faire toucher la jante.

Si le pneu était complètement dégonflé, l'enveloppe et la chambre seraient cisaillées entre la jante et le sol.

La pression de l'air dans le pneu doit être en rapport avec le poids à supporter. C'est donc une excellente pratique que celle de peser avec soin sa voiture et de gonfler les pneus suivant les indications du tableau suivant (1) :

POIDS MAXIMUM QUE PEUVENT SUPPORTER LES PNEUS

ET PRESSION A LAQUELLE IL FAUT LES GONFLER

Grosseur du boudin —	Maximum du poids à faire supporter au pneu —	Lorsque le pneu supporte : —	Il faut le gonfler à —
		PNEU VOITURETTE EXTRA-FORT OU VOITURE	
56	275 kil.	150 à 200 kil.	3 kil. 500
»	»	200 à 275 kil.	4 kil. 500
75 et 80	220 kil.	150 à 200 kil.	3 kil. 500
»	»	200 à 220 kil.	4 kil.
85	300 kil.	200 à 250 kil.	4 kil. 500
»	»	250 à 300 kil.	5 kil.
90	450 kil.	250 à 350 kil.	4 kil. à 5 kil.
»	»	350 à 450 kil.	5 kil. à 5 kil. 500
105	520 kil.	300 à 450 kil.	4 kil. à 5 kil.
»	»	450 à 520 kil.	5 kil. à 5 kil. 500
120	600 kil.	400 à 500 kil.	4 kil. 500 à 5 kil.
»	»	500 à 600 kil.	5 kil. à 5 kil. 500
150	750 kil.	500 à 650 kil.	5 kil.
»	»	650 à 750 kil.	6 kil.
		PNEU VOITURETTE RENFORCÉ	
65	170 kil.	100 à 140 kil.	2 kil. 500
»	»	140 à 170 kil.	3 kil.
75 et 80	170 kil.	100 à 140 kil.	2 kil. 500
»	»	140 à 170 kil.	3 kil.
85	220 kil.	150 à 180 kil.	3 kil.
»	»	180 à 220 kil.	3 kil. 500
		PNEU VOITURETTE LÉGER	
65	100 k. l.	50 à 80 kil.	2 kil.
»	»	80 à 100 kil.	2 kil. 500
75 et 80	120 kil.	50 à 80 kil.	2 kil.
»	»	80 à 120 kil.	2 kil. 500
85	140 kil.	60 à 100 kil.	2 kil. 500
»	»	100 à 140 kil.	3 kil.

(1) Publié par Michelin, dans ses « Lundis ». *L'Auto*, 16 mai 1904.

Un procédé plus rigoureux pour déterminer la dimension de pneus convenant à une voiture donnée est basé sur la considération de la force du moteur. C'est surtout pour les roues motrices qu'il y a lieu de tenir compte de cet élément d'appréciation.

Voici un tableau établi par Michelin à la suite de nombreux essais :

TYPE DE PNEU	POIDS MAXIMUM SUPPORTÉ PAR L'ESSIEU	FORCE MAXIMA DU MOTEUR POUR LES ROUES MOTRICES
VOITURES		
65 $^{m}/_{m}$	550 kgr.	7 chevaux.
90 »	900 »	12 »
100 » léger	950 »	14 »
105 » E. F.	1000 »	18 »
120 »	1200 »	au-dessus de 18 chevaux.
VOITURETTES		
75 $^{m}/_{m}$ renf.	340 kgr.	4 chevaux.
75 » E. F.	440 »	6 »
85 » renf.	440 »	5 »
85 » E. F.	600 »	9 »

On juge si le pneu est bien gonflé par son aplatissement. Le pneu doit s'aplatir, sous la voiture chargée, en moyenne d'un centimètre et ne doit jamais, même sur le sol sans obstacle d'une ville, s'écraser de plus d'un centimètre et demi.

On juge aussi si le pneu est bien gonflé par la largeur du boudin qui vient en contact avec le sol et qui, par le roulement, prend un aspect spécial. Cette largeur ne doit pas dépasser 4 centimètres pour les pneus de 65 millimètres, 6 centimètres pour ceux de 90 millimètres, 85 millimètres et 75^{mm}, enfin 8 centimètres pour ceux de 105 et de 120 millimètres.

Il ne faut jamais craindre de faire éclater les pneus en les gonflant ; les pompes ne donnent jamais une pression supérieure à celle que peut supporter un pneu en bon état. Les débutants ont toujours peur de trop gonfler, ils gonflent rarement assez ; ils ont tort, car un pneu peu gonflé s'abîme très vite.

Lorsqu'on a des pneus neufs, pendant les quinze premiers jours, il faudra gonfler assez fréquemment, puis de plus en plus rarement donner quelques coups de pompe pour ramener au degré voulu la pression qui diminue. Cette diminution tient à ce que l'enveloppe augmente progressivement de volume et prend enfin sa dimension définitive. Au bout de ce temps, il suffira de redonner quelques coups de pompe tous les quinze jours ou tous les mois. On ne doit jamais avoir besoin de gonfler plus souvent que cela ; s'il en était autrement, c'est que l'on aurait une fuite provenant, soit de la valve (1), soit d'un trou fait par une pointe d'épingle, une épine, etc.

Une recommandation élémentaire est de ne jamais faire usage de freins à patins frottant directement sur le caoutchouc du pneu qu'ils abîmeraient à coup sûr.

---

(1) Il arrive quelquefois qu'un corps étranger, un grain de sable, par exemple, vient se loger entre l'obus et son siège, empêchant l'obturation hermétique. La chambre à air se vide par cette petite ouverture lentement et sûrement.

Mais les autres freins peuvent également nuire à la bonne conservation des pneus si l'on en fait un usage irraisonné, c'est-à-dire si l'on arrête la voiture en bloquant les roues.

« Certes, il est très agréable pour le conducteur d'une automobile d'arrêter sa voiture en bloquant les roues, dit Michelin; cela lui donne une très grande impression de sécurité. Il lui est moins agréable de constater, une fois sa voiture arrêtée, qu'il vient d'arracher une forte tranche de caoutchouc sur les pneumatiques de ses roues arrière et que la toile est à nu. *Le pneumatique n'est pas fait pour traîner sur le sol.* » Or, si l'on bloque brusquement les roues arrière, la voiture, entraînée par la vitesse acquise, patinera sur lesdites roues pendant quelques mètres.

D'ailleurs, c'est une erreur de croire, comme font quelques-uns, que le bloquage des roues produit l'arrêt instantané. M. C. Bourlet, dans son rapport sur le concours de freins du Touring Club de France, expose fort nettement la question en ces termes :

« Une remarque intéressante pour les cyclistes s'est dégagée de cette épreuve, c'est que *pour obtenir un court arrêt, il ne faut pas bloquer brusquement la roue.* Tous les concurrents qui ont *ralenti progressivement* ont arrêté sur une distance beaucoup plus courte que ceux qui ont brusquement bloqué la roue et ont patiné sur une distance de 11 à 14 mètres. Il y a donc double avantage, et au point de vue de la préservation des bandages et au point de vue de l'arrêt, à ne pas bloquer de suite la roue arrière. »

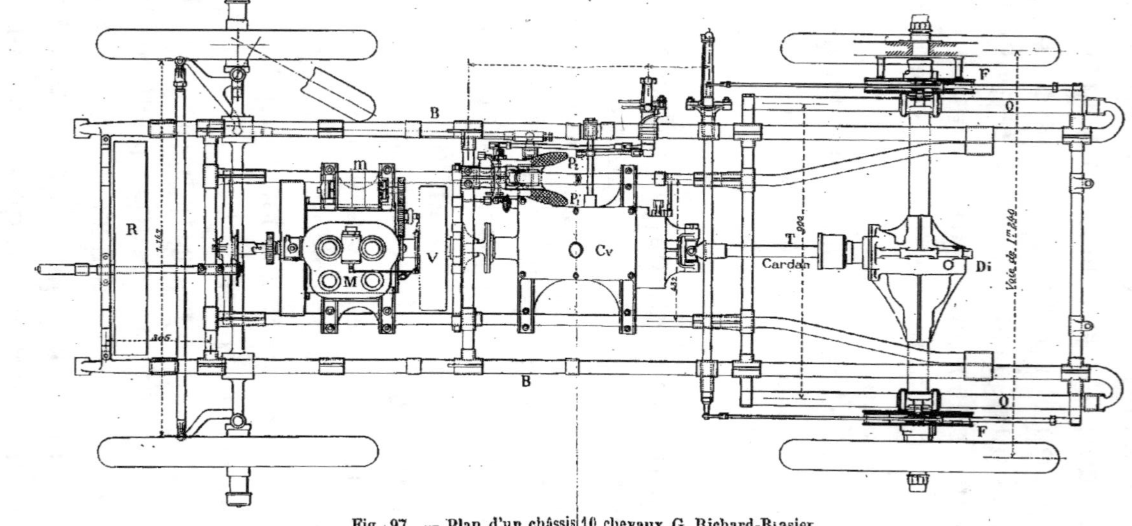

Fig. 97. — Plan d'un châssis 10 chevaux G. Richard-Brasier.

(Voir élévation page 228).

B : Châssis;
M : Moteur;
m : Magnéto;
V : Volant du moteur;
Cv : Boîte d'engrenage;
Cb : Carter du moteur;
r : Régulateur;

P₁ : Pédale de débrayage;
P₂ : Pédale de frein;
F : Frein sur les roues;
T : Arbre de cardan;
Di : Différentiel;
Q : Ressorts;
R : Radiateur.

Certains chauffeurs ont l'habitude de prendre les virages en vitesse. Outre les dangers de diverses natures que cette pratique présente, les virages brusques occasionnent une usure très rapide du croissant des pneus. Michelin en cite un exemple frappant :

« Dans la course du Tour de France en 1899, un des concurrents, M. X..., a usé *treize* enveloppes tandis qu'un autre, M. Y..., n'en a usé que *deux*. Or, ces messieurs montaient deux voitures entièrement pareilles; leurs vitesses furent les mêmes puisqu'ils se classèrent dans les premiers, l'un à la suite de l'autre.

« Cette différence d'usure extraordinaire réside uniquement dans leur façon de conduire. M. X... empoignait les virages le plus vite possible pour ne pas perdre une seconde et donnait des coups de frein très violents. M. Y..., au contraire, prenait les courbes à une allure assez ralentie pour être sûr de ne pas chasser et freinait longtemps avant l'obstacle et progressivement. »

On s'explique aisément cet effet destructeur de la prise des virages en vitesse; la force centrifuge tend à faire partir la voiture suivant la tangente à la courbe, l'arrière-train *chasse* sur le sol, et quelquefois même les quatre roues se déplacent perpendiculairement à la direction de marche. A ce moment, tout le poids de la voiture se trouve reporté sur les deux roues qui sont à l'extérieur de la courbe et qui supportent alors un effort considérable.

Le pneumatique, si le terrain est sec, est retenu au sol par son adhérence, il s'ensuit que l'en-

veloppe est couchée et se trouve serrée entre le sol
et la jante.

Si le pneu est, en outre, insuffisamment gonflé,
la chambre à air se trouve cisaillée entre la jante et
le sol et éclate; si les boulons de sécurité ne sont
pas assez serrés, les bourrelets sortent de la jante,
l'enveloppe est arrachée, déchirée.

On voit par là toute l'importance des recommandations essentielles que nous venons de faire.

Une autre cause très importante de détérioration
des pneumatiques est le non-parallélisme des roues.
Lorsqu'une des roues avant n'est pas parallèle à la
direction générale de la voiture, en effet, elle travaille en *cône* au lieu de travailler en *cylindre*, et
par conséquent donne des frictions considérables
sur la route, frictions ayant pour résultat de
ralentir la voiture en même temps qu'elles usent
le caoutchouc.

Aujourd'hui, la plupart des constructeurs font
attention à ce parallélisme, mais si l'on vient à
butter dans un trottoir, ce qui a lieu facilement dans
les premiers temps où l'on est propriétaire d'une
voiture, ce parallélisme peut être perdu.

Il est bon, par conséquent, de vérifier de temps
en temps si les roues sont parallèles entre elles.

Il convient de laver les pneus lorsque l'on
rentre d'excursion, mais on ne doit le faire
qu'avec précaution, au moyen, par exemple,
d'une éponge dont on a, au préalable, exprimé
la plus grande partie de l'eau. Il sera même préférable d'essuyer ensuite l'enveloppe, car, sous
l'influence de l'humidité, le revêtement extérieur

le caoutchouc de l'enveloppe arrive à se détacher de la toile.

On veillera à maintenir en bon état l'intérieur des jantes et à éviter qu'elles ne se rouillent, car la rouille est l'ennemie des toiles de pneumatiques, qu'elle fait pourrir.

En suivant ces quelques conseils, le chauffeur prolongera la durée de ses pneumatiques et s'évitera ainsi nombre d'ennuis et de dépenses relativement élevées.

Dans un chapitre ultérieur (V. p. 350) nous indiquerons la manière de procéder aux réparations les plus fréquentes qu'il y ait lieu de faire subir à un pneumatique.

CHAPITRE XIII

Précautions générales pour le bon entretien d'une voiture automobile.

Nous nous proposons, dans ce chapitre, de donner quelques indications générales sur les précautions qu'il est utile de prendre si l'on veut conserver le plus longtemps possible en bon état de fonctionnement les divers organes de sa voiture.

Quelques-unes des précautions que nous indiquerons sont assez élémentaires, mais nous avons tenu à les exposer quand même, parce que, bien souvent, on est porté à négliger ces choses simples, au grand détriment de la voiture qui est victime de cette indifférence.

Nous étudierons successivement les diverses parties dont se compose une voiture, dans l'ordre que nous avons adopté dans les chapitres précédents de ce manuel, et, pour chaque organe ou groupe d'organes, nous donnerons rapidement les conseils nécessaires.

§ I. — **MOTEUR**

Il est de toute évidence que le moteur, âme de la voiture, exige tous nos soins pour être maintenu en parfait état de fonctionnement.

Toutefois, les soins qu'il réclame pour lui-même

sont assez simples. Il faut veiller soigneusement à son graissage, lequel ne doit être, ni trop abondant, ni surtout insuffisant, trop modéré, cet excès serait plus grave que le précédent, car cela conduirait à l'une des pannes les plus graves que l'on puisse rêver, le grippage du piston dans le cylindre.

Soupapes. — Le moteur est muni de soupapes qui exigent certains soins spéciaux ; le bon fonctionnement des soupapes est d'une importance absolument capitale : sans bonnes soupapes, il n'y a pas de bon moteur.

Il faut les visiter fréquemment et s'assurer que les ressorts sont en bon état.

Ceux-ci sont, en effet, sujets à une déformation progressive, telle que l'ouverture ou la fermeture des soupapes ne se fait plus, au bout de quelque temps, avec toute la rapidité voulue, ni en temps utile.

On doit toujours être muni de ressorts de rechange et ne pas hésiter à les changer aussitôt que le besoin s'en fait sentir, si peu que ce soit.

La ou les soupapes d'admission doivent s'ouvrir nettement aussitôt que le cylindre aspire, sans quoi celui-ci s'emplit imparfaitement de gaz et le moteur ne donnera pas toute sa puissance.

Mais il ne faut pas non plus que la soupape s'ouvre avec excès, car la fermeture ne se ferait plus alors convenablement, et elle resterait ouverte pendant une partie de la compression, ce qui ferait retourner dans la canalisation une partie des gaz admis.

Le joint de la soupape doit être bien étanche pour éviter des rentrées d'air qui viendraient modifier la composition du mélange carburé.

Les soupapes d'admission sont minutieusement réglées par le constructeur avant la livraison de la voiture.

Le chauffeur doit éviter d'y toucher, surtout d'en changer la course ; il se contentera seulement de changer les ressorts lorsque le besoin s'en fera sentir.

La soupape d'échappement s'ouvre un peu avant la fin du troisième temps d'une certaine quantité, dite « avance à l'échappement », fixée une fois pour toutes par le constructeur.

Pour la même raison que précédemment, le chauffeur se gardera bien de modifier cette avance.

Les ressorts des soupapes d'échappement, soumis à une assez haute température, demandent à être changés plus souvent que ceux de l'admission.

Nous insistons sur la nécessité qu'il y a, si l'on veut éviter des perturbations graves dans la marche du moteur, à ne pas toucher aux soupapes si ce n'est pour les entretenir en parfait état de fonctionnement.

Lorsqu'on se trouve absolument obligé de changer une soupape, on veillera à ce que les tiges jouent librement dans les guides, sans quoi il faudrait diminuer légèrement le diamètre de la tige, au moyen d'émeri fin.

Nos lecteurs savent la nécessité de la compression dans un moteur à explosion.

Lorsque la compression se fait bien, on doit

sentir une certaine résistance quand on tourne le moteur à la main.

Pour que le moteur comprime toujours bien, on veillera à ce que les joints des soupapes soient en bon état, à ce que les soupapes ferment parfaitement (ce qui, quelquefois, n'a pas lieu par suite d'introduction de corps étrangers entre le clapet et son siège) ; dans d'autres cas, une soupape fonctionnera mal parce que sa tige ne glisse pas librement dans les guides.

On aura donc soin d'entretenir, à ce point de vue, en parfait état, tous les organes du moteur par lesquels peuvent avoir lieu des fuites. Remarquons que celles-ci peuvent encore se produire lorsqu'une bougie d'allumage est mal vissée sur la tête du cylindre. Toute fuite dans un moteur diminuant l'importance de la compression, fait perdre beaucoup de puissance.

Les moteurs sont souvent munis d'un robinet (un par cylindre), dit « robinet de décompression », permettant, lorsqu'on le laisse ouvert, de faire tourner plus facilement le moteur à la main, ce qui est très commode pour vérifier le bon fonctionnement de l'allumage par bobines.

Lorsque ces robinets existent, on les entretiendra également en parfait état, car ils pourraient devenir le siège d'une fuite.

Nous ne parlerons pas ici des organes d'allumage, qui font l'objet d'un paragraphe spécial, de même que ceux servant au refroidissement du moteur.

Les bielles et les manivelles doivent toujours

être abondamment graissées. A cet effet, on aura soin de renouveler de temps en temps le bain d'huile du carter qui les entoure et dans lequel barbotent les têtes de bielle, dans les moteurs verticaux.

On veillera à éviter des jeux exagérés dans les pieds de bielle ou dans les têtes, pour lesquels il existe, d'ailleurs, un jeu latéral. Cette précaution est moins importante avec les bonnes voitures fabriquées avec des matières de première qualité, car le jeu tient le plus souvent à l'emploi de bronze de qualité inférieure dont l'usure est trop rapide.

Il peut également se produire du jeu dans les autres organes (axe de volant, axe de piston, etc...). L'existence de ces jeux, assez faciles à éviter, a un résultat plus désagréable que dangereux : le moteur « tape » ou « cogne » pendant sa marche; mais ce défaut peut provenir également d'un mauvais état de l'appareil d'allumage ou de son déréglage, d'où résulte la production irrégulière, à des moments un peu quelconques d'étincelles pouvant, dans certains cas, provoquer même des retours en arrière, lesquels se traduisent par ce fait que le moteur cogne ou tape, l'entraînement du volant rendant impossible le retour du moteur.

Telles sont les principales précautions à prendre pour assurer le bon fonctionnement du moteur.

§ II. — CARBURATEUR

Le carburateur n'exige pour ainsi dire pas de soins d'entretien spéciaux. On veillera néanmoins

à ce que la fermeture du pointeau s'opère hermétiquement. Si cela n'était pas, cela pourrait tenir le
plus souvent à la présence d'un corps étranger
venant se loger entre le pointeau et son siège ;
dans d'autres cas, les petites branches de commande
peuvent mal fonctionner. La conséquence de ces
petites imperfections serait que le carburateur se
noierait. Il convient donc de vérifier de temps en
temps la propreté du pointeau.

Il peut encore arriver que l'ajutage d'arrivée de
l'essence se trouve bouché, ou encore que la toile
métallique qui sert au filtrage de l'essence soit
obstruée par des saletés.

§ III. — **L'ALLUMAGE**

L'allumage doit faire l'objet de soins tout spéciaux de la part du chauffeur. Il n'est pas exagéré
de dire, en effet, que les 9/10 des pannes proviennent du mauvais fonctionnement de l'allumage ;
or, le plus souvent, un peu d'entretien des organes
d'allumage permet d'éviter le plus grand nombre
des irrégularités de fonctionnement.

1° **Allumage par brûleurs.** — Les tubes de
platine servant à l'allumage doivent être maintenus
toujours dans un parfait état de propreté. Pour
cela, il est utile de les démonter de temps en temps,
par exemple, tous les deux ou trois mois, et de les
frotter partout avec de la toile d'émeri extra-fine.
Remarquons ici que les tubes de platine seraient
facilement perforés si on les maniait avec un peu
de brutalité ; on aura donc soin lorsque l'on en

fait le nettoyage, de les traiter avec une grande précaution.

En marche, on aura soin de maintenir les brûleurs en bon état, avec des mèches suffisamment longues afin d'obtenir une incandescence bien franche des tubes de platine; sans cela, il ne faudrait pas compter sur un bon allumage, car si les tubes de platine ne sont pas suffisamment chauds, le mélange carburé fuse au lieu de détoner franchement et la puissance fournie par le moteur se trouve par là considérablement réduite.

Il faut veiller à ce que les orifices capillaires ne soient pas obstrués par une particule solide contenue dans l'essence. On débouchera donc de temps en temps les orifices à l'aide d'une aiguille très fine. Remarquons que, pour faire ce nettoyage, il faut bien se garder de repousser avec l'aiguille le corps étranger à l'intérieur, car sans cela l'incident se reproduirait tôt ou tard ; il ne faut pas craindre de démonter complètement la pièce et d'en faire sortir au dehors les saletés qui causaient l'obstruction.

Inversement, il peut arriver que le débit d'essence soit trop considérable ; la flamme du brûleur ne sera pas alors suffisamment chaude : le brûleur donnera, en effet, une flamme blanche par suite d'un excès de combustible par rapport à l'air. Si l'on remarquait ce défaut, on démonterait le brûleur et on diminuerait légèrement le diamètre du trou de sortie de l'essence en frappant très légèrement autour de la capsule terminant le tube central

2° Allumage électrique. — A) Allumage par étincelles d'induction. — Examinons successivement les diverses parties qui constituent ce système d'allumage.

α) *Piles.* — Les piles doivent être renfermées dans une boîte et protégées de l'humidité par des gaines en caoutchouc de préférence. En outre, on évitera les mouvements des piles les unes par rapport aux autres en disposant entre elles des feuilles de feutre, ou, plus simplement, en remplissant les intervalles compris entre les divers éléments avec de la ouate.

On doit de temps en temps vérifier l'état des piles au moyen de l'ampèremètre. Lorsque cet appareil n'accuse que 3,5 ampères, il faut remplacer les piles, car l'étincelle que la bobine produirait serait insuffisante (1).

Les diverses bornes et contacts doivent être maintenus dans un parfait état de propreté. En effet, une couche de chlorure vert de cuivre qui se dépose sur les bornes peut empêcher le passage du courant.

Il faut veiller, lorsque la voiture est arrivée au terme du voyage, de ne pas laisser la fiche de contact en place, car, parfois dans certains modèles de voitures, il peut arriver que, la came d'allumage se trouvant dans une position convenable, le courant passe, ce qui peut suffire à vider presque complètement en une nuit une batterie de piles.

---

(1) Remarquons qu'il est tout à fait inutile de mesurer les piles avec un voltmètre, car le voltage d'une batterie reste sensiblement le même jusqu'à l'épuisement presque complet des éléments.

β) *Accumulateurs*. — Les accumulateurs sont plus délicats que les piles, mais leur sont préférés souvent malgré cela, parce que l'allumage paraît être plus sûr avec les accumulateurs. Le chauffeur qui emploie des accumulateurs sur sa voiture doit prendre à leur égard les principaux soins suivants :

Éviter avec grande attention de poser, même pendant quelques instants, toute pièce métallique entre deux bornes opposées de l'accumulateur. Celui-ci serait alors mis en court-circuit et se déchargerait très rapidement dans des conditions excessivement défavorables pour sa bonne conservation.

Prendre soin de ne jamais laisser tomber le niveau du liquide suffisamment bas pour que les plaques soient en partie découvertes. On les examinera de temps en temps à ce point de vue, et, lorsqu'on remarquera que le niveau s'est abaissé sensiblement, on complétera le liquide par de l'eau aussi pure que possible (de l'eau distillée si on en a, ou sinon de l'eau de pluie).

Plus que pour les piles, il convient de ne poser les accumulateurs dans leur boîte que sur une plaque de feutre ou de liège afin de les préserver des chocs qui auraient pour effet de détacher des parcelles de la matière active des plaques, d'où résulteraient des courts-circuits internes.

γ) *Bobines*. — La bobine n'exige guère de soins spéciaux ; il suffira de lui éviter des chocs et de ne pas la placer dans une région trop chaude de la voiture, où l'isolant pourrait être détruit.

De temps en temps on nettoiera les contacts en

platine avec de la toile émeri très fine après avoir
démonté le trembleur.

δ) *Les conducteurs.* — Les fils de cuivre conduisant le courant de la bobine aux bougies doivent
être soigneusement entretenus. On veillera tout
particulièrement à maintenir l'isolant en parfait
état de conservation : un fil mal isolé donnera
lieu infailliblement à un court-circuit, lorsqu'il se
trouvera amené par un choc ou pour toute autre
cause en contact avec un point de la masse métallique de la voiture; or, c'est là une des causes de
panne que nous aurons à signaler dans un chapitre
ultérieur. On visitera donc assez fréquemment toute
la canalisation électrique de la voiture, et si l'on
trouvait un point mal isolé, on aurait soin d'entourer le fil métallique d'un morceau de ruban isolant
(chattertoné).

On remarquera que les fils conduisant le courant
de la source d'électricité (piles ou accumulateurs)
à la bobine n'ont pas besoin d'être aussi soigneusement isolés que ceux qui vont de la bobine aux
bougies. En effet, les premiers conduisent un courant à faible voltage, tandis que les seconds livrent
passage à un courant à très forte tension ; donc,
lorsqu'on observera la dénudation d'un point de
ces derniers, on soignera tout particulièrement
l'isolement que l'on fera également au moyen de
ruban chattertoné.

D'une façon générale, toutes les pièces par lesquelles doit se transmettre le courant électrique
(bornes, contacts, points d'attache de toutes sortes,
etc., etc.), doivent être minutieusement entretenues

par le chauffeur en parfait état de propreté. On est souvent porté à négliger cette précaution en pensant que l'électricité passe facilement d'une pièce métallique à une autre et qu'une couche d'oxyde est sans grande importance. C'est là une erreur, et la perte d'énergie résultant du mauvais état de contact est beaucoup plus considérable qu'on ne le croit communément.

ε) *Bougies*. — Le chauffeur aura soin que les bougies ne soient jamais fendues ; cet accident se produit relativement souvent, soit par suite d'un serrage trop fort, soit par la chute d'une goutte d'eau froide sur la bougie chaude. Une bougie fendue ne peut plus servir à l'allumage.

D'autre part, on aura soin de maintenir les bougies très propres, car les saletés extérieures livrent généralement passage au courant et suffisent à produire des ratés d'allumage, l'étincelle n'ayant pas lieu aux pointes. La plombagine est le principal ennemi dans ce cas, mais une foule d'autres substances peuvent provoquer le même incident et la boue elle-même suffit souvent lorsqu'elle contient de l'eau acidulée.

Les bougies s'encrassent quelquefois par suite du dépôt d'huile brûlant dans le cylindre, on les nettoiera de temps en temps pour les débarrasser. Quelquefois cet encrassement se produira très rapidement en cours de marche et suffira à donner des ratés d'allumage, ainsi que nous le verrons en traitant des pannes d'allumage.

Nous avons signalé en étudiant ce système d'allumage (page 101), un procédé permettant de vérifier la qualité d'une bougie nouvelle ou d'examiner de temps en temps les bougies en service. Notons qu'il n'y a pas d'intérêt à obtenir une étincelle longue, l'allumage n'en est pas meilleur, au contraire.

Il est préférable d'avoir une étincelle courte et très chaude. Par conséquent au cours des vérifications que l'on fera subir aux bougies on ne cherchera pas à augmenter l'écartement des pointes de platine, au contraire.

B) **Allumage par magnéto.** — L'allumage par magnéto comporte moins d'organes que l'allumage par piles (ou accumulateurs), bobines et bougies. Une magnéto bien établie n'exige pas de soins spéciaux, et les inflammateurs ou rupteurs ne demandent que des précautions communes à tous les organes mobiles et un nettoyage de temps en temps des palettes.

Nous avons indiqué, en décrivant l'allumage par magnéto, la façon d'en faire le réglage ; c'est là, d'ailleurs, une opération que l'on n'a à exécuter que très rarement.

§ IV. — LE REFROIDISSEMENT

Le bon refroidissement d'un moteur est une condition de la plus grande importance pour que le fonctionnement en soit en tous points satisfaisant. On ne saurait trop prendre de précautions pour le maintenir en parfait état de fonctionnement. On a vu d'excellentes voitures construites par les marques les plus réputées obligées de s'arrêter dans une course de la plus haute importance par suite du mauvais fonctionnement de la pompe de circulation ou de la mauvaise installation des radiateurs, ce qui faisait chauffer le moteur.

Certains constructeurs négligent (et c'est fort regrettable) un peu trop le refroidissement et installent la circulation d'eau dans des conditions assez défectueuses. Heureusement, depuis quelque temps, on comprend mieux l'importance de cette partie de l'automobile et on tend à en soigner davantage l'étude.

Cependant, le parfait refroidissement est de la plus haute importance pour l'automobilisme. En effet, si l'on veut grimper des côtes tant soit peu prononcées, il faut un bon refroidissement, sans quoi, le moteur chauffant, l'huile brûlera dans l'intérieur du cylindre, ce qui pourra même conduire à un grippage complet du piston (cas heureusement rare cependant) et tout au moins à un détrempage des ressorts, un grippage des têtes des soupapes, etc.

L'échauffement du moteur se manifeste, en tous cas, par des conséquences moins graves, mais désagréables : l'automobile laisse derrière elle une odeur d'huile brûlée et même parfois une épaisse fumée que l'on attribue souvent à tort à une mauvaise carburation.

Le moteur s'échauffant beaucoup, sa température peut être suffisante pour produire l'allumage sans qu'il soit besoin de la source de l'allumage proprement dite (*auto-allumage*). Il en résulte alors que le moteur continue à fonctionner, l'allumage étant coupé. Il est inutile d'insister sur la difficulté qui en résulte pour conduire la voiture.

Ce sont là les principaux inconvénients d'une mauvaise circulation d'eau. Voyons rapidement les soins essentiels à donner aux organes de refroidissement pour éviter les divers inconvénients que nous venons de signaler.

La pompe. — Nous avons vu, en étudiant le système de refroidissement, que la pompe peut être commandée, soit par engrenages, soit par chaîne ou courroie, soit par friction. Il n'y a rien de spécial à dire pour l'entretien d'une pompe dans les deux premiers cas.

Quant aux pompes commandées par friction, elles exigent quelques soins particuliers Le roulement d'une telle pompe doit être très doux. Le contact entre le volant de la pompe et celui du moteur qui sert à l'entraîner doit être aussi léger que possible. Le volant de la pompe est garni généralement de cuir ou de caoutchouc destinés à en faciliter l'entraînement. Il faudra veiller à ce que ces matières ne soient ni déchirées, ni usées, sans quoi l'entraînement ne se ferait plus régulièrement et pourrait même arriver à ne plus se faire du tout, ce qui empêcherait le bon refroidissement.

On veillera aussi à ce que le volant soit parfaitement claveté sur l'arbre et à ce qu'il ne se produise pas de jeu latéral dans l'axe de la pompe.

La crépine située sur la canalisation d'eau doit être maintenue en bon état, car, si elle venait à être crevée, elle pourrait laisser passer un gros corps étranger qui viendrait s'engager dans les palettes de la pompe, et pourrait, soit les casser, soit en rendre le fonctionnement assez dur pour causer la rupture d'une dent d'engrenage, par exemple.

Le graissage de la pompe devra être particulièrement soigné.

Canalisation. — La canalisation sera visitée de temps en temps. On veillera à ce qu'il ne s'y produise pas de fissures ou à ce que les conduites ne présentent pas de courbures telles qu'elles opposent une résistance notable au passage de l'eau.

Radiateur. — Le radiateur n'exige pas de soins spéciaux, surtout lorsqu'il est formé d'un simple tube à ailettes recourbé.

Les radiateurs nids d'abeilles sont un peu plus délicats. On aura soin de leur éviter des chocs qui pourraient facilement en crever les alvéoles, ce qui suffirait le plus souvent à les mettre hors de service en cours de route, la réparation d'un nid d'abeilles ne pouvant guère être faite convenablement que dans un atelier.

§ V. — CHANGEMENT DE VITESSES

Changement de vitesses par poulies. — Le changement de vitesses par poulies n'exige pas de soins particuliers. L'entretien en est le même que pour les poulies d'atelier.

Changement de vitesses par engrenages. — Ceux-ci sont plus répandus ; ils nécessitent des soins spéciaux.

Tout d'abord, recommandation que l'on ne saurait trop répéter, on ne doit faire usage du changement de vitesses qu'après avoir débrayé le moteur. L'inobservation de cette précaution entraîne inévitablement, au bout d'un temps plus ou moins long, la destruction presque complète ou complète des engrenages composant le changement de vitesses. C'est là la précaution fondamentale à observer pour la bonne conservation de cet appareil.

Une seconde recommandation essentielle est de ne faire travailler les engrenages que dans un corps gras, huile ou graisse. Nous avons vu que les engrenages sont renfermés dans un carter presque entièrement plein de matières grasses. Suivant les constructeurs, ces matières sont de l'huile ou de la graisse (vaseline). Il ne semble pas que l'emploi de l'une ou de l'autre de ces matières présente des avantages considérables.

De temps en temps, à des intervalles variables suivant le service qu'on demande à la voiture, on devra ouvrir le carter et le vider entièrement des matières grasses, ce qui se fait en dévissant le bouchon de vidange. On en profitera pour examiner l'état des roues dentées. Celles-ci ne devront être ni usées, ni déclavetées, ni fendues.

Après avoir ainsi vérifié l'état des engrenages, on pourra les laver au pétrole, on remplira de nouveau le carter de corps gras et le système sera prêt à fonctionner.

§ VI. — LA TRANSMISSION FLEXIBLE

Chaînes. — La chaîne doit être l'objet de soins spéciaux que trop de chauffeurs négligent. Toutes les fois que la voiture rentrera d'excursion pleine de boue, celle-ci atteint toujours les chaînes qu'elle rouille et rend aussi rigides que des barres pleines. Il faudra *toujours* nettoyer dans ce cas très soigneusement les chaînes en enlevant toute la boue, les laver ensuite au pétrole au moyen d'une brosse de peintre, puis les essuyer. On les graissera ensuite très légèrement en les frottant avec un chiffon enduit de vaseline et on s'assurera que la tension est toujours bonne.

Il est bon, de temps en temps, de démonter les chaînes et d'en faire un graissage plus sérieux. Après les avoir nettoyées comme ci-dessus, on les dispose dans une casserole remplie de vaseline et on laisse le tout sur un feu doux pendant un quart d'heure ; par ce moyen, la graisse pénètre bien partout. On laisse ensuite refroidir, on essuie les chaînes et on les remet en place.

Certains automobilistes préfèrent employer le suif pour cette opération.

La rupture d'une chaîne en marche ou son ouverture, si le boulon qui sert à la fermer venait à se détacher, constituent un accident grave. En effet, il y a beaucoup de chances pour que les deux bouts flottants de la chaîne viennent se prendre dans les rayons de la roue, ce qui fera presque inévitablement verser la voiture. On examinera donc fréquemment l'état du boulon de fermeture et on veillera à remplacer tout maillon qui paraîtrait trop usé pour supporter plus longtemps le travail. L'automobiliste devra toujours emporter dans son coffre à outils quelques maillons de rechange.

Procédé pour changer un maillon de chaîne. — La soie passant dans le trou de la flasque du maillon est rivée. On commencera donc par détruire cette rivure, soit avec un ciseau à froid, soit en limant, puis on chasse la soie au moyen du chasse-goupilles. Le maillon à remplacer peut alors être enlevé. On met à la place en ce moment le maillon neuf ; on fait entrer la soie dans le trou de la flasque à petits coups de marteau, et on rive l'extrémité de la soie.

On peut éviter ce travail de rivure si l'on prend la précaution de se munir de boulons de même diamètre que les soies, un peu plus longs que celles-ci, et d'écrous au même pas.

Courroies. — Les courroies en cuir doivent être graissées de temps en temps. On emploie pour cela avec succès à l'extérieur un mélange d'huile de poisson et de suif. Si l'on négligeait de faire ce graissage, la courroie sécherait et arriverait à casser.

La partie interne de la courroie sera enduite de cire végétale du Japon qui a, outre l'avantage de donner de la souplesse à la courroie, celui de la rendre presque imperméable. Cette opération se fait à chaud, en trempant la courroie chauffée à une température douce, pour en assurer la complète dessiccation, dans un bain de cire à 50°.

Cardan. — La transmission à la Cardan ne nécessite d'autres soins qu'un graissage des articulations, graissage qu'il convient de faire aussi souvent que possible.

Embrayage par cônes. — Ainsi que nous l'avons vu antérieurement, un des cônes constituant l'embrayage est garni de cuir. De même que pour le cuir garnissant les volants des pompes, on veillera à ce que celui-ci ne soit pas usé ou déchiré.

A part ce soin, les embrayages par cônes ne demandent pas d'autre entretien, si le réglage en a été bien fait par le constructeur, ce qui est le cas le plus général. S'il n'en est pas ainsi, on observerait soit que le cône patine, soit qu'au contraire l'entraînement se fait trop brusquement, ou avec trop de brutalité, soit enfin que le ressort de rappel se trouve être insuffisant pour faire revenir en arrière le cône mâle une fois qu'il est engagé dans le cône femelle. La course de débrayage doit être aussi courte que possible. Si l'un des défauts ci-dessus est observé, on devra procéder au réglage des cônes en vérifiant la fourchette de débrayage.

Nous verrons au chapitre suivant (Pannes nᵒˢ 62, 63, 64) les moyens de remédier au patinage, etc.

§ VII. — LE DIFFÉRENTIEL

Le différentiel est, de toutes les parties de la voiture, une de celles qui travaillent le plus. Comme tout système d'engrenages, il est absolument indispensable de maintenir les roues constamment baignées dans l'huile. On aura donc soin d'injecter de l'huile dans le carter assez fréquemment, tous les 200 kilomètres par exemple, et, de même que pour le changement de vitesses, il conviendra de temps en temps d'ouvrir le carter et de

nettoyer soigneusement les engrenages avant de
remettre de l'huile.

§ VIII. — **LES FREINS**

Les freins ne doivent jamais être gras. Or, il
arrive assez souvent que des gouttes d'huile sau-
tent sur les patins ou les rubans, il faudra donc de
temps en temps démonter les colliers et les laver
à l'essence.

Toutes les articulations de la commande des
freins devront être graissées avant chaque sortie.
Le chauffeur fera bien d'ailleurs de s'assurer toujours avant de partir du bon fonctionnement de
ses freins.

Lorsque le cuir du collier des freins commence
à s'user, il ne faudra pas hésiter à le remplacer. Ce
travail est facile à faire et le chauffeur pourra lui-
même mettre les rivets en cuivre qui maintiennent
le cuir.

Les **autres organes de la voiture** : direction,
graisseurs, etc., n'exigent pas de soins particuliers.
Le simple bon sens indique ce qu'il faut faire pour
les maintenir en bon état.

Nous avons vu, en traitant des pneumatiques,
(chapitre xii) quelles sont les précautions à prep-
dre pour assurer la bonne conservation de ces
indispensables auxiliaires.

Nous venons de voir dans les chapitres précédents comment est constituée une automobile à

essence et quels sont les soins à prendre pour la maintenir en bon état de fonctionnement ; malgré toutes les précautions, il arrive parfois que le chauffeur soit victime de la panne. Nous allons voir dans le chapitre suivant quels sont les plus fréquents de ces accidents, quelle est la manière d'en reconnaître la cause, et quel est le procédé le plus simple pour y remédier, dans chaque cas.

———

CHAPITRE XIV

Les pannes

Nous abordons une des questions les plus intéressantes, pratiquement, de celles qui touchent à l'automobile. Le chauffeur qui aurait soin d'entretenir minutieusement sa voiture, en prenant toutes les précautions que nous avons indiquées au chapitre précédent, celles que le constructeur lui aura signalées et celles que son expérience personnelle lui aura suggérées, a beaucoup de chances de n'avoir pas à souffrir d'une véritable panne. Nous entendons par là celle qui nécessite de longues recherches et des opérations assez compliquées pour être vaincue; en effet, une réparation banale de pneumatiques, le remplacement d'une bougie encrassée, ou d'autres minimes incidents, sont des pannes anodines qui arrivent au meilleur conducteur et ne retardent que de bien peu sa marche, sans apporter de trouble réel dans le plaisir que lui procure sa voiture.

En outre, les perfectionnements sans cesse apportés aux voitures ont réduit au minimum les chances et les causes de pannes. Nous croyons utile, néanmoins, de donner à nos lecteurs, sous une forme aussi abrégée que possible, pour en augmenter la clarté, un aperçu des principales pannes dont ils peuvent être victimes, dans l'ordre de plus grande fréquence.

Mais, avant de passer à cette étude, nous croyons bon de faire quelques recommandations d'ordre général, recommandations dont l'observation est très importante, à notre avis.

Tout d'abord, l'automobiliste doit se pénétrer de l'*absolue nécessité* qu'il y a pour lui à connaître sa voiture à fond ; en l'achetant, il devra s'en faire expliquer minutieusement tous les détails, le rôle et le mode de fonctionnement de chaque organe, etc. Que penserait-on d'un médecin qui prétendrait guérir ses clients sans connaître à fond l'anatomie et la physiologie humaines ? Or, l'automobiliste est appelé à devenir, à un moment donné, le médecin de sa voiture. Qu'il s'attache donc, avant toute chose, à bien en posséder l'anatomie. La recherche des pannes en sera grandement facilitée.

Il devra, en outre, demander au fabricant tous les détails sur le réglage des organes spéciaux à la voiture, sur le mode de démontage des organes essentiels, sur tout le fonctionnement de son automobile, sur toutes les particularités, en un mot, caractérisant le véhicule dont il fait l'acquisition.

Muni de ces précieuses indications, l'automobiliste pourra facilement donner à sa voiture les soins que nous avons indiqués dans le chapitre précédent ; il conservera donc sa voiture en excellent état. Si, malgré tout, la panne sournoise vient l'attaquer, il se trouvera dans les meilleures conditions pour la vaincre, et, connaissant à fond sa voiture, il pourra très facilement appliquer à ce cas particulier les indications forcément un peu générales que nous allons lui donner dans ce chapitre.

Lorsque l'on se trouve en panne ou que l'on observe dans la marche de la voiture quelque chose d'anormal, il importe de procéder avec *la plus grande méthode* à la recherche des causes de l'incident. En d'autres termes, il faut examiner les diverses parties essentielles de la voiture dans un ordre rigoureux, que l'on suivra exactement dans chaque cas, et *ne passer à l'examen d'une partie du mécanisme qu'après avoir examiné à fond la précédente.* On ne quittera pas, par exemple, la vérification de l'allumage sans avoir épuisé toutes les causes de fonctionnement défectueux dudit allumage. Or, trop souvent, un chauffeur sans expérience, affolé par l'arrêt subit et imprévu de sa voiture, commence à examiner les soupapes, puis les quitte pour passer à l'allumage, lequel il abandonne encore, sans avoir achevé de l'examiner, pour retourner aux soupapes ou pour aller voir le carburateur. C'est là une façon de faire déplorable, et le procédé le plus sûr pour passer dix fois plus de temps qu'il n'en faudrait à la recherche d'une panne et même pour y échouer tout à fait. Après quelque temps de ce manège, en plein soleil, sur une route déserte et poussiéreuse, ou dans la boue et sous la pluie, l'être le plus patient s'énervera et risquera fort de chercher longtemps en vain la cause du caprice de sa voiture. Avec un peu de méthode, tout cet énervement aurait pu être aisément évité et la question résolue bien vite et sans peine.

Nous ne saurions donc trop recommander de suivre toujours le même ordre pour la recherche des pannes. En cette matière, mieux vaudrait suivre un ordre absurde que de n'en pas suivre du tout, à la condition de ne pas s'écarter du plan que l'on s'est tracé à cet effet. Nous indiquons plus loin l'ordre qui nous a paru le plus logique, sans prétendre que ce soit le seul qu'il soit commode de suivre. Tel qu'il est, il est susceptible, croyons-nous, de rendre service aux chauffeurs. Nous avons adopté l'ordre de plus grande fréquence, indiquant dans chaque cas les causes les plus probables de mauvais fonctionnement de l'organe considéré.

Une autre recommandation que nous croyons essentielle est la suivante ; lorsqu'on opère sur la route le démontage d'un organe, avoir soin de ne pas laisser tomber de vis ou de pièces détachées sur le sol; une bonne précaution sera d'étendre sur la route un chiffon ou un journal et d'y poser soigneusement tous les écrous, boulons, vis, etc., etc. Faute d'agir de la sorte, on risquera d'égarer une menue pièce quelconque, ce qui pourra créer un sérieux embarras et aggraver le cas.

Enfin, rappelons qu'il ne faut jamais exagérer le serrage d'un écrou, car on risque de détruire les filets; dans le même ordre d'idées, il est bon de faire usage, dans chaque cas, d'une clé proportionnée à la force de l'écrou ; en d'autres termes, il ne faut pas serrer un petit écrou avec une clé de grande longueur, car on se trouve alors conduit presque inévitablement à trop serrer.

Lorsque plusieurs écrous servent à fixer une même pièce (par exemple, un couvercle), il faut bien se garder de serrer à fond un des écrous avant de toucher aux autres ; il en résulterait soit une fermeture défectueuse, soit la rupture du couvercle ou de la pièce.

On commencera donc par serrer légèrement tous les écrous, puis on les serrera progressivement, dans un ordre convenable, jusqu'à parfaite obturation.

Pour les vis à tête fendue, on fera toujours usage de tournevis de même largeur que la fente ; un tournevis trop petit massacre la tête de la vis et peut en rendre même le dévissage presque impossible.

Ces quelques conseils généraux nous paraissent utiles, car ils se rapportent aux opérations que le chauffeur aura à faire le plus souvent sur la route.

Voyons, maintenant, quelles sont les pannes les plus fréquentes contre lesquelles le chauffeur pourra avoir à lutter.

Dans chaque cas, l'ordre que nous conseillons de suivre pour la vérification des organes est le suivant :

1° Allumage ;

2° Compression ;

3° Carburation ;
4° Embrayage.

Le mauvais fonctionnement du mécanisme se manifeste de façons très diverses ; on peut les ramener toutes à trois cas principaux :

A. Le moteur ne part pas (p. 277) ;

B. Le moteur s'arrête brusquement (p. 287) ;

C. Le moteur a une marche irrégulière, se traduisant par des ratés, des à-coups, un ralentissement, etc. (p. 290).

Nous allons indiquer rapidement, dans chacun de ces cas, les causes les plus fréquentes du défaut de fonctionnement (1).

A. LE MOTEUR NE PART PAS

La voiture étant en ordre de marche, le chauffeur tourne la manivelle et le moteur ne part pas. On procédera aux vérifications suivantes :

Nous supposons, dans ce qui va suivre, que la voiture est munie d'allumage par bobines et bougies, le courant étant fourni par des piles ou des accumulateurs, ce qui est, en somme, le cas le plus fréquent, l'allumage par magnéto n'étant pas encore aussi généralement employé. Nous examinerons ensuite, dans un paragraphe spécial, le cas de l'allumage par magnéto.

L'*allumage* électrique par piles (ou accus) et bo-

---

(1) Nous avons consulté, avec le plus grand profit, pour la rédaction de ce chapitre la note très intéressante publiée par M. le capitaine Genty dans la *Revue d'artillerie*, en mai 1901.

bines est le grand coupable en matière de pannes ;
on peut dire, sans exagération, que les 98/100 des
pannes proviennent d'un mauvais allumage. C'est
pour cette raison que nous indiquons, dans tous
les cas, de vérifier toujours, en premier lieu, l'état
de l'allumage.

Avec les magnétos, l'allumage est beaucoup plus
régulier et les pannes deviennent beaucoup plus
rares.

L'allumage par brûleurs, à peu près abandonné,
donne d'assez bons résultats ; sur les quelques voitures qui en sont encore munies, on aura surtout à
vérifier la carburation.

Après les pannes d'allumage, les pannes de *compression* sont les plus fréquentes.

La *carburation* est la troisième source importante de pannes, par ordre de fréquence.

Enfin, dans certains cas spéciaux, c'est l'*embrayage*
ou le moteur lui-même qu'il faudra examiner.

I. Allumage.

a. LE COURANT EST INSUFFISANT OU MÊME NUL

Dans ces recherches, pour vérifier si le courant
passe, on ouvre les robinets de décompression, situés à la partie supérieure des cylindres, et on fait
tourner la manivelle de mise en route, ce qui fait
tourner la came d'allumage ; à chaque contact, la
bobine correspondante doit « chanter ».

1. *Le chauffeur a oublié de mettre la fiche de contact
ou de tourner le commutateur pour fermer le circuit.*

Remède. — Il suffit, évidemment, de mettre la fiche ou de tourner le commutateur.

2. *Il existe dans le circuit, en un point, une solution de continuité*, soit qu'un fil soit coupé, soit que, dénudé en un endroit, il se trouve en contact avec la masse (court-circuit), soit enfin qu'une borne se trouve desserrée et que le fil en soit sorti.

Recherche et remède. — Examiner méthodiquement tous les fils ; si l'on trouve une portion de fil non isolé, l'entourer de ruban chattertoné.

Si l'on ne trouve pas de point dénudé, prendre un fil assez long (1) pour amener directement le courant aux bobines sans passer par la masse. Si le courant passe maintenant, c'est qu'il existe un court-circuit. On le recherchera par ce moyen en remontant toute la canalisation. Pour bien faire cette recherche, méthodiquement et sans perte de temps, on devra faire usage du schéma de la canalisation électrique que tout constructeur remet à l'acheteur d'une voiture.

Serrer tous les écrous de bornes.

Si tous ces essais donnent un résultat négatif, il faut chercher ailleurs la cause de la panne.

3. *Les piles ou les accumulateurs sont épuisés.*

Mesurer au voltmètre (accus) ou à l'ampèremètre (piles) ; c'est, d'ailleurs, une vérification à faire toujours avant de partir. Si, en effet, on trouvait, en rase campagne, que les accus donnent moins de

______

(1). On devra toujours avoir un fil semblable dans le coffre de la voiture.

4 volts et les piles moins de 4 ampères, ce qui indique qu'il faut les recharger ou les remplacer, on serait bien désemparé.

Remède. — Le seul remède est de remplacer les piles ou de recharger les accumulateurs. (Voir p. 91.)

Si l'essai au voltmètre ou à l'ampèremètre donne un résultat favorable, c'est qu'il faut chercher dans la bobine la cause du mauvais allumage.

b. LE FONCTIONNEMENT DU RESSORT INTERRUPTEUR
OU CELUI DE LA BOBINE SONT DÉFECTUEUX

4. *Le ressort interrupteur colle à la vis platinée.*

Remède. — Régler le ressort au moyen de la vis moletée. (Voir plus loin, n° 36.)

S'il y a lieu, redresser le ressort, s'il est faussé, ou le remplacer, s'il est cassé.

Remarquons, avec M. Genty, que cette panne ne se produit généralement que si la voiture est munie d'une bobine sans trembleur ; en effet, lorsqu'il existe une bobine à trembleur, le ressort joue simplement le rôle de frotteur et fonctionne toujours suffisamment, à moins d'être mal fixé sur sa borne.

5. *Le trembleur de la bobine ne fonctionne pas.*

Pour s'en assurer, si les essais précédents n'ont rien donné, faire tourner lentement à la main la manivelle de mise en route ; si le ressort ne vibre pas à chaque contact de la came d'allumage avec le frotteur, c'est que l'interrupteur fonctionne mal.

Remède. — Le plus souvent, les contacts sont sales ; les nettoyer au moyen de toile émeri extra-fine.

Si le courant est suffisant et si les bobines sont en bon état, le refus du moteur à se mettre en route peut être dû à deux autres causes relatives à l'allumage.

c. LES BOUGIES SONT EN MAUVAIS ÉTAT

6. *La porcelaine de la bougie est cassée.*

Cet accident est assez fréquent : lorsque la bougie est chaude, il suffit d'une goutte d'eau sur la porcelaine pour la craquer. Une fente peut également se produire lorsque l'on visse la bougie sur le moteur, si on exagère le serrage.

Remède. — La bougie est inutilisable. La remplacer.

7. *La porcelaine est enduite de matières conductrices,* comme de la plombagine.

Ces matières créant un passage extérieur au courant, l'étincelle ne se produit plus aux pointes.

Remède. — Nettoyer la bougie à l'essence.

d. TROP DE RETARD A L'ALLUMAGE

8. A l'arrêt, on a dû ramener en arrière la manette d'avance à l'allumage. Pour mettre en route, *il faut éviter trop d'avance (car le moteur aurait des retours en arrière très dangereux),* mais un excès de retard empêcherait la mise en route.

Remède. — Ramener légèrement sur l'avance la manette.

(Pour les pannes spéciales à l'allumage par magnéto, voir à la fin du chapitre, p. 298.)

II. Compression.

Si tous les essais précédents ont fait voir que l'allumage se fait bien, il faut vérifier l'état de la compression.

Celle-ci peut être défectueuse, soit parce que les soupapes fonctionnent mal, soit parce que les segments sont en mauvais état.

D'une façon générale, on s'aperçoit déjà que la compression est mauvaise au moment de mettre en route le moteur ; quand on est habitué à sa voiture, on sait quelle résistance on doit éprouver en tournant la manivelle. Si cette résistance est moindre ou plus grande, c'est que quelque détail est à réparer.

a. LA MANIVELLE EST DURE A TOURNER

9. *Les segments sont collés.*

Assez rare, cet accident ne peut guère être produit que par de l'huile brûlée (lorsque le moteur a chauffé).

Remède. — Injecter du pétrole dans le cylindre ; on arrive ainsi très bien à décoller les segments.

10. *Les soupapes ont une pièce cassée* (ressort, tige, etc.).

Remède. — Remplacer la pièce cassée.

b. LA MANIVELLE EST TROP FACILE A TOURNER

11. *Les ressorts des soupapes d'échappement sont trop faibles ou cassés.*

Il n'y a alors, pour ainsi dire, plus de compression.

Remède. — Remplacer le ressort (1).

12. *Une soupape est cassée.*

La chambre de compression n'est pas hermétique, compression nulle.

Remède. — Remplacer la soupape.

13. *Corps étranger interposé entre une soupape et son siège* et la maintenant ouverte.

L'effet est le même que dans le cas précédent (n° 12). M. Baudry de Saunier cite le cas d'une soupape « restée ouverte par le fait de la clavette de la soupape voisine, qui s'était rompue et qu'elle avait aspirée ».

Remède. — Enlever le corps étranger, en évitant de rayer le siège ou le clapet.

14. *Un joint est défait.*

La fuite qui en résulte peut suffire à rendre impossible la mise en route. On le reconnaît aisément à un sifflement qui se fait entendre au point défectueux; de plus, en y mettant la main, on doit sentir un jet d'air.

Remède — Refaire le joint.

----

(1) On doit toujours emporter dans le coffre des ressorts de rechange réglés d'avance à la longueur voulue.

Si l'on ne remarque rien d'anormal ni du côté de l'allumage, ni du côté de la compression, on passera à l'examen de la carburation.

III. **Carburation.**

Indiquons d'abord une panne absolument élémentaire et enfantine et pourtant classique (nous avons vu nous-même un chauffeur professionnel en être victime).

15. *Le robinet du réservoir d'essence est fermé.*
Il est évident que, si cela est, l'essence n'arrivant pas au carburateur, le moteur ne peut pas se mettre en route.

Dans le même ordre d'idées :

16. *Le robinet est ouvert, mais le réservoir est vide.*
Le remède à ces deux pannes est de toute évidence.
La même panne peut provenir d'une cause différente, non due à la négligence ou l'étourderie du chauffeur :

17. *Le ou les ajutages d'arrivée d'essence au carburateur sont bouchés.*
Dans ce cas, le carburateur est à sec, ainsi que dans les deux cas suivants.
Remède. — Dévisser l'ajutage, et, s'il est obstrué, le déboucher avec une aiguille.

18. *La toile métallique filtrant l'essence avant l'arrivée au carburateur est bouchée.*
Remède. — Démonter la toile et la nettoyer.

19. *La canalisation d'essence est bouchée.*

Ce fait est assez rare ; si l'on a soin d'employer un entonnoir muni d'une toile métallique fine pour remplir le réservoir d'essence, il y a beaucoup de chances pour que l'essence ne contienne aucune particule solide d'assez grande dimension pour obstruer la canalisation.

Remède. — Démonter la canalisation et la déboucher.

20. *Le pointeau du carburateur est bloqué et l'essence ne gicle pas dans le carburateur.*

Il peut arriver que l'essence parvienne bien au carburateur, mais que le pointeau demeure fermé, soit qu'il se trouve tordu, soit qu'il se trouve accroché.

Remède. — Dans le premier cas, remplacer le pointeau ; dans le second, lui rendre sa mobilité (généralement, ce sont les petites branches de commande qui se trouvent accrochées).

Les pannes précédentes sont dues à une arrivée insuffisante ou nulle d'essence. Le contraire peut aussi se produire :

21. *Le carburateur est noyé.*

Le carburateur est entièrement rempli d'essence et la carburation ne se fait pas. Cet accident est dû généralement à un défaut de fonctionnement du pointeau, lequel ne bouche pas l'entrée de l'essence, soit qu'un corps étranger se loge entre le pointeau et son siège, soit que le flotteur fonctionne mal. (Voir n° 22.)

Le pointeau peut également rester ouvert parce

que les branches de commande accrochent. (Voir
n° 20.)

On reconnaît que le carburateur est noyé à trois
symptômes principaux : l'essence tombe de la
chambre à gaz sur le sol ; le moteur a des ratés
nombreux ; la voiture laisse derrière elle une mauvaise odeur.

Remède. — Nettoyer le pointeau ou décrocher les
branches.

22. *Le flotteur fonctionne mal.*

Souvent, ce défaut est dû à ce que le flotteur est
percé : l'essence y pénètre et en augmente le poids.
On s'en aperçoit facilement en démontant le flotteur
et en l'agitant ; on entend l'essence qui y est contenue.

La façon la plus pratique pour trouver le trou
(toujours très petit) par lequel l'essence pénètre
dans le flotteur, consiste à bien l'essuyer et à l'entourer de papier buvard propre ; l'essence suinte et
tache le papier au point percé.

Remède. — Il n'y a pas urgence à boucher le trou,
car le liquide ne pénètre que très lentement dans
le flotteur. La première chose à faire est de vider le
flotteur. Pour cela, agrandir légèrement le trou et
en percer un autre très petit, plus haut, pour laisser
rentrer l'air.

Une fois le flotteur vidé, on pourra, le plus souvent, marcher longtemps sans inconvénients. A
l'étape, boucher les trous par des points de soudure.

Enfin, si l'on ne constate aucun des défauts que
nous venons de signaler dans les divers organes de

la voiture, il peut exister une autre cause de mauvaise carburation.

23. *L'essence est vieille.*

Lorsque la voiture est restée quelques jours au repos, il peut arriver que l'essence contenue dans le carburateur se soit « éventée », en perdant sa partie la plus volatile. Le liquide qui reste ne donne pas de mélange carburé.

Remède. — Vider le carburateur, en ouvrant le purgeur, après avoir fermé l'arrivée d'essence au carburateur ; il peut arriver que l'essence contenue dans le réservoir soit également vieille et éventée. Dans ce cas, vider le réservoir et « refaire le plein » avec de l'essence fraîche.

Telles sont les causes les plus probables du refus du moteur à se mettre en route. Ces accidents peuvent également se produire en cours de marche ; nous pourrons donc être plus brefs pour les pannes qui nous restent à examiner.

*
* *

B. LE MOTEUR S'ARRÊTE BRUSQUEMENT

I. Allumage.

a. *LE CIRCUIT ÉLECTRIQUE EST ROMPU*

24. *Un fil est rompu.* (Cf. n° 2.)
Revoir tout le circuit d'allumage.
Il arrive parfois qu'en un point le fil a perdu son

ısolant. Les cahots de la voiture font toucher de temps en temps le fil avec la masse, d'où court-circuit et arrêt du moteur.

Remède. — Voir n° 2.

25. *Une borne est desserrée.*
L'effet est le même que si un fil est rompu.
Remède. — Serrer les écrous de bornes.

b. *LA SOURCE D'ÉLECTRICITÉ EST TARIE*

26. (Voir n° 3.)

II. Compression.

27. *Une soupape est cassée.*
A la suite de la rupture, il n'y a plus de compression ; le moteur s'arrête net. (Voir n° 12.)
Remède. — Changer la soupape.

28. *Ressort d'une soupape d'aspiration brisé.*
La soupape ne fonctionnant pas, l'aspiration ne se fait plus, d'où arrêt du moteur.
Remède. — Remplacer le ressort. (Voir n° 11.)

29. *Grippage d'une tige de soupape.*
Cet accident se produit surtout du côté de l'échappement, par excès de chaleur. La soupape reste ouverte, pas de compression. Cet échauffement anormal provient, le plus souvent, d'une mauvaise circulation d'eau ; c'est donc, en réalité, une panne de compression due à une **panne de circulation d'eau.**

On fera les vérifications suivantes :

Causes et remèdes. a) S'assurer que le réservoir d'eau est plein.

b) Chercher s'il existe une fuite sur la canalisation.

Dans l'affirmative, réparer provisoirement au moyen d'un tube de caoutchouc, si la fuite n'est pas dans une région trop voisine du moteur.

c) Vérifier si la canalisation n'est pas bouchée en un point.

Le fait est extrêmement rare; on le reconnaîtra surtout à ce que la circulation se trouve interrompue en un point, au delà de la pompe, malgré le parfait fonctionnement de celle-ci. L'obstruction peut encore se manifester par une arrivée d'eau nulle à la pompe.

d) Vérifier si la pompe de circulation fonctionne bien, ou, dans le cas de refroidissement par thermo-siphon (G. Richard-Brasier, Renault, etc.), si la circulation se fait normalement.

Pour faire cette dernière vérification, on ouvre le robinet de vidange placé sur le moteur, ou bien on dévisse l'écrou-raccord de prise d'eau placé, soit sur le cylindre, soit sur la culasse (on dévissera l'écrou de sortie d'eau et non celui d'arrivée).

Recommandation essentielle. — Lorsque l'on reconnaît que la circulation d'eau ne se fait pas depuis quelques instants, *ne pas faire arriver d'eau froide dans la culasse avant que le moteur ne se soit refroidi sensiblement.* Si l'on néglige cette précaution, on est à peu près sûr de casser la culasse, accident dépourvu de tout charme.

III. Carburation.

30. *Le réservoir d'essence est vide.*

Tout chauffeur a été victime au moins une fois de cette panne. Elle n'est vraiment ennuyeuse que si elle se produit en rase campagne. Pour éviter d'une façon absolue ce désagréable incident, nous ne saurions trop recommander *d'emporter toujours un bidon de réserve*, qui permettra d'atteindre une agglomération où l'on puisse faire le plein d'essence.

31. *L'essence n'arrive pas au carburateur.*

Nous avons indiqué plus haut (nos 17, 18, 19, 20) les diverses causes possibles de cet accident. Revoir ces paragraphes.

*
* *

C. LE MOTEUR A UNE MARCHE IRRÉGULIÈRE

En marche, le chauffeur doit écouter soigneusement les bruits du moteur; une oreille exercée perçoit, dès qu'ils se produisent, tous les bruits anormaux qui décèlent un défaut de fonctionnement du moteur. On doit stopper aussitôt et chercher la cause de cette marche défectueuse. Ces irrégularités peuvent se manifester de différentes façons.

α. *LE MOTEUR A DES RATÉS.*

C'est le défaut le plus fréquent; on le perçoit avec une grande facilité; comme le dit fort bien

M. Baudry de Saunier, les ratés s'entendent dans le ronronnement d'un moteur comme les notes sautées dans un morceau de piano. Chaque raté occasionne un petit soubresaut au moteur. Naturellement, les ratés réduisent considérablement la puissance du moteur.

Nous allons en examiner les causes les plus probables.

I. **Allumage.**

Indiquons, pour mémoire, deux causes déjà vues.

32. *Fil rompu ou bornes desserrées.* (Voir n° 2.)

33. *Fil mis à nu.* (Voir n° 2 et surtout n° 24.)
Au lieu de l'arrêt du moteur, le court-circuit qui se produit de temps en temps, pour la raison exposée dans ce numéro, cause des ratés.

34. *Source d'électricité épuisée.* (Voir n° 3.)
Généralement, les piles ou les accumulateurs presque épuisés ne cessent pas brusquement de fournir du courant, mais ils ne le donnent que par saccades, pour ainsi dire. Dans ce cas, les ratés sont précurseurs d'un épuisement de la source d'électricité.

35. *Huile sur le trembleur d'une bobine ou sur une touche.*
Le courant ne passe pas ou passe mal, d'où les ratés.
Remède. — Nettoyer les contacts à l'essence.

36. *Ressort interrupteur déréglé.* (Voir n° 4.)

Le ressort interrupteur étant mal réglé, le courant ne passe pas au moment opportun.

Remède. — Régler le ressort. Pour cela, opérer de la façon suivante :

Desserrer la vis de la borne fendue dans laquelle est engagée la vis platinée, puis amener cette vis à une faible distance du ressort. Mettre alors en route le moteur et visser ou dévisser la vis platinée de façon à la rapprocher ou à l'éloigner du ressort interrupteur. Poursuivre cette opération jusqu'à ce que les ratés cessent complètement et que la marche du moteur soit redevenue tout à fait régulière. Fixer alors la vis platinée dans sa position en serrant la vis de la borne fendue.

37. *Le trembleur de la bobine est déréglé ou faussé.* (Voir n° 5.)

38. *Bougie cassée.* (Voir n° 6.)

39. *Bougie encrassée et humide.* (Voir n° 7.)

II. Compression.

40. *Ressorts affaiblis.* (Voir n° 11.)

Dans ce cas, comme au n° 11, la compression ne se fait plus régulièrement, ce qui cause les ratés.

41. Inversement, *ressorts trop forts.*

On a remplacé un ressort (n°s 11, 40) et le nouveau ressort, trop fort, ne permet pas à la soupape d'échappement de s'ouvrir franchement.

Remède. — Remplacer le ressort.

42. *Les soupapes sont mal rodées.*

Même phénomène que précédemment.

Remède. — Roder la soupape. Pour cela opérer de la façon suivante :

Démonter entièrement la soupape, l'essuyer et étendre sur sa tranche de la potée d'émeri très fin, délayée dans un peu de pétrole ou d'huile. Remettre la soupape sur son siège et tourner légèrement, suivant un mouvement de va-et-vient, en fixant un tournevis dans la fente *ad hoc* que porte toute soupape.

De temps en temps, changer la potée, après avoir essuyé soigneusement la soupape et son siège.

Quand les deux surfaces ne présentent plus aucune piqûre ni rayure, laver à l'essence avec grand soin et remonter la soupape.

On s'assure que la soupape est bien rodée en frottant le siège de la soupape avec de la craie et en opérant comme si l'on voulait la roder. Si la craie disparaît complètement, c'est que le rodage avait été bien fait. Sinon, on devra recommencer l'opération avec de la potée comme nous venons de le dire, en insistant sur tous les points où il est resté de la craie.

Ce travail est long et ennuyeux, mais il est indispensable de l'effectuer dès qu'une soupape ferme mal, car il en résulte toujours alors un abaissement très appréciable de la puissance du moteur.

III. Carburation.

43. *L'essence contient un peu d'eau.*

Remède. — Vider le carburateur en dévissant le bouchon de purge.

44. *Le carburateur est noyé.*

La carburation ne se fait plus que très irrégulièrement. (Voir n° 21.)

45. Avec les carburateurs à réglage, le *carburateur est déréglé.*

Remède. — Régler le carburateur.

Ce réglage peut se faire approximativement en route, sans arrêter la voiture, en vissant ou dévissant légèrement le bouton de réglage du carburateur.

Une fois rentré, il sera bon de procéder à un réglage plus exact.

Le mieux, pour faire ce réglage, est de parcourir avec la voiture plusieurs fois un même tronçon de de route (500ᵐ par exemple) en légère montée de préférence ; tourner, à chaque voyage, d'une même quantité, la vis de réglage, jusqu'à ce que l'on ait dépassé nettement le point où la carburation se fait parfaitement bien. Revenir alors en arrière, méthodiquement, jusqu'à ce que l'on arrive à ce point.

46. *Le carburateur renferme des saletés* qui viennent de temps en temps obstruer les ajutages, d'où les ratés. (Voir n°ˢ 17, 18, 19.)

Remède.— Vider et nettoyer.

β. *LE MOTEUR RALENTIT ET N'A PLUS ASSEZ DE FORCE*

Ce défaut se fait surtout sentir à la montée des côtes.

En voici les principales causes :

I. Allumage.

47. *Source d'électricité trop faible.* (Voir n° 3.)

48. *Court-circuit dans la canalisation.* (Voir n° 2.)
Le défaut vient plus souvent de la compression.

II. Compression.

49. *Joints défaits.* (Voir n° 14.)

50. *Soupape qui fuit.* (Voir n°s 12, 13, 42.)

51. La perte de compression peut encore provenir d'un corps étranger interposé entres la soupape d'admission et son siège. (Cf. n° 13).

52. *Segments collés.*
Le mélange carburé passe entre le piston et le cylindre.
Remède. — Dégommer les segments au pétrole. (Voir n° 9.)

53. Il arrive parfois (le fait est assez rare) que les segments ont tourné dans le cylindre, de telle façon que les fentes se trouvant dans le prolongement les unes des autres, forment un canal par lequel le gaz s'échappe, d'où pas de compression.
Remède. — Démonter et rétablir les segments dans la bonne position.

III. Carburation.

54. *Arrivée d'essence insuffisante.*
(Voir n°s 17, 18, 19.)
(En ce cas, obstruction partielle.)

55. *Carburateur trop ou pas assez chaud.*
C'est surtout le deuxième cas qui se présente.
Remède. — Entourer la chambre à gaz de chiffons.

γ. *LE MOTEUR CHAUFFE*

Cet accident ne peut provenir que de deux causes : pannes de graissage, pannes de circulation d'eau.

On s'aperçoit de l'échauffement du moteur à l'odeur d'huile cuite qu'il dégage, aux bouffées d'air chaud qui viennent frapper le chauffeur au visage, en marche; de plus, la modification de l'avance à l'allumage est sans effet, phénomènes d'auto-allumage (V. p. 263), etc.

a) **Pannes de graissage.**
Surtout aux têtes de bielle.

56. Vérifier tous les graisseurs. Faire le plein d'huile et de graisse partout.

De même que pour l'essence, on devra toujours emporter un bidon d'huile de réserve. (Voir n° 30.)

b) **Pannes de circulation d'eau.** (Voir n° 29.)

57. *Réservoir d'eau vide.*

58. *Fuite dans la canalisation.* (Voir n° 29.)

59. *Canalisation bouchée.* (Voir n° 29.)

60. *Pompe fonctionnant mal.*

Les causes les plus probables sont :

Le *cuir du volant est usé ou déchiré* ; la pompe n'est plus entraînée et la circulation ne se fait pas.

Le *volant est déclaveté.*

Si la pompe est à engrenage : *obstruction par des corps étrangers.*

Remède. — Remplacer le cuir, refaire le clavetage ou nettoyer la pompe.

61. *Entartrage de la canalisation.*

Lorsque l'eau employée au refroidissement est très calcaire, il se produit des dépôts de tartre qui empêchent les échanges de chaleur entre les parois métalliques et l'eau.

Enfin, avant de passer aux pannes de magnéto, puis de pneumatiques, il nous reste à envisager un dernier cas, les **pannes d'embrayage** :

Le moteur et tous ses accessoires fonctionnent bien, mais la transmission du mouvement à la voiture se fait imparfaitement, par suite de mauvais fonctionnement de l'embrayage.

62. *Ressort d'embrayage trop faible.*

Il peut en résulter le patinage des cônes.

Remède. — Tendre le ressort.

Le système de tension n'est pas le même pour toutes les voitures. On se reportera donc, dans chaque cas, aux indications spéciales du constructeur.

63. *Cuir desséché par de l'huile.*
Remède. — Laver à l'essence, puis injecter 40 à 50 grammes d'huile de pieds de mouton en ayant soin d'en répandre sur toute la surface du cône.

64. *Cuir usé.*
Remède. — Remplacer.
En attendant de pouvoir faire ce remplacement, on se trouvera fort bien de l'emploi du procédé suivant : on découpera dans du fer-blanc un certain nombre de petites bandes de 1 centimètre de largeur environ et 3 centimètres de long, et on glissera de place en place ces lamelles entre le cône et le cuir, en soulevant celui-ci au moyen d'un tournevis. Le diamètre du cône est ainsi augmenté et l'adhérence obtenue est suffisante.

Pannes particulières à l'allumage par magnéto.

La panne d'allumage par magnéto peut provenir de deux causes seulement ; la recherche en est donc infiniment moins complexe que dans le cas d'allumage par étincelle d'induction ; d'ailleurs, cette recherche elle-même est très simple. Enfin, l'automobiliste sera très rarement victime de ces pannes, très peu fréquentes, surtout pour le premier cas, d'une extrême rareté.

On commencera par reconnaître si le mal provient réellement de ce que la magnéto ne donne pas.

Pour cela, on détache le fil extérieur de l'interrupteur, on en tient l'extrémité à la main, et, après
avoir ouvert les robinets de fond de cylindre (robinets de décompression), on tourne la manivelle
(les mains nues) : on doit sentir la légère secousse
du courant alternatif. Si on ne sent rien, c'est que
la magnéto ne donne pas, ce qui peut résulter de
deux causes :

a) La magnéto ne donne pas de courant.
(Cf. n° 3.)

65. *Fil de la bobine coupé ou détaché.*
Réparation facile à faire sur place.

66. *Manque d'isolement de l'attache du fil extérieur.*
Il en résulte une perte à la masse.
Remède. — Le plus souvent, il suffit d'essuyer
soigneusement les attaches.

**b) La magnéto donne, mais l'étincelle ne se
produit pas lors de la rupture.**

67. *Les rupteurs sont déréglés.*
Le fait est très rare. Lorsqu'il se produit, le
réglage est très facile ; les détails varient suivant
les types.
Si les rupteurs sont bien réglés, la cause est :

68. *Perte à la masse.*
Localiser la perte en séparant les circuits depuis
le bouton interrupteur placé sur le volant de direc-

tion. Par exemple : écarter le circuit qui va au bouton ; essayer de mettre en marche : si le moteur part, c'est le fil du bouton ou le ressort de contact qui est à la masse.

Remède. — Refaire l'isolement.

Si, à cet essai, le moteur ne part pas, c'est une des bougies qui a perdu son isolement : détacher le fil de la bougie paraissant la plus grasse et essayer de mettre en marche. Le moteur partira lorsque l'on aura détaché le fil de la bougie à nettoyer.

Il est bon de démonter les autres bougies et de les nettoyer ainsi : gratter, puis laver à l'essence (1).

Nous avons déjà dit comment on fait le réglage de la magnéto (V. p. 117.)

***

Avec ces indications, nous terminons cette nomenclature des principales pannes de mécanisme. Il nous reste à examiner les pannes de pneumatiques, sur lesquelles nous nous étendrons avec quelques détails.

---

(1) Ces diverses indications se rapportent plus particulièrement à l'allumage par magnéto système Brasier ; on pourra, néanmoins, les appliquer, avec de très minimes modifications, à la généralité des cas.

Pannes de pneumatiques

Avec des soins suffisants, la plupart des pannes de mécanisme que nous venons de passer en revue peuvent être évitées. Il n'en est guère de même des pannes de pneus, surtout en ce qui concerne les crevaisons, que l'on ne peut guère éviter.

Nous allons indiquer, d'après les excellents conseils de la maison Michelin, publiés d'une façon si claire dans son *Guide* (édition 1904), la façon de procéder aux diverses opérations de montage et démontage des pneus et le mode de réparation des avaries.

MONTAGE ET DÉMONTAGE DES PNEUMATIQUES

Le chauffeur peut se trouver en face des deux accidents suivants :

1º **Une chambre à air est crevée** : il faut la **réparer ou la remplacer** ;

2º **Une enveloppe est endommagée** : il faut la **réparer ou la remplacer.**

Nous appellerons bourrelet ou crochet **extérieur** le bourrelet de l'enveloppe ou le crochet de la jante qui se trouve le plus rapproché de l'opérateur, et bourrelet ou crochet **intérieur**, celui qui se trouve le plus rapproché de la voiture.

A. CHANGER LA CHAMBRE A AIR

α. *SORTIR LA CHAMBRE*

1° Débarrasser la valve de toutes ses pièces.

Enlever le capuchon S de la valve (fig. 105), puis dévisser l'écrou C, sans s'occuper du bouchon ou chapeau D, et sortir ensemble la pièce B avec son chapeau D, pour permettre à l'air de s'échapper, si le pneu est encore un peu gonflé.

Dévisser ensuite l'écrou H et retirer la rondelle cuivre M et la rondelle caoutchouc N. Enfoncer un peu la valve dans l'intérieur du pneu, pour s'assurer qu'elle n'adhère pas à la jante.

2° Dévisser les écrous des boutons de sécurité. Écrous à oreilles.

Dévisser ces écrous jusqu'au bout de la tige, mais sans les sortir. L'écrou Q doit se trouver dans la position indiquée par la fig. 106.

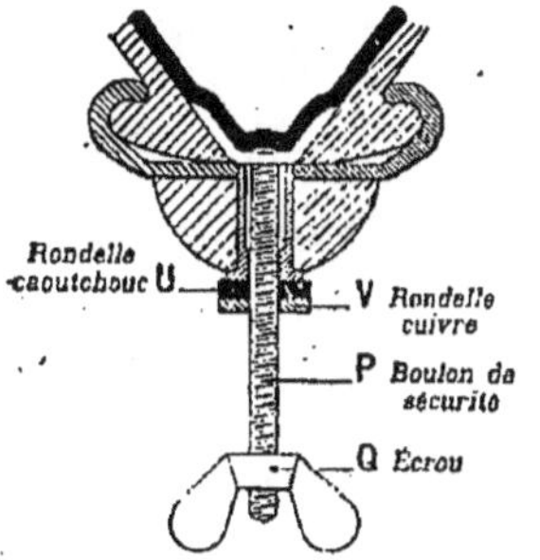

Fig. 106. — Écrou à oreilles Michelin.

Les boulons de sécurité Michelin sont construits de telle façon qu'on peut changer la chambre à air en les laissant sur la jante et sans même enlever l'écrou ; on gagne ainsi du temps et on évite de perdre ces petites pièces.

Repousser les boulons de sécurité vers l'intérieur du pneu, jusqu'à ce que l'écrou touche à la jante. Cette précaution a pour but de s'assurer que les boulons ne sont pas adhérents à l'enveloppe, car alors ils s'opposeraient à la sortie du bourrelet.

3° Décoller le bourrelet extérieur.

Repousser fortement avec la main gauche la paroi de l'enveloppe et appuyer juste au-dessus du bourrelet avec l'extrémité plate d'un levier de démontage, tenu de la main droite. Chaque fois que l'on arrive devant un boulon de sécurité, il faut avoir soin de le repousser dans l'intérieur du pneu, avant de décoller le bourrelet à cet endroit. Agir de même pour la valve.

4° Sortir le bourrelet extérieur.

MÉTHODE AVEC DEUX LEVIERS

La méthode à deux leviers est de beaucoup la plus facile; elle demande bien moins de force, d'habitude et de temps; aussi la recommandons-nous vivement aux chauffeurs dans tous les cas, et surtout pour les gros pneus.

a) **Placer le premier levier.** — Mouiller ou talquer l'extrémité des leviers pour faciliter le glissement sur le caoutchouc. Saisir le sommet de l'enveloppe entre deux boulons et surtout pas à l'endroit de la valve; repousser autant que possible avec la paume de la main et le pouce la paroi de l'enveloppe (il est commode, pour avoir plus de force, d'appuyer son coude sur sa hanche). Enfoncer en même temps, progressivement et par petits coups, en le faisant osciller légèrement de droite à gauche, un des leviers de démontage, du côté aminci, jusqu'à ce qu'il prenne, entre le bourrelet de l'enveloppe et le rebord de la jante, la position de la fig. 107.

Baisser alors le levier jusqu'à la position horizontale ; puis, toujours progressivement et à l'aide d'oscillations, l'enfoncer sous le bourrelet jusqu'à ce que sa pointe repose sur la paroi opposée du pneu, côté voiture (fig. 108). Si l'on ne pouvait enfoncer assez le levier avec une seule main, on pourrait employer les deux mains pour passer de la position de la figure 107 à la position de la figure 108.

Fig. 107.

Si l'on n'enfonce pas ce levier à fond, il tombera lorsqu'on enfoncera le second.

Il est d'ailleurs facile d'amener le levier à la position de la fig. 108 en opérant avec deux leviers juxtaposés. Une fois l'un des leviers engagé, on soulève légèrement le bourrelet, de façon à permettre d'enfoncer le deuxième levier un peu plus loin. Ce deuxième levier servira à son tour à faire pénétrer le premier plus avant dans le pneu, et ainsi de suite jusqu'à ce que la position de la fig. 108 soit réalisée, par l'un ou par l'autre des deux leviers employés.

Fig. 108.

b) **Placer le second levier.** — La distance entre les deux leviers n'est pas arbitraire : elle doit être égale à environ un tiers de diamètre ; le diamètre du pneu est inscrit sur l'enveloppe à la suite de la marque.

Par exemple, si vous avez :

Un 810 × 90 ou 820 × 120 cette distance sera d'environ 25 c/m.
Un 870 × 90 ou 920 × 120 — — 30 c/m.
Un 1010 × 90 ou 1020 × 120 — — 35 c/m.

Enfoncer le second levier comme le premier. Avoir soin que ce ne soit pas à l'emplacement de la valve ou d'un boulon ; il n'y a aucun inconvénient à ce qu'il y ait un boulon entre les deux leviers, c'est même préférable ; mais avoir bien soin, dans ce cas, de soulever à fond le boulon pour faciliter la sortie du bourrelet.

c) **Dégager une partie du bourrelet.** — Saisir alors un levier dans chaque main, comme l'indique la fig. 109, et les rabattre simultanément et d'un mouvement vif vers les rais de la roue (fig. 110); la partie du bourrelet comprise entre les deux leviers passera par-dessus le crochet de la jante, lorsque vous arriverez à fin de course, c'est-à-dire, lorsque vos mains toucheront les rais de la roue.

Fig. 109.

Si le bourrelet reste accroché et ne passe pas par-dessus le crochet de la jante, la distance entre les deux leviers est trop grande, rapprocher un des leviers.

Si, au contraire, le bourrelet une fois sorti revient à sa place et passe par-dessus le crochet de

Fig. 110.

la jante, la distance entre les deux leviers est trop faible, écarter les leviers.

En suivant le conseil que nous donnons ci-dessus, et qui consiste à placer les deux leviers à une distance l'un de l'autre égale au tiers du diamètre, on évitera tout tâtonnement.

d) **Sortir entièrement le bourrelet.** — Dégager le levier de gauche, c'est-à-dire celui qui est placé à la gauche de l'opérateur (avoir soin en dégageant ce levier de ne pas le relever, ce qui obligerait immédiatement le bourrelet à reprendre sa place dans la jante). Placer ce levier comme il est montré fig. 107, à une distance d'environ 15 centimètres à droite du levier de droite, puis le faire glisser sous le bourrelet jusqu'à ce qu'il touche la paroi opposée (fig. 108.) Rabattre alors vivement le levier vers les rais, ce qui fait passer par-dessus le crochet de la jante une nouvelle portion de bourrelet. A ce moment, le levier que l'on avait laissé en place, n'étant plus maintenu, tombe à terre. Ne pas s'en occuper.

Dégager le levier le dernier placé et l'introduire comme précédemment à 15 centimètres environ plus loin. Le rabattre et recommencer ainsi de

suite, de 15 en 15 centimètres, tout le tour du ban-
dage, jusqu'à ce que le bourrelet soit entièrement
sorti. On ne doit jamais essayer d'enfoncer le levier
en face d'un boulon de sécurité. En arrivant à
chaque boulon, avoir soin de le pousser à fond.

La chambre à air est alors visible à l'intérieur de
l'enveloppe.

5° Sortir la chambre à air.

Avec le levier-fourche Michelin. — Ce levier
est représenté par la figure 111. Vérifier tout d'abord
si la valve est bien débarrassée de toutes ses pièces.
Saisir de la main gauche le bourrelet libre de
l'enveloppe à la partie
diamétralement oppo-
sée à la valve, la paume
contre le bourrelet, les
doigts allongés à l'in-
térieur contre la paroi,
et tirer le bourrelet à
soi pour découvrir la

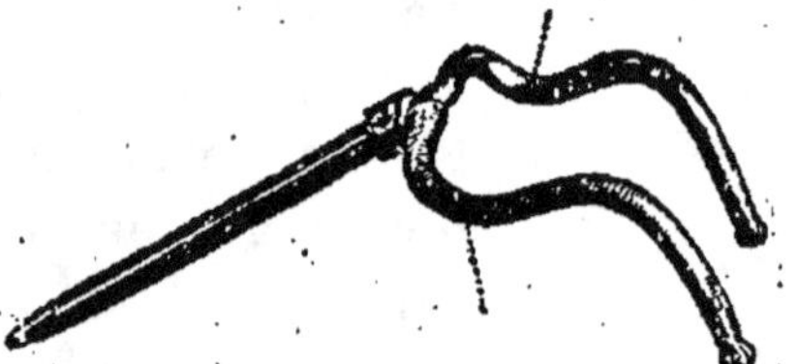

Fig. 111. — Levier à fourche
Michelin.

chambre à air. Prendre cette dernière de la main
droite et la sortir doucement pour ne pas la déchi-
rer, en faisant tout le tour du pneu. Si elle paraît
adhérer à l'enveloppe, tirer de très près et avec
précaution. La partie de la chambre à air qui porte
la valve restera seule engagée dans la jante.

Prendre alors de la main gauche la chambre à
air près de la valve, comme l'indique la figure 112,
et introduire de la main droite le levier-fourche,
les branches en avant sous l'enveloppe, de telle
sorte que ces branches prennent appui sur la jante

de part et d'autre de la chambre à air. Dans cette opération, la main gauche a pour effet d'étrangler autant que possible la chambre à air pour faciliter l'introduction du levier et empêcher les galets de détériorer la chambre. Le levier doit être engagé jusqu'à ce que la pointe du bourrelet libre vienne reposer dans les arrondis de ses branches (fig. 111).

Fig. 112.

Abandonner alors la chambre de la main gauche et saisir avec cette main le manche du levier, les ongles tournés vers la roue. Renverser le levier le plus possible du côté de la voiture. Les galets roulent dans la jante et viennent se loger dans le crochet extérieur en même temps que le bourrelet libre de l'enveloppe se renverse du côté de la voiture. Dégager de la main droite la valve du trou de la jante. La chambre à air est alors libre. Laisser retomber le bourrelet.

Si l'on n'a pas à enlever l'enveloppe, laisser le levier-fourche engagé sous l'enveloppe. Il servira plus tard à replacer la chambre à air.

Avec le levier à crans. — Sortir la chambre à air jusqu'à la valve, en opérant comme il est prescrit au paragraphe précédent. Glisser le côté recourbé du levier à crans (fig. 113) entre la chambre à air et l'enveloppe, exactement à l'endroit de la valve, de façon que l'extrémité du crochet vienne s'appuyer sur la paroi intérieure de l'enveloppe au-dessus du bourrelet et *au-delà de la jante*.

Faire reposer le bourrelet extérieur de l'enveloppe sur le cran le plus rapproché du bout recourbé, s'il s'agit d'un pneu de 65 ou de 75 m/m, sur le deuxième cran si c'est un pneu de 85 ou 90 m/m, et sur le troisième si c'est un pneu de 105 ou de 120 m/m, puis faire effort de la

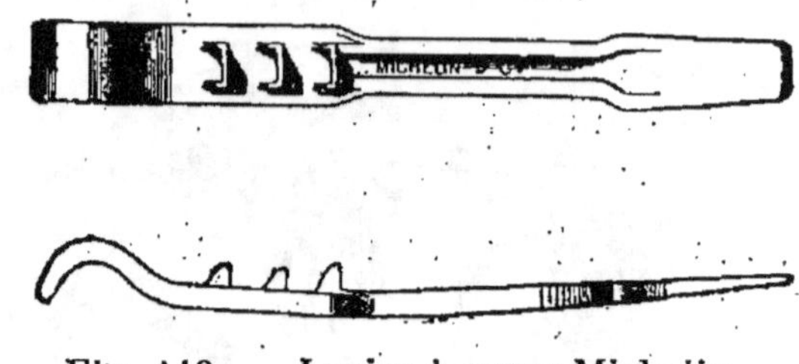

Fig. 113. — Levier à crans Michelin.

main gauche sur le levier pour le renverser le plus possible du côté de la voiture et sortir la chambre de la main droite en tirant la valve à soi. Laisser ensuite retomber le bourrelet.

Observation I. — Il faut avoir soin de bien enfoncer le levier pour lui faire prendre appui dans l'intérieur de l'enveloppe et au delà de la jante, sinon le levier glisserait, et le bourrelet, en se détendant, le projetterait violemment sur l'opérateur, au risque de lui pincer fortement les doigts ou de casser la valve, si elle était encore un peu engagée dans le trou.

Observation II. — Dans certaines voitures, les garde-crotte enveloppent presque complètement le pneumatique. Il faut alors placer le levier au-dessous de l'extrémité de ce garde-crotte, afin qu'on puisse le renverser du côté de la voiture.

β) *PLACER LA NOUVELLE CHAMBRE A AIR ET REMONTER LE PNEU*

Recommandations essentielles. — Ce travail ne doit jamais être fait avec précipitation, mais, au contraire, avec soin et ordre. et en observant bien les huit opérations successives.

Il y a, en effet, dans cette partie du montage, trois gros dangers à éviter. Ces dangers sont : 1° *l'excès de talc;* 2° *le coup de levier;* 3° le *pinçon.* Nous étudierons successivement ces trois accidents lorsque nous expliquerons les opérations au cours desquelles ils peuvent se produire.

1° Talquer soigneusement l'intérieur de l'enveloppe.

Si la chambre que l'on veut placer n'est pas déjà talquée, il faut mettre dans le creux de l'enveloppe un peu de talc contenu dans les étuis des nécessaires et des trousses. Puis, faire faire lentement deux ou trois tours à la roue en frappant avec la paume de la main la surface extérieure du pneu. Ensuite, se baisser, maintenir de la main gauche l'enveloppe ouverte à l'endroit le plus rapproché du sol, et de la main droite rejeter soigneusement au dehors tout le talc qui reste accumulé et qui est de trop.

Cette précaution est essentielle.

Si l'on a roulé sur un sol mouillé et si l'on a lieu de craindre que l'enveloppe ne soit humide à l'intérieur, il vaut mieux talquer la chambre à air elle-même, car le talc s'agglomérerait dans l'enveloppe aux endroits humides.

Pour talquer la chambre à air, imprégner de talc un chiffon propre et le promener sur toute la surface de la chambre à air. Celle-ci sera suffisamment talquée lorsque sa surface sera douce et glissante au toucher.

Excès de talc. — Le talc est une matière qui a beaucoup d'analogie avec le plâtre. Le talc mouillé s'agglomère comme du mortier et durcit en séchant. Ce n'est pas alors une poudre lubrifiante, mais une véritable pierre, capable de percer en peu de temps les chambres à air, et de cisailler les enveloppes à l'intérieur, comme le ferait le plus dur silex. C'est pour cette raison que nous recommandons instamment de rejeter tout l'excès de talc.

2° **Mettre la chambre à plat.**

C'est dans cet état que les chambres à air doivent être conservées. Toute chambre qui ne reste pas aplatie n'est pas étanche. Il y a lieu de la vérifier avant de l'employer.

Pour mettre la chambre à plat, opérer de la façon suivante :

Débarrasser la valve de toutes ses pièces, moins l'écrou I et la plaquette J (Voir fig. 105), puis rouler la chambre sur elle-même, la valve tournée vers le sol, en commençant par le côté opposé à la valve, pour chasser l'air qu'elle renferme. Maintenir la chambre roulée, et remettre les pièces de la valve, *y compris le boulon ou chapeau* D, à l'exception de l'écrou H, des rondelles M et N et du capuchon S, et laisser la chambre se dérouler; elle restera alors aplatie.

3° **Replacer la chambre à air**

a) *Avec le levier fourche* (fig. 111). Se placer face à la roue et saisir de la main gauche le bourrelet libre à l'endroit de l'encoche pour la valve, les doigts à l'intérieur, et le tirer à soi de façon à pouvoir introduire aisément le levier dans l'intérieur de la jante, les branches en avant. On engage le levier jusqu'à ce que la pointe du bourrelet vienne reposer dans les arrondis du levier (fig. 111). A ce moment les galets se trouvent contre le bourrelet intérieur, côté voiture. Faire alors glisser le levier sous l'enveloppe de façon que le trou ménagé dans la jante, pour le passage de la valve, se trouve exactement au milieu des deux branches du levier. Prendre dans

Fig. 114.

la main droite la chambre à air, à l'endroit de la valve, le pouce en dessus et la valve entre les deux premiers doigts comme le montre la fig. 114. Saisir le levier de la main gauche et le renverser le plus possible vers la voiture (fig. 114).

Les branches du levier roulent et viennent se placer dans le crochet extérieur de la jante. Ce mouvement démasque le trou pour le passage de la valve. Introduire alors la valve dans ce trou. La fig. 114 montre cette opération. La partie de la chambre à air qui se trouve autour de la valve a une tendance à s'appuyer sur le bourrelet maintenu par le levier. Il faut avoir soin d'introduire cette partie en saillie *sous* le bourrelet de façon que celui-ci, en revenant à sa place, n'ait qu'à glisser sur la chambre à air. Cette opération est, du reste, facile, étant donnée la position du bourrelet sur le levier (voir fig. 114).

Laisser retomber le bourrelet en abaissant doucement le levier. Dégager alors le levier en tirant à soi l'enveloppe, comme on a fait pour l'engager.

Placer la chambre *bien régulièrement* autour de l'enveloppe. Pour cela, se placer face à la roue et tirer à soi de la main gauche le bourrelet libre de l'enveloppe, à 25 centimètres environ à gauche ou à droite de la valve, pour faciliter l'introduction de la chambre à air. Prendre celle-ci de la main droite, le pouce en dessus, de façon que l'extrémité des doigts allongés puisse repousser la chambre dans l'intérieur de l'enveloppe. *La chambre doit être placée bien au fond.* Il faut donc tirer l'enveloppe autant que possible avec la main gauche pour permettre à la main droite d'aller le plus loin possible dans l'enveloppe. Continuer à placer la chambre à air en opérant par fractions de 25 centimètres et en ayant bien soin de ne pas la tendre. Il faut, au contraire, la tirer légèrement du côté déjà engagé, à chaque fraction que l'on fait pénétrer sous l'enveloppe. En effet, la chambre à air, lorsqu'elle est aplatie, paraît trop longue pour l'enveloppe. On est obligé de faire de légers plis qu'il faut répartir bien également pour les faire disparaître une fois que la chambre est mise en rond.

Veiller à ce que *la chambre ne soit pas tordue,* qu'elle ne fasse pas de paquet dans une partie et ne soit pas tendue sur un autre point, surtout à la soudure. Les plis de la chambre provoquent une usure rapide.

b) *Avec le levier à crans.* — Glisser le côté recourbé du levier à crans (fig. 113) sous l'enveloppe, exactement à l'endroit de l'encoche, de façon que

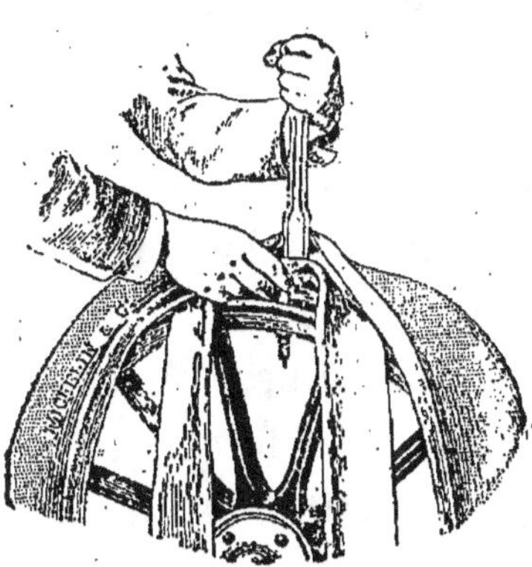

Fig. 115.

l'extrémité du crochet prenne appui sur la paroi intérieure de l'enveloppe, au-dessus du bourrelet et *au delà de la jante.* Faire reposer le bourrelet extérieur de l'enveloppe sur le cran le plus rapproché du bout recourbé du levier s'il s'agit d'un pneu de 65 ou de 75 millimètres, sur le deuxième cran si c'est un pneu de 85 ou 90 millimètres, et sur le troisième si c'est un pneu de 105 ou de 120 millimètres. Saisir alors de la main droite la chambre à air aplatie, la valve en dessous, le pouce tout près de la valve et les doigts allongés sous la chambre, comme l'indique la fig. 115. Puis, faire effort de la main gauche sur le levier pour le renverser le plus possible du côté de la voiture, pour découvrir le trou ménagé dans la jante pour le passage de la valve.

Introduire alors la valve en la dirigeant avec la main droite (fig. 115), puis laisser retomber douce-

ment le bourrelet en l'accompagnant avec le levier.
Placer ensuite la chambre autour de l'enveloppe,
comme il est prescrit au paragraphe précédent.

4° Mettre la chambre au rond.

Rabattre les pédales de la pompe et visser à
fond le raccord après la valve. Gonfler la chambre
très légèrement pour la mettre au rond. Dans cet
état, la chambre ne doit plus avoir que de légers
plis ; cependant, il ne faut pas y introduire une
pression d'air trop forte, car alors on aurait beaucoup de peine à remonter l'enveloppe. Glisser la
main tour à tour entre la jante et la chambre pour
la placer bien également et supprimer les plis s'il
en existe. Il est essentiel de faire disparaître les
plis. Si l'un d'eux persistait à se former, il ne faudrait pas hésiter à retirer la chambre à air et à la
remettre en place.

Par ce petit gonflement préalable, on diminuera
énormément les chances de pincements lors de la
mise en place du deuxième bourrelet de l'enveloppe.

C'est au cours de cette opération que se produisent les deux accidents que nous avons signalés
à nos lecteurs : le *pinçon* et le *coup de levier*.

Pinçon. — Le danger de pincer la chambre entre
le bourrelet et la jante (fig. 116) est très grand, et
les chauffeurs en sont malheureusement trop souvent victimes. En effet, sur dix chambres données
à réparer, sept ont péri à la suite d'un pinçon.

Le pinçon est donc un accident très fréquent :

c'est aussi un accident grave. Le pinçon ayant lieu généralement sur une assez grande longueur, la chambre présente une longue coupure qui, la plupart du temps, n'est pas réparable par les moyens ordinaires dont dispose le chauffeur. Il est obligé, presque toujours, d'envoyer la chambre éclatée au fabricant pour qu'il y place un manchon.

Cependant, le pinçon, accident fréquent et grave, peut être très facilement évité : il suffit pour cela de mettre la chambre au rond avant de placer le second bourrelet de l'enveloppe, c'est-à-dire de gonfler légèrement la chambre jusqu'à ce que sa surface ne fasse pas de plis. L'on constate que la chambre est bien au rond en promenant la main tout autour de la chambre, à l'intérieur de l'enveloppe. Il suffit d'un peu d'attention pour éviter le pinçon.

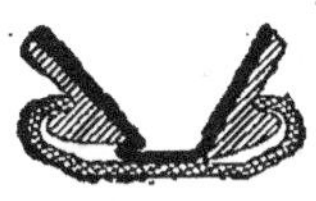

Fig. 116. — Pinçon.

Il y a trois sortes de pinçons :

Le premier, et le plus fréquent, se forme entre le bourrelet de l'enveloppe et le fond de la jante (fig. 116). Il a lieu le plus souvent lorsqu'on met en place la dernière partie du bourrelet.

Le deuxième est formé par l'introduction d'une partie de la chambre à air sous la tête des boulons de sécurité.

Le troisième, plus rare, consiste en un pli que forme la chambre à air tout près de la valve, lequel pli est maintenu par la valve elle-même.

Il faut donc vérifier tout spécialement s'il ne s'est pas produit un de ces trois pinçons.

Lorsque la chambre est *pincée*, la pression agissant sur le caoutchouc pur de la chambre sans que celui-ci soit appuyé sur une paroi résistante, finit toujours par la faire éclater. Cet éclatement se produit généralement après un temps assez long pendant lequel le caoutchouc atteint progressivement sa limite d'allongement au point pincé (fig. 116) et se produit au repos aussi bien qu'en marche. Si le pinçon a lieu sur une grande longueur, il peut y avoir sortie du bourrelet et éclatement très bruyant de la chambre. Si le pinçon est petit, il y a seulement un léger sifflement suivi de l'aplatissement du pneu.

Coup de levier. — Le coup de levier est un accident très fréquent et l'on ne saurait prendre trop de précautions pour l'éviter. Il se produit sûrement lorsqu'on enfonce un peu trop le levier sous l'enveloppe pour le montage du deuxième bourrelet. Si le levier est trop engagé, en lui imprimant un mouvement ascensionnel, la chambre s'interposera entre son extrémité et le fond de la jante et sera coupée au moindre effort.

Il faut donc engager le levier le moins possible sous l'enveloppe. Le levier sera suffisamment engagé lorsqu'il aura dépassé de 2 centimètres le rebord du crochet de la jante. En l'enfonçant moins, le levier risque de glisser sur la jante. Mais il vaut mieux s'exposer à cet accident insignifiant que de risquer le coup de levier qui met une chambre à air hors de service.

Avant de commencer le montage du deuxième bourrelet, il est essentiel de vérifier si le côté plat du levier n'est pas tranchant ou s'il ne porte pas d'aspérités ou d'arêtes vives capables d'endommager la chambre à air.

Méthode à deux leviers. — Prendre un levier de la main gauche et glisser avec précaution le côté plat entre le bourrelet libre et le crochet de la jante, à 10 centimètres environ à gauche de la valve, jusqu'à ce que l'extrémité du levier dépasse légèrement la jante et puisse prendre appui sur elle. Donner alors au levier un mouvement ascensionnel jusqu'à ce qu'il arrive à la position indiquée (fig. 117). A ce moment, la partie du bourrelet qui se trouve sur le levier vient prendre dans la jante la position indiquée même fig. 117. Maintenir

Fig. 117.

ce levier relevé avec la main gauche et introduire, selon les prescriptions ci-dessus, un second levier avec la main droite à 10 centimètres environ à droite de la valve. Donner à ce second levier un mouvement ascensionnel de façon que les 20 centimètres de bourrelet compris entre les deux leviers prennent dans la jante la position de la fig. 117. Dégager alors le levier de gauche, saisir celui de droite avec la main gauche en le maintenant relevé et enfoncer avec la main droite le levier que l'on vient de dégager, à environ 15 centimètres à droite du levier déjà placé. Donner à ce levier le même mouvement ascensionnel que ci-dessus pour faire passer dans la jante une nouvelle quantité de bourrelet; on peut alors retirer le levier qui se trouve à droite de la valve. Continuer à engager le bourrelet alternativement à droite et à gauche de la valve, et en plaçant le levier à 15 centimètres de la place qu'il occupait précédemment. Lorsque l'on a engagé environ 60 à 80 centimètres du bourrelet, *mais pas avant*, passer le bras gauche entre la roue et la voiture et avec la main gauche repousser la valve dans l'intérieur du pneu. Pendant ce temps, appuyer de *haut en bas* de la main droite avec le côté aminci du levier sur le talon du bourrelet, c'est-à-dire dans l'accrochage, et à côté de la valve, pour forcer le bourrelet à prendre sa place dans le crochet de la jante. Lorsqu'il sera engagé légèrement, on facilitera le mouvement en saisissant l'enveloppe au sommet à pleines mains, les pouces près du bourrelet et en tirant l'enveloppe à soi en même temps que l'on repoussera le bourrelet avec le pouce dans l'intérieur de la jante.

Fig. 118.

Continuer alors à engager le bourrelet tout autour de la jante, au moyen du levier comme ci-dessus, et en procédant par petites fractions.

Il arrive parfois que le bourrelet prend, sur le levier, la position indiquée figure 118. Cette position l'empêche de prendre sa place dans le crochet de la jante. On arrive généralement à le faire passer de cette position à celle indiquée figure 117, qui est normale, par un mouvement du levier de droite à gauche. Si le bourrelet persistait à ne pas se retourner, il faudrait retirer le levier et continuer l'opération en sens contraire, en reprenant la partie placée la première. On facilitera, dans tous les cas, le glissement des bourrelets en mouillant légèrement, ou mieux en talquant l'extrémité du levier.

Au cours des opérations qui précèdent, quand on arrive en face de chaque boulon de sécurité, il faut repousser celui-ci en dedans, et placer le bourrelet de manière qu'il passe sous la tête, le V du boulon.

Avant de continuer le montage, il est essentiel de vérifier si le bourrelet est bien entré complètement dans le crochet de la jante. Il faut que le bourrelet soit entièrement caché par le rebord de la jante. S'il ne l'était pas partout, il faudrait tirer l'enveloppe à soi avec les deux mains pour obliger le bourrelet à entrer complètement.

6° Vérifier le montage.

a) *Faire jouer les boulons.* — Quand le bourrelet est mis en place tout autour de la jante, il faut s'assurer que les boulons de sécurité ne pincent pas la chambre, ce qui amènerait forcément un pinçon à cette chambre.

Pour cela, il faut appuyer sur la tige des boulons et les laisser revenir sous l'effort de la chambre ; il

Fig. 119.

doivent revenir à peu près comme revient une touche de piano lorsqu'on la quitte du doigt. Ce petit mouvement permet à la chambre, si elle est prise sous le boulon, de se dégager.

S'il est impossible de manœuvrer le boulon, il faut penser que le bourrelet est placé par-dessus au lieu d'être par-dessous (fig. 119). Il faut donc sortir le bourrelet à cet endroit et le remettre en place, sans quoi *l'éclatement est infaillible.*

b) *Vérifier s'il y a des pinçons.* — Lorsque toute l'enveloppe est ainsi en place, il est essentiel de vérifier si la chambre à air n'est pas pincée.

Moyen infaillible. — Saisir l'enveloppe d'une main, la paume près du bourrelet. Repousser avec cette main l'enveloppe vers la voiture et en même temps, avec la pointe du levier tenu dans l'autre main, repousser et soulever légèrement le bourrelet vers le centre de la jante. Regarder alors à l'intérieur de la jante si l'on voit le rouge de la chambre à air prise sous le bourrelet. Si l'on ne voit rien, repousser le bourrelet et continuer à vérifier successivement tout le tour; vérifier spécialement l'endroit du bourrelet qu'on a placé en dernier. Si l'on voit du rouge en quelque endroit, c'est un pinçon; il faut alors introduire le levier de démontage à cet endroit et baisser le levier comme si l'on voulait démonter l'enveloppe. Laisser ensuite revenir le bourrelet à sa place et vérifier si cette opération a bien supprimé le pinçon.

7° Gonfler

Lorsqu'on veut gonfler, enlever le capuchon de la valve (fig. 105), dévisser le bouchon ou chapeau D et enfoncer la tige E dans le trou de la pièce B pour appuyer sur l'aiguille L de l'obus et faire échapper un peu d'air, dans le but de s'assurer que l'obus n'est pas collé à son siège.

Avoir soin de visser à fond les deux raccords du tube qui s'adaptent, l'un à la pompe, l'autre à la valve, sans quoi on a des fuites d'air et le gonflage devient très fatigant.

En pompant, enfoncer toujours le *piston à fond*, *jusqu'au choc*, pour chasser de la pompe tout l'air comprimé, sans quoi on comprime de l'air en pure perte. Relever également le piston jusqu'à ce qu'il touche le chapeau supérieur pour aspirer le plus grand volume d'air possible. Disons, à titre d'indication, qu'il faut environ 260 coups de pompe pour gonfler à 5 kilos un pneu de 870×90 avec une pompe voiture Michelin.

Si l'on a gonflé son pneu trop dur (consulter le tableau de gonflage, page 242) faire échapper un peu d'air en appuyant sur l'aiguille L de l'obus avec la tige E du bouchon ou chapeau D.

Après pompage, s'assurer toujours que l'écrou C est bien vissé à fond, et visser également à fond le chapeau ou bouchon D; si ces pièces étaient mal vissées, la valve ne serait pas étanche. Revisser avec soin et à fond l'écrou H de la valve après avoir eu bien soin de replacer dans l'ordre, d'abord la rondelle de caoutchouc N, ensuite la rondelle de cuivre M.

8° Serrer à fond les boulons de sécurité.

Nous rappelons ici qu'un boulon de sécurité non serré à fond est inutile : il laisse pénétrer l'eau dans le pneu, et surtout le bourrelet risque de sortir de l'accrochage de la jante. Il en est de même de l'écrou H de la valve.

Serrer à fond l'écrou Q du boulon de sécurité (fig. 106) après avoir eu bien soin de replacer dans l'ordre, d'abord la rondelle de caoutchouc U, ensuite la rondelle de cuivre V.

B. CHANGER L'ENVELOPPE

a. SORTIR L'ENVELOPPE

1° **Enlever la chambre à air comme il est prescrit (page 302) ;**

2° **Enlever un à un les boulons de sécurité.**

Pour cela, dévisser complètement l'écrou Q et enlever les rondelles V et U de chaque boulon. Si l'on a des roues sans jantes bois et, par conséquent, des boulons courts, il suffit d'enfoncer les boulons dans l'intérieur du pneu. Ils tomberont ainsi l'un après l'autre dans l'enveloppe

Fig. 120.

et il ne restera plus qu'à les recueillir lorsqu'on aura sorti complètement l'enveloppe. Mais cette opération est impossible lorsqu'on a des roues à jantes bois et des boulons longs ou lorsqu'on opère sur un pneu ayant peu roulé. Il faut alors

Fig. 121.

relever le bourrelet libre de l'enveloppe, comme

dans le placement de la valve, au moyen du levier à crans (fig. 120) ou mieux du levier-fourche (fig. 121).

Dès qu'on a sorti le boulon, le placer, ainsi que ses accessoires, dans une boîte, dans sa poche, jamais dans l'herbe ni dans la poussière où ces pièces pourraient se perdre.

3° **Enlever complètement l'enveloppe.**

Décoller le second bourrelet en tirant à soi l'enveloppe de la main gauche. Dès que le talon a quitté un peu le crochet intérieur de la jante, enfoncer le levier de démontage sous le bourrelet déjà libre, puis sous le second. Rabattre ensuite le levier vers les rais de la roue en tirant vigoureusement l'enveloppe à soi de la main gauche. Aussitôt qu'on a fait passer une longueur de 20 centimètres, le reste sort à la main.

b. PLACER LA NOUVELLE ENVELOPPE ET REMONTER LE PNEU

1° **Placer le premier bourrelet.**

Un des bourrelets est d'un diamètre légèrement plus grand que l'autre. C'est ce bourrelet qui doit être placé le premier. Pour le reconnaître, coucher l'enveloppe par terre. Si l'on n'aperçoit qu'un bourrelet, c'est le bourrelet le plus petit qui est au-dessus. Si l'on aperçoit les deux bourrelets, l'un extérieurement et l'autre intérieurement, c'est le bourrelet le plus grand qui est au-dessus et c'est celui que l'on doit monter le premier. Saisir l'enveloppe, l'encoche en haut et le plus petit bourrelet tourné vers soi, et placer la partie supérieure du bourrelet le plus grand sur la jante de façon que l'encoche soit bien en face du trou de la valve. Éviter que le petit bourrelet ne s'engage aussi dans la jante, car il serait impossible alors de procéder au montage du premier bourrelet. Maintenir l'enveloppe en place avec la main gauche et introduire la main droite dans l'enveloppe, à l'endroit où le bourrelet a cessé de s'engager, les doigts fermés et la paume s'appuyant sur le bourrelet intérieur. Faire effort de cette main pour faire pénétrer dans la jante une nouvelle partie de ce bourrelet intérieur. Si l'on éprouve de la difficulté, vers la fin de l'opération, se servir du côté plat du levier de démontage que l'on introduit entre la jante et le bourrelet à placer.

Il arrive souvent qu'après avoir placé le premier bourrelet on s'aperçoit que l'encoche n'est plus en face du trou de la valve. Si le pneu a beaucoup roulé, on arrive à faire tourner un peu l'enveloppe dans la jante, en la saisissant au sommet avec la main droite et en maintenant de la main gauche les rais de la roue. Mais, s'il s'agit d'un gros pneu de 90, 105 ou 120 m/m, même d'un petit pneu n'ayant pas roulé, il est inutile d'essayer ce procédé, on se fatiguerait en pure perte. Il vaut mieux sortir l'enveloppe comme ci-dessus et recommencer l'opération en prenant plus de précaution.

2° Placement des boulons de sécurité.

Avant de placer les boulons de sécurité, repousser tout autour en frappant avec la paume de la main l'enveloppe du côté de la voiture, pour obliger le bourrelet placé à s'engager dans le crochet de la jante.

Introduire ensuite le levier à crans (fig. 113) ou le levier fourche (fig. 111) sous l'enveloppe, à l'endroit d'un boulon de sécurité, et relever le bourrelet de l'enveloppe comme pour le placement de la chambre à air (fig. 120 et 121). Introduire alors les boulons de sécurité et avoir soin, avant de laisser retomber le bourrelet, de bien aplatir les plis de la basane qui enveloppe la tête du boulon. Ces plis feraient saillie dans la chambre à air et arriveraient à la percer.

Terminer ensuite le montage en plaçant la chambre à air comme il est prescrit (p. 312) et enfin en remontant le deuxième bourrelet selon les indications de la page 318.

RÉPARATIONS

α. — Avaries à l'enveloppe.

1° *Réparations faites sur route.* — Ces réparations se font, la plupart du temps, sans sortir de la jante le second bourrelet de l'enveloppe.

Si l'enveloppe est percée, procédez ainsi :

L'enveloppe étant ouverte, choisissez un emplâtre toile et caoutchouc qui dépasse la plaie de 4 ou 5 centimètres dans chaque sens, collez-le sur la plaie avec de la dissolution. (*N'en mettez pas trop et laissez sécher.*) Talquez fortement et replacez la chambre.

Une fois votre pneu remonté, gonflez-le à *1 kilo*, et placez un manchon guêtre en caoutchouc; ce manchon empêchera l'eau et le gravier de pénétrer

par la coupure dans l'intérieur de l'enveloppe.
Lacez ce manchon autour de la jante avec le câble
souple, vendu en même temps que lui, comme
vous laceriez un soulier. Votre manchon une fois
bien attaché, gonflez le pneu à fond.

Si vous avez une coupure à l'accrochage, si le
bourrelet se détache de l'enveloppe, il faut employer
la garniture en caoutchouc que vous placez entre
la jante et la naissance du croissant, puis vous
placez le manchon que vous lacez;. vous gonflez
ensuite à fond.

2° *Réparations faites à l'étape.* — Le bourrelier
ou le cordonnier pourront généralement vous faire
une réparation qui vous permettra de faire 800 ou
1.000 kilomètres.

Insistez :

1° Pour que le cordonnier couse entre cuir et
chair, c'est-à-dire noie les fils dans le caoutchouc, de
façon qu'ils ne soient pas en contact avec la route;

2° Pour que la chambre ne soit pas en contact
avec les coutures; pour éviter ce contact, il faut
coller une toile sur les coutures et talquer après
collage.

Recollage du croissant.

Si le croissant est décollé sur les bords, décollez
environ 5 millimètres en plus sans employer de
benzine, nettoyez les deux parties à la toile émeri,
passez deux fortes couches de dissolution, laissez
sécher environ deux heures et appliquez. Avoir
soin d'appliquer fortement en pressant avec les

mains, le pneu étant gonflé. Ficelez ensuite fortement ou comprimez avec des poids.

β. — Avaries à la chambre à air.

La chambre à air est percée et, par suite, n'est
plus étanche, l'enveloppe n'a rien ou un trou insignifiant, par exemple un trou d'épingle ou de clou.
Vous assurer avant tout que l'épingle ou le clou
n'est pas resté dans l'enveloppe, sans quoi votre
chambre serait repercée au bout de 300 mètres.

Il faut ensuite sortir la chambre en totalité ou
en partie et la réparer ou la remplacer.

Réparation d> la chambre à air.

La partie blessée étant apparente, faites *sans
hâte* les opérations suivantes :

1° Choisissez une pastille à la demande du trou,
c'est-à-dire de dimensions telles qu'elle dépassera
de 2 à 3 centimètres sur tout son pourtour les bords
de la perforation ;

2° Faites disparaître toute trace d'humidité ou
de saleté ; frottez avec un chiffon, ou de préférence
avec de la toile émeri, toute la surface de la chambre
sur laquelle la pièce viendra s'appliquer ;

3° Enduisez d'une couche bien égale de dissolution les deux faces à coller. (Pour la pastille, la
face à enduire est la face brune qui a déjà été
meulée et saucée.) Mettre peu de dissolution pour
que le collage soit fait plus vite ;

4° *Laissez sécher jusqu'à ce que le doigt happe fortement sur les parties enduites (dix minutes au moins)* ;

5° *Alors seulement* appliquez la pièce, comprimez fortement et surveillez les bords de la pièce *qui ne doivent pas se soulever.*

Nota. — Il ne faut jamais appliquer l'une contre l'autre deux surfaces encore humides, car les collages du caoutchouc ont ceci de particulier qu'ils ne réussissent que quand on les fait *à sec.*

Ne collez jamais de toile sur la chambre à air, mais toujours une feuille de caoutchouc pur. La toile caoutchoutée n'est pas étanche et nuit à l'élasticité de la chambre.

Vérifiez bien si la paroi diamétralement opposée au trou de la chambre à air, n'a pas été percée du même coup, ce qui est très fréquent, quand la perforation provient d'un clou un peu long.

Étanchéité de la chambre à air et du pneu.

Sur la grande route, quand vous n'avez pas vu le clou, mettez la chambre au rond ; vous trouvez facilement l'emplacement du trou par le *jet d'air* produit dans la poussière ou par le *souffle* qu'il donne sur la joue. (*Vérifiez toujours, en passant la main dans les deux sens, si le clou n'est pas resté à l'intérieur de l'enveloppe ; vérifiez aussi s'il n'a pas fait deux trous dans la chambre.*)

Mais il est des *fuites imperceptibles* (par exemple, celles que font des piqûres d'aiguilles) qui vident un pneu en deux ou trois jours.

On les trouve en plongeant méthodiquement, dans un baquet plein d'eau, successivement, toutes les parties de la chambre à air, gonflée au préalable.

Et encore, pour découvrir ces petites fuites, qui souvent s'arrêtent momentanément, il faut allonger doucement la chambre sous l'eau pour dilater le trou.

On voit seulement alors des bulles d'air monter à la surface de l'eau.

Eau de savon. — Au lieu de plonger la chambre dans l'eau, on peut encore faire de l'eau de savon comme en font les enfants pour faire des bulles, et en enduire la chambre à vérifier, la valve, etc.

Nota important. — Pour faire ces recherches, il ne faut pas gonfler trop fortement la chambre à air, parce qu'il se formerait, à un endroit quelconque, une hernie, *un ballon* où se logerait l'excès d'air. En pareil cas, dégonflez immédiatement votre chambre à air, si vous ne voulez pas la voir éclater. Le caoutchouc pur ne saurait résister à la pression. C'est là le rôle de l'enveloppe extérieure, qui, à cet effet, est toilée.

Étanchéité de la valve.

On la vérifie quand le pneu est monté et gonflé.

A cet effet, et seulement une fois le bouchon de la valve ou chapeau vissé à fond, faites tourner la roue de façon que la valve soit placée à la partie la plus élevée de la circonférence, c'est-à-dire la tête en bas; prenez un verre rempli d'eau jusqu'au bord, placez-le sous la valve et élevez-le de façon que la valve y trempe.

Il arrive que des bulles d'air restent adhérentes au métal; si elles ne se détachent pas, ce n'est pas une fuite.

CHAPITRE XV

Notions de conduite et de manœuvre d'une voiture à pétrole.

Principes généraux. — La conduite d'une voiture automobile nécessite, avant toute autre qualité, beaucoup de sang-froid et d'à-propos. D'ailleurs, la conduite d'une automobile est infiniment moins dangereuse et plus facile que celle du cheval réputé le plus doux. La machine, en effet, obéit toujours et instantanément; elle n'a ni rébellion, ni défaillance; avec elle, dans les mêmes circonstances, les mêmes causes produisent toujours les mêmes effets (1).

Les accidents d'automobile, quand ils ne résultent pas de causes extérieures, pour ainsi dire, étrangères à la voiture et au conducteur, sont dus au manque de prudence ou de sang-froid de certains automobilistes.

Le conducteur devra toujours se sentir absolument maître de sa vitesse; en outre, le touriste se trouvera toujours bien de laisser les folles vitesses aux professionnels, en course, où tout est prévu — voitures, état de la route, etc., — pour permettre sans danger ces vitesses extraordinaires. S'il est vrai qu'il n'y a pas d'inconvénient à goûter le charme de la vitesse sur une belle ligne droite, il est souverainement imprudent de se lancer à toute allure

____

(1) D. Courtois, *Comment on conduit une automobile.*

sur une route que l'on ne connaît pas, et de prendre des virages en vitesse.

Avec de la sagesse et de la prudence, l'usage de l'automobile présente infiniment moins de danger et infiniment plus d'agrément que celui de la voiture attelée.

Donnons maintenant quelques indications rapides sur les manœuvres que l'on a à exécuter pour conduire une voiture automobile.

1° *Mise en marche.*

Ouvrir le robinet d'essence ; faire arriver celle-ci au carburateur en appuyant à plusieurs reprises sur le bouton *ad hoc.*

(Pour faire cette manœuvre, il faut ouvrir le capot. La maison G. Richard-Brasier a imaginé un petit dispositif destiné à éviter cette nécessité d'ouvrir le capot. Un doigt articulé placé au-dessus du poussoir enfonce le flotteur du carburateur lorsque l'on tire sur une tringle qui commande ce doigt ; l'extrémité de cette tringle passe à travers le radiateur et porte une poignée que le conducteur a à portée de sa main, lorsqu'il saisit la manivelle de mise en route.)

Établir le courant d'allumage, en mettant la fiche ou en tournant le commutateur.

Amener la manette de l'allumage dans la position de retard. *Cette recommandation est essentielle ;* s'il y avait de l'avance à l'allumage, le moteur donnerait des coups en arrière au départ, ce qui serait très dangereux.

S'assurer que le levier des vitesses est au point

mort et que le levier de débrayage est dans la position de débrayage.

Ces précautions prises, saisir la manivelle et lui faire faire deux ou trois tours. Si le moteur ne part pas, c'est que quelque partie du mécanisme est en défaut. Un moteur bien réglé part même au premier tour de manivelle. (V. chap. XIV, Les pannes, p. 212.)

Une fois le moteur en marche, donner un peu d'avance à l'allumage.

Le chauffeur occupera alors sa place, prendra en main le volant de direction ; après avoir augmenté la vitesse du moteur au moyen de l'accélérateur, il débraiera au pied, par la pédale, et placera le levier des vitesses dans la position correspondant à la première, puis il embraiera doucement pour démarrer.

M. Baudry de Saunier recommande la façon suivante de démarrer progressivement :

Ne pas compter sur le cône pour vous donner un démarrage progressif... Placer le levier sur la deuxième ou même la troisième vitesse, et embrayer légèrement : le moteur descend du coup la gamme, mais il a ébranlé la voiture. Peser très peu sur la pédale pour le soulager ; il remonte lentement, mais lentement aussi emmène la voiture ; laisser maintenant l'embrayage se faire à fond.

2° Changement de vitesse.

Deux cas sont à considérer :

a) Toutes les fois que l'on veut passer d'une vitesse à une autre plus grande, *débrayer d'abord nettement* en appuyant à fond sur la pédale de débrayage.

Le premier arbre d'engrenages ralentit alors, et l'on pourra faire engrener en poussant le levier des vitesses sans faire entendre un bruit de ferraille et sans abîmer les engrenages.

b) Pour passer, au contraire, d'une vitesse plus grande à une autre plus petite, débrayer légèrement et manœuvrer aussitôt le levier.

3° Pour *ralentir momentanément*, deux moyens sont à notre disposition :

a) Débrayer; la voiture continue à marcher par la vitesse acquise, de moins en moins vite ; s'il en est besoin, on pourra même freiner. (Voir ci-dessous.)

b) Couper l'allumage.

4° *Descente d'une pente.*

Le mieux est de débrayer au pied; la voiture descend par son poids; de temps en temps, quand la vitesse tend à devenir trop grande, freiner doucement.

En descente, prendre les virages avec beaucoup de précautions; ils sont en effet plus dangereux qu'en palier, et, souvent, l'inclinaison de la route vers l'extérieur du virage au lieu de l'intérieur (comme cela devrait être) tend à faire verser la voiture.

Éviter les coups de frein brusques favorisant le dérapage. (Voir plus loin.)

5° *Montée d'une côte.*

Dès que l'on sent que le moteur peine pour monter une côte, passer à la vitesse inférieure. Le moteur est aussitôt « mieux à son aise ». Si, après quelques instants, il donne à nouveau des signes manifestes de faiblesse, passer à la vitesse inférieure, et ainsi de suite jusqu'à ce que l'on soit en petite vitesse.

Quelquefois, on arrive à monter une côte en

moyenne, ou même en grande vitesse, par un artifice : débrayer à peine, juste assez pour donner momentanément au moteur un peu moins de travail (M. Baudry de Saunier).

6° Pour *arrêter complètement*, débrayer au pied, freiner, placer le levier des vitesses au point mort et couper l'allumage.

Une fois la voiture arrêtée, si l'on est arrivé à l'étape, fermer le robinet d'essence, enlever la fiche de contact et fermer les chapeaux des graisseurs.

7° *Emploi des freins et dérapage.*

Ainsi que nous l'avons dit précédemment, on doit faire un usage aussi modéré que possible des freins, tout en vérifiant de temps en temps leur parfait fonctionnement.

L'usage irraisonné des freins est surtout particulièrement dangereux lorsque l'on roule sur du pavé gras avec une voiture très chargée à l'arrière, c'est-à-dire que l'on se trouve dans des conditions particulièrement favorables au *dérapage*.

Le différentiel aide également au dérapage ; quand l'adhérence au sol d'une des roues vient à être moindre que celle de l'autre, la première roue tend à tourner en sens inverse de la seconde ; ces deux mouvements contraires produisent le dérapage, le « tour de valse ».

Si l'on freine, le danger peut s'accroître par ce fait que l'action du frein s'exerce le plus souvent de façon très inégale sur les deux roues.

Lorsque l'on a lieu de craindre le dérapage, il est donc bon de ralentir. Si le dérapage se produit, débrayer aussitôt sans jamais freiner.

CHAPITRE XVI

Bicyclettes à pétrole ou motocyclettes.

Il y a déjà quelques années que l'idée est venue aux constructeurs de monter sur des bicyclettes un petit moteur à pétrole primitivement destiné, dans l'idée de ceux qui l'employaient, à faciliter la montée des côtes plutôt qu'à faire de la vitesse en palier.

Peu à peu, ce dispositif s'est perfectionné, et on en est arrivé progressivement à constituer un véritable type de bicyclette à moteur auquel ont été donnés les noms de : motocyclette, autocyclette, etc.

La machine ainsi constituée est, en somme, l'analogue du tricycle à pétrole, qui a eu, à un certain moment, un très grand succès. Toutefois, l'exemple du tricycle à pétrole a donné un peu de sagesse aux constructeurs et au public, et on a évité pour les motocyclettes l'écueil qui a causé la disparition des premiers, nous voulons dire l'exagération de puissance. On sait, en effet, que ces tricycles ont été munis de moteurs de puissance sans cesse croissante, exigeant un refroidissement à eau, etc., etc., ce qui en faisait des machines très compliquées, ayant tous les inconvénients des voitures d'alors et n'en présentant aucun des avantages.

Le tricycle à pétrole est aujourd'hui de moins

en moins employé. D'ailleurs, le tricycle ordinaire ayant lui-même disparu d'une façon pour ainsi dire complète pour laisser la place à la bicyclette, plus souple et plus maniable, il était logique que la motocyclette prît également, d'une façon presque totale, la place du tricycle à pétrole.

Une motocyclette (fig. 122) est composée, en principe, des mêmes éléments qu'une bicyclette. Il s'y ajoute le moteur et tous les organes d'alimentation et de manœuvre de celui-ci, lesquels sont,

Fig. 122. — Motocyclette Griffon.

dans les grandes lignes, les mêmes que pour une voiture. A titre d'exemple, nous ne pouvons mieux faire que de décrire, avec quelques détails, une motocyclette Griffon.

Nous aurons à examiner, successivement, le cadre, le moteur, le carburateur, les divers organes de manœuvre et les divers accessoires.

Le cadre. — Le cadre d'une motocyclette correspond au châssis dans une voiture, son importance
est primordiale : il faut, en effet, qu'il soit d'une
grande rigidité, la machine étant appelée à circuler
sur du pavé plus ou moins irrégulier, où les pneus
sont insuffisants à modérer les cahotements; afin
aussi de supprimer toute vibration, aussi nuisible
à la conservation de l'énergie qu'au confortable du
cycliste ; il doit être d'une solidité à toute épreuve,
car ces petits engins, destinés à réaliser d'assez
grandes vitesses, seraient des instruments de mort,

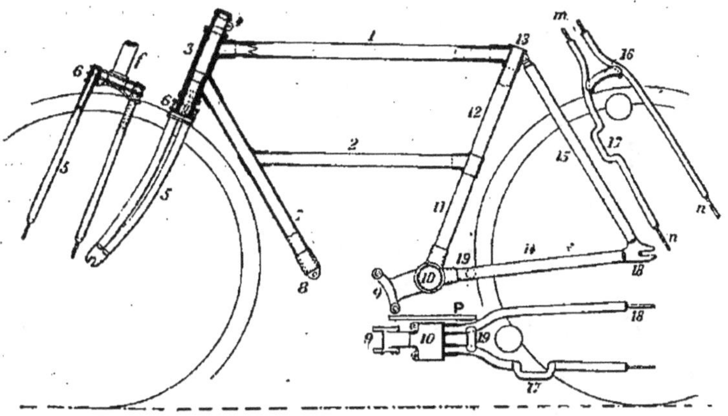

Fig. 123. — Cadre de motocyclette Griffon.

si les fourches et les diverses parties du cadre
étaient sujettes à des ruptures relativement faciles ;
le danger, déjà grand pour une bicyclette, devient
beaucoup plus grand pour une motocyclette, dont
la vitesse normale peut être évaluée à près du triple
de celle d'une bicyclette.

Le cadre est fait en tubes d'acier étiré ; dans les
motocyclettes Griffon, les diverses parties du cadre
sont faites en tubes d'épaisseurs différentes. La

figure 123 représente ce cadre. Le cadre est composé : d'un tube reliant le raccord supérieur de douille au raccord de selle (*tube supérieur* 1), d'un tube qui part de la selle et va au pédalier (*tube central* 11-12), d'un tube pivotant autour de la douille et l'enveloppant extérieurement (*tube de douille de direction* 3), enfin, d'un tube se trouvant à l'intérieur de celui-ci (*pivot de direction*); d'autre part, un tube part du raccord inférieur de douille et va supporter le moteur (on l'appelle *tube diagonal* 7); un autre, parallèle au tube supérieur et brasé sur les tubes central et diagonal, porte le nom de *tube entretoise* 2. L'arrière du cadre est formé par deux parties : les *haubans* et la *fourche arrière*. Ces diverses parties diffèrent, bien entendu, dans leurs dispositions de détail, suivant le modèle des machines. Dans la « Griffon », dont nous donnons ici la description, le hauban de gauche et le même côté de la fourche arrière comportent des ponts (17, fig. 123) destinés au passage de la poulie réceptrice (voir fig. 123).

Enfin, le cadre est complété par la fourche avant, dont la tête, à triple plaquette, reçoit intérieurement les quatre fourreaux. Ce mode de montage est tout particulièrement solide et convient très bien aux motocyclettes.

On remarquera que le cadre de la motocyclette Griffon est ouvert à la partie inférieure. Il est fermé par le moteur, qui vient se loger entre le pont avant du pédalier et l'extrémité inférieure du tube diagonal. Le pont et la base du pédalier sont venus ensemble de fonte. Cette particularité de fabrication donne une très grande rigidité à la

machine et assure très solidement la suspension
du moteur.

Les motocyclettes d'autres marques ont des cadres disposés en principe de la même façon et les
divers types ne diffèrent, en somme, que par des
détails. Dans la Griffon, le pédalier est monté en
excentrique, ce qui permet un réglage de la tension des chaînes par un simple déplacement de
tout le pédalier en avant ou en arrière, sans qu'il
soit nécessaire de s'occuper de la courroie, qui
reste ainsi indépendante, la roue arrière ne bou-
geant pas. La fourche et les haubans arrière sont
consolidés par deux fortes entretoises extrêmement
rigides et indéformables. C'est là une condition de
la plus haute importance qu'il faut réaliser dans les
motocyclettes.

Le moteur. — Les moteurs de motocyclettes ont
généralement aujourd'hui une force variant entre
1 1/2 et 2 3/4 ou 3 chevaux. Nous ne parlerons pas,
en effet, des motocyclettes monstres qui ont été
construites pour des usages spéciaux, comme pour
l'entraînement des coureurs cyclistes, et dont les
puissances atteignent des valeurs considérables,
ni des machines de course, toujours plus puissantes que les machines de tourisme. Pour celles-
ci, il n'est guère utile, ni prudent, de dépasser
cette puissance de 2 chevaux 3/4 à 3 chevaux. Dans
la motocyclette Griffon que nous décrivons, le
moteur, du type Zedel, est de 2 chevaux 3/4 et à
soupapes commandées. La même maison établit des
motocyclettes avec moteur 3 1/2 chevaux.

On a beaucoup discuté pour les motocyclettes,

comme pour les automobiles, l'opportunité d'employer des soupapes automatiques ou commandées ; l'accord est loin d'être fait, et certains constructeurs ne font que des soupapes automatiques, tandis que d'autres donnent la préférence aux soupapes commandées.

La figure 124 représente le moteur Zedel, vu du côté droit. Les soupapes d'admission (droite) et d'échappement (gauche) sont placées à côté l'une de l'autre. La came d'allumage est renfermée dans un petit carter et la distribution dans un autre carter. Un guide placé sur le taquet de la sou-

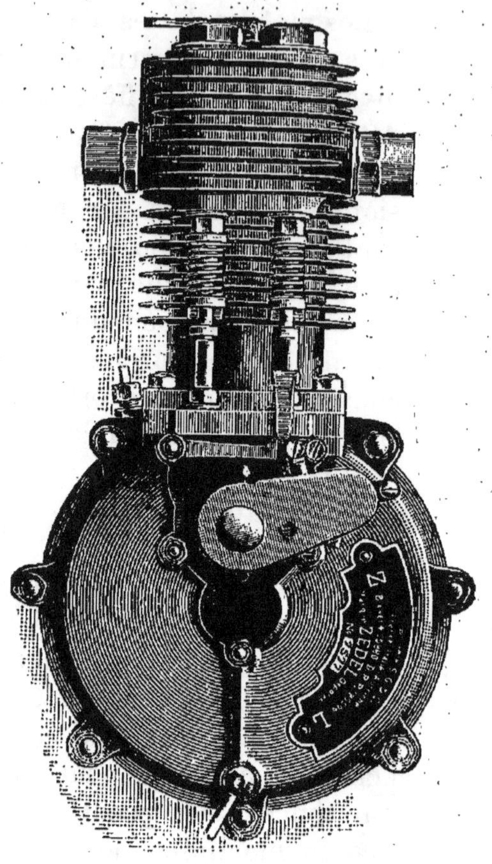

Fig. 124. — Moteur Zedel.
Vue extérieure, côté droit.

pape d'échappement a pour but de soulever celle-ci et de décomprimer le moteur lorsque l'on fait tourner le carter de l'avance à l'allumage sur son axe. A la partie inférieure du carter se trouve un robinet de vidange. Enfin, signalons que l'admission se fait par la tubulure située en haut et à gauche, et l'échappement par celle de droite. La figure 125 représente le moteur, vu du même côté, mais avec son carter de distribution ouvert. Nous croyons intéressant de donner quelques renseignements pratiques sur le mode de démontage du carter de distribution. Pour procéder à cette opération, on doit d'abord soulever avec un manche de tournevis ou de lime les deux taquets afin que leurs extrémités inférieures qui sont engagées dans la pièce métallique formant le haut du couvercle du carter, ne se cassent pas au moment où, après avoir dévissé les deux vis du carter, on voudra dégager ce dernier de trois tenons. Une fois le couvercle du carter retiré, apparaît l'axe du moteur portant le pignon de distribution. L'arbre de

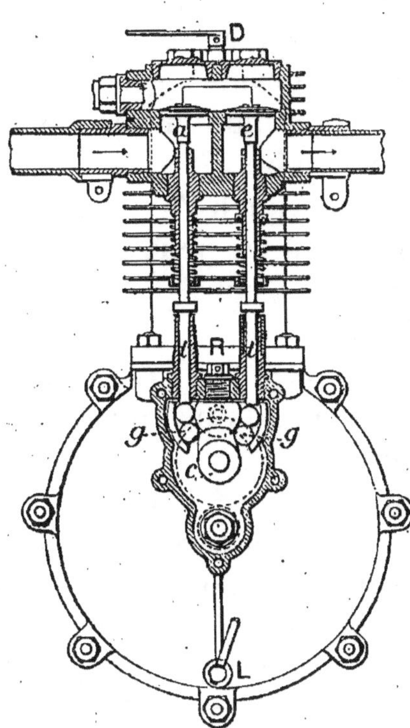

Fig. 125. — Moteur Zedel. Coupe montrant la commande des soupapes.

dédoublement *c* porte la came qui soulève les taquets commandant la soupape d'admission et d'échappement.

Remarquons que la came C n'est pas assez longue

pour venir en contact avec les deux petites queues des taquets de soulèvement; elle agit donc sur eux au moyen d'intermédiaires, qui sont, en la circonstance, des galets coulissant dans une glissière pratiquée à l'intérieur de la pièce formant le haut du couvercle du carter de distribution.

La came C est en contact avec cette pièce et est montée juste entre les galets g g, qui se trouvent sous les taquets de soulèvement des soupapes; si l'on déplace légèrement la came à droite ou à gauche, on force les galets à remonter dans leurs glissières et à agir sur les taquets.

Ce dispositif de distribution a l'avantage de supprimer l'arbre à cames, qui ne peut se loger autre part que dans le carter et qui, par cette raison même, est d'accès difficile.

Les deux soupapes a et e (fig. 125) sont interchangeables, ce qui permet de n'emporter qu'une soupape de rechange.

En R, au milieu du carter, se trouve un décompresseur à billes. Ce décompresseur est destiné à faciliter l'échappement des gaz qui pourraient s'introduire dans le carter et faire contre-pression dans le piston. La présence de ces gaz dans le carter a, en outre, un autre inconvénient, celui de faire disjoindre sous l'effort de contre-pression les parois métalliques du carter et de laisser l'huile se répandre un peu partout.

En L se trouve placé un purgeur et en D le décompresseur du cylindre.

Enfin, les figures 126 et 127 représentent avec plus de détails le même moteur, la première en coupe perpendiculaire à l'axe, la seconde en coupe passant par l'axe. Sur cette deuxième coupe, on distingue le piston, la bielle, le volant et la poulie de commande, ainsi que le détail d'une soupape.

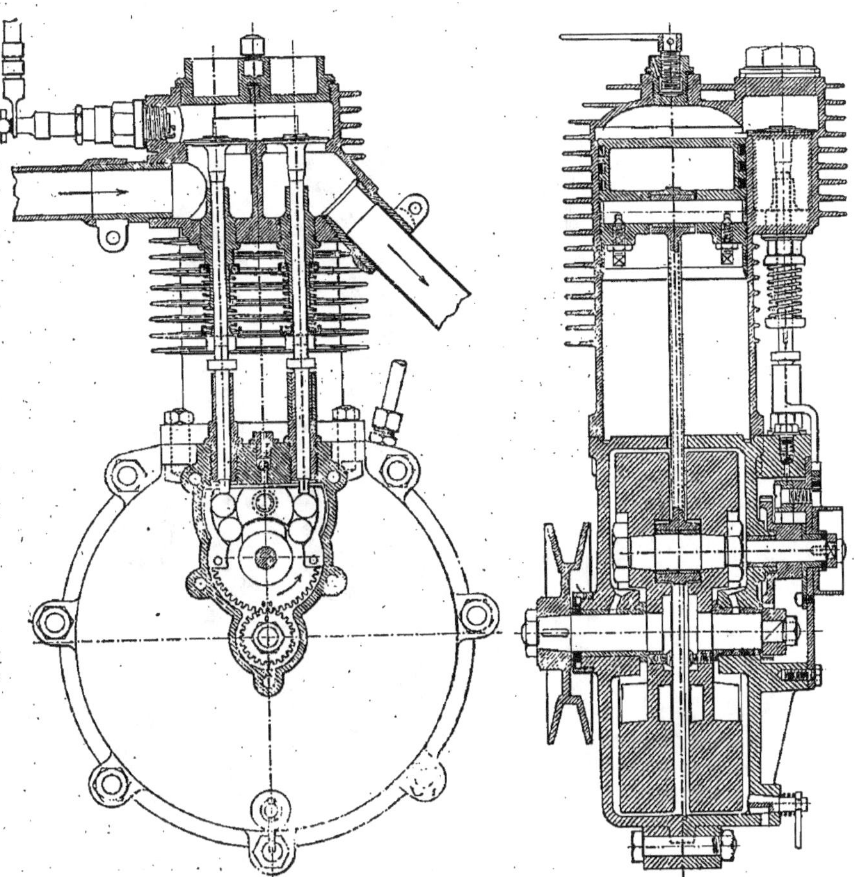

<table>
<tr><td>Fig. 126. — Moteur Zedel. Coupe perpendiculaire à l'axe.</td><td>Fig. 127. — Moteur Zedel. Coupe par l'axe.</td></tr>
</table>

Le carburateur. — Le carburateur des motocyclettes est, en principe, analogue, nous pourrions même dire identique, à celui des automobiles. Dans

la motocyclette Griffon, c'est un carburateur système Longuemare, avec réglage de quantité.

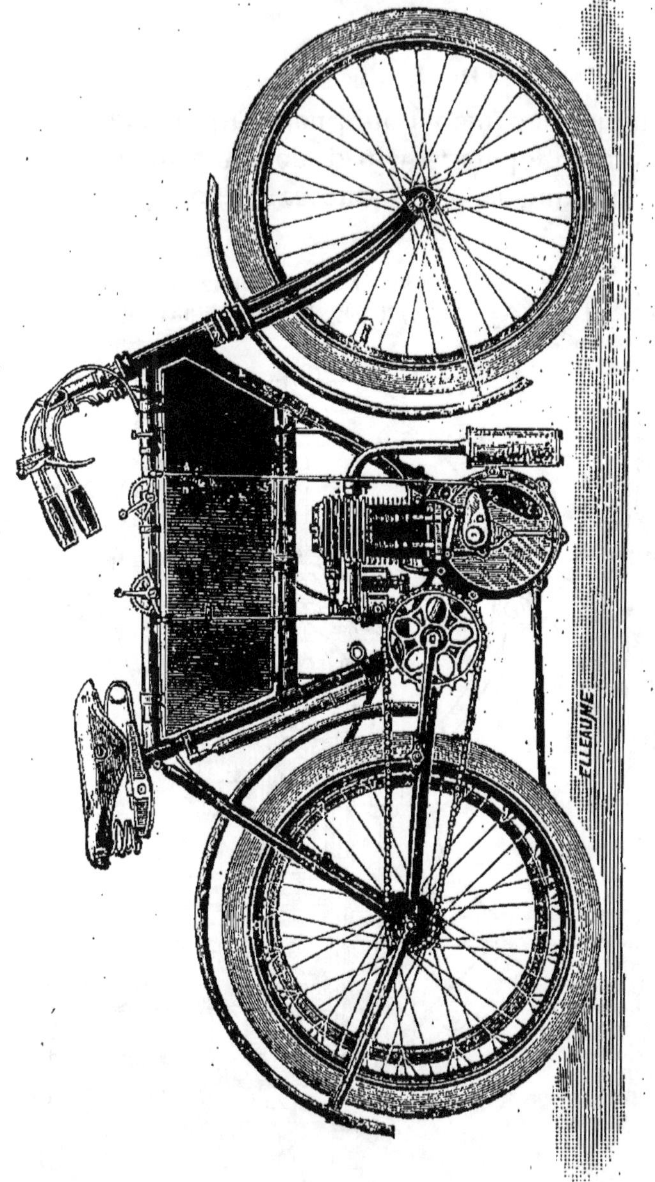

Fig. 128. — Motocyclette Griffon, 2 3/4 chevaux.

L'essence est contenue dans un réservoir en
laiton nickelé, logé dans le cadre, entre le tube

supérieur et le tube entretoise (voir fig. 128). Le réservoir est divisé en deux parties de capacité inégale, contenant, la plus grande, l'essence, et la plus petite, l'huile.

L'allumage. — L'allumage se fait dans la motocyclette comme dans les automobiles. Sur les machines construites jusqu'ici, on a surtout employé l'allumage électrique par bobine et bougie. Le courant est fourni par des accumulateurs, le plus souvent, transformé par une bobine de dimensions réduites et de forme spéciale, et l'étincelle se produit dans une bougie ne présentant aucune particularité spéciale.

Dans le type de motocyclette Griffon que nous décrivons, les accumulateurs et la bobine sont logés dans un compartiment disposé à la partie centrale du réservoir.

Dans ces derniers temps, certains constructeurs ont réussi à adapter aux motocyclettes l'allumage par magnéto. C'est là un avantage très appréciable, car, ainsi que nous l'avons dit pour les voitures, l'adoption de l'allumage par magnéto supprime le plus grand nombre des pannes.

De plus, il en résulte une très notable simplification de la canalisation électrique. En effet, on fait usage de magnétos à bougies, et la canalisation se réduit à deux fils : l'un allant de la magnéto à la bougie ; l'autre part de la magnéto, passe par la poignée de contact (voir plus loin) et retourne à la masse.

La maison Griffon établit aujourd'hui couramment des motocyclettes 3 1/2 chevaux (pour le grand tourisme) avec allumage par magnéto. Le moteur attaque par des engrenages une magnéto Simms-Bosch logée dans une fourche formée par le tube diagonal du cadre de la motocyclette. Le système d'engrenages est constitué par trois roues dentées de même diamètre, la première étant calée sur l'arbre de dédoublement du moteur. Dans ces conditions, la magnéto tourne dans le même sens que cet arbre et à la même vitesse que lui.

La maison Cottereau construit également des motocyclettes à allumage par magnéto; dans ces machines, l'attaque de la magnéto (du système Simms-Bosch à bougies) se fait par chaîne.

Organes de manœuvre. — Le motocycliste a à sa disposition deux manettes se déplaçant contre

Fig. 129. — Manettes de commande dans une motocyclette Griffon.

deux secteurs dentés (voir fig. 129). Ces deux manettes commandent toutes les manœuvres.

Transmission. — La transmission du mouvement à la roue arrière dans les motocyclettes se fait, suivant les constructeurs, de quatre façons :

1° *Par courroie.* — C'est le mode de transmission de beaucoup le plus répandu aujourd'hui. La courroie est presque toujours trapézoïdale, comme dans la motocyclette Griffon et dans un grand nombre d'autres marques ; on emploie aussi, mais moins généralement, des courroies plates ou rondes ; dans tous les cas, la courroie agit sur une poulie montée sur la roue arrière (1).

2° *Par chaîne.* — Cette transmission ne présente rien de particulier. Comme nous l'avons dit, ce système est loin d'être aussi employé que le précédent ; on tend de plus en plus à substituer la courroie trapézoïdale à la chaîne ; toutefois, une nouvelle marque, la « Magali », qui s'est fort honorablement classée dans le Critérium du tiers de litre (octobre 1904) emploie la transmission par chaîne laquelle a donné toute satisfaction.

3° *Par cardan.* — Tout comme dans les voitures, on a appliqué la transmission de Cardan aux motocyclettes. (*Moto-Cardan.*)

4° *Par attaque directe.* — Enfin, la maison G. Knapp commande la roue motrice par attaque directe, au moyen d'un pignon calé sur l'axe du moteur et d'une couronne dentée montée sur la roue arrière.

---

(1) Signalons, à ce point de vue, que, sur les douze machines qualifiées pour la finale du Critérium du tiers de litre (octobre 1904, voir p. 39), dix étaient munies de transmission par courroie, trapézoïdale dans tous les cas ; les deux autres machines étaient munies de transmission par chaîne.

Embrayage dans les motocyclettes. — On tend de plus en plus à munir les motocyclettes de systèmes d'embrayage permettant de traverser les endroits encombrés sans avoir à couper l'allumage ou à modifier continuellement la carburation, etc.

Il existe un assez grand nombre de systèmes d'embrayage pour motocyclette ; le moyeu Bowden à embrayage est d'une originalité remarquable, surtout au point de vue de la commande. En voici une description rapide.

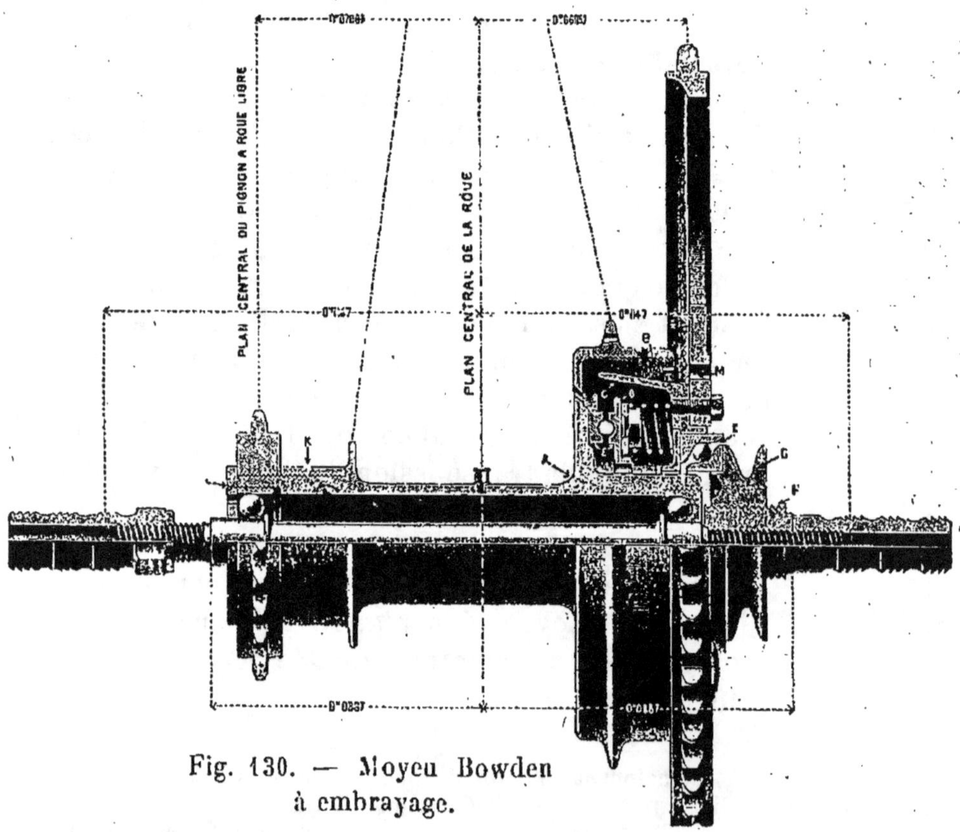

Fig. 130. — Moyeu Bowden
à embrayage.

La figure 130 représente ce moyeu dont la commande est faite au moyen de l'ingénieuse transmission Bowden bien connue.

Sur le moyeu est vissée une poulie filetée G (fig. 130) ; la transmission Bowden (composée en l'espèce de deux câbles), commandée par une manette placée, soit sur le guidon, soit sur le cadre, agit sur cette poulie ; celle-ci, en tournant en avant vers le moyeu, appuie sur le cône mâle C et le sépare du cône femelle B, ce qui réalise le débrayage de la façon la plus simple.

En reculant, au contraire, sur son pas de vis (par rotation en sens inverse), la poulie laisse le cône mâle s'appuyer sur le cône femelle sous l'action des ressorts ; l'embrayage est ainsi produit.

Le cône mâle C est en acier ; le cône femelle B est en fibre vulcanisée. D est une couronne roulant sur billes et servant de point d'appui aux ressorts d'embrayage. F est un roulement à billes transmettant la pression de la poulie à vis G qui provoque le débrayage. Cette poulie tourne et avance sur le pas de vis fixe H.

La motocyclette représentée par la figure 131 est munie du moyeu Bowden et de commande par chaîne.

Graissage. — Le graissage se fait au moyen d'un graisseur coup-de-poing automatique ; pour le faire fonctionner, on n'a qu'à soulever la tige du graisseur, faire faire à sa tige un demi-tour et appuyer, sans qu'il soit nécessaire d'ouvrir ou de fermer aucun robinet.

Divers. — Le *guidon* des motocyclettes diffère, en général, légèrement comme forme de celui des bicyclettes. Celui des motocyclettes Griffon est

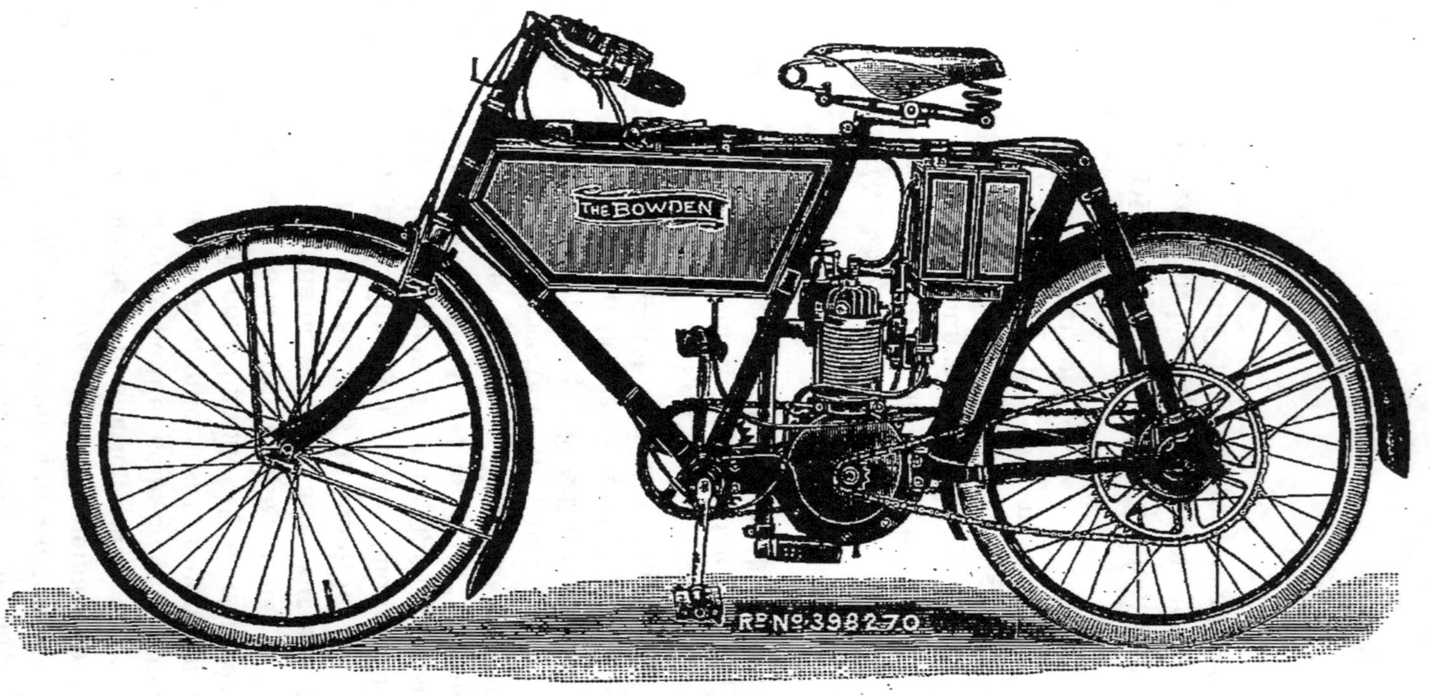

Fig. 131. — Motocyclette munie du moyeu Bowden à embrayage.

relevé, ce qui permet au motocycliste de se tenir plus droit sur sa selle. Les *poignées du guidon* ont chacune leur emploi dans les motocyclettes; celle de gauche permet toujours de couper l'allumage : c'est la poignée interruptrice. Celle de droite, dans les motocyclettes Griffon, est également tournante, et commande par transmission flexible un décompresseur agissant sur la soupape d'agissement. Ce décompresseur permet, lorsqu'on désire arrêter la machine, de décomprimer le moteur sans avoir besoin de lâcher le guidon, ce qui est un précieux avantage sur le sol glissant. Il a, en outre, l'avantage de permettre l'allure réduite dans les encombrements.

Les motocyclettes sont munies de *freins* puissants au nombre de deux, agissant le plus souvent, l'un sur le moyeu arrière, et l'autre sur la jante avant ou arrière.

Depuis quelque temps, on a perfectionné la direction des motocyclettes en adaptant *la fourche élastique*, destinée à amortir les cahots imprimés par les irrégularités du sol à la roue directrice. Cette disposition assure certainement plus de confortable au motocycliste, car les trépidations de la roue directrice, lorsqu'on roule sur de mauvais pavés, sont extrêmement fatigantes.

USAGE ET ENTRETIEN DES MOTO-CYCLETTES

Opérations à effectuer avant la mise en marche. — Les indications que nous allons donner se rapportent plus spécialement aux motocyclettes Griffon, mais peuvent s'appliquer avec fort peu de modifications aux motocyclettes d'autres marques.

1° Il faut d'abord *graisser le moteur* à l'aide de la pompe placée à l'avant du réservoir ; pour cela tirer la tige de la pompe jusqu'à fond de course, la pointe de la poignée dirigée en avant, puis refouler l'huile ainsi aspirée après avoir fait tourner la poignée d'un quart de tour. Du reste, les positions d'aspiration et de refoulement sont indiquées sur le réservoir.

(On doit vider l'huile restant dans le moteur tous les 100 kilomètres environ. Après cette opération, donner un coup de pompe pour chacun des graissages qui suivent, à effectuer tous les 20 à 25 kilomètres, un coup de pompe suffit.)

2° *S'assurer que le réservoir renferme de l'essence.* Comme pour les autos, on ne doit employer que de l'essence spéciale pour automobiles de 680 à 700°.

Ouvrir le robinet d'arrivée d'essence, et appuyer sur le poussoir placé au-dessus du flotteur du carburateur ; la rencontre du flotteur avec ce poussoir indique que l'essence arrive bien au carburateur.

3° *S'assurer que les manettes sont bien dans la position de départ,* c'est-à-dire :

a) La manette avant inclinée en arrière ;

b) La manette arrière verticale.

Ces opérations ont pour but : la première, de retarder l'allumage et de soulever la soupape d'échappement ;

La seconde, d'ouvrir en grand l'étrangleur de gaz; comme la première, elle sert à régler la vitesse; en tirant la manette à soi, on ferme partiellement l'entrée du gaz et la vitesse diminue.

Mise en marche.

1° *Mettre la cheville de contact* dans l'interrupteur du guidon et visser à fond la poignée coupant le circuit.

2° Se mettre en selle et *pédaler vivement* : lorsqu'on est lancé, laisser retomber la soupape d'échappement en levant la manette d'avant, et de suite les explosions doivent se produire.

Pour accélérer l'allure, relever progressivement la manette avant.

Nota. — Si l'on éprouve de la peine à mettre en marche, introduire un peu de pétrole par le robinet de compression afin de décoller les segments.

Si la difficulté persiste, ne pas s'obstiner à mettre en marche; faire faire demi-tour au support porte-bagages que tout motocycliste devrait avoir sur sa machine, et pédaler à l'arrêt jusqu'à ce qu'on obtienne des explosions fortes et régulières. A défaut de support, se servir d'un chevalet ou de deux tabourets.

Arrêt.

Pour s'arrêter, dévisser légèrement la poignée gauche; le contact n'ayant plus lieu, les explosions s'arrêtent; soulever ensuite la soupape d'échappement et achever l'arrêt en serrant légèrement le levier du frein arrière placé à portée de la main droite. Le frein placé à portée de la main gauche ne devra être employé que comme frein de secours.

Avoir soin à chaque arrêt d'enlever la cheville de contact.

Pour descendre les côtes.

Fermer le gaz en abaissant la manette arrière, *couper le courant* en dévissant la poignée. *Soulever la soupape d'échappement*, à moins que la descente ne soit très rapide. En général, soulever la soupape d'échappement chaque fois qu'on le peut, pour refroidir le moteur.

Pour monter les côtes.

Les aborder à une bonne vitesse, le gaz et l'avance à l'allumage étant en plein. On ramènera progressivement la manette d'avance à l'allumage en arrière si l'on sent le moteur ralentir par trop, sans toutefois ramener cette manette à fond.

Quelques recommandations.

Avoir toujours dans sa sacoche les clés nécessaires pour le démontage de tous les organes extérieurs du moteur. Il est prudent aussi de prendre avec soi une ou deux bougies de rechange, un trembleur, une soupape d'aspiration et une soupape d'échappement avec leurs ressorts, rondelles et clavettes, un ou deux crochets de courroie et un emporte-pièce ou une vrille permettant de raccourcir la courroie au besoin.

PANNES ET REMÈDES

Nous envisagerons, ci-après, les pannes les plus fréquentes avec les motocyclettes, renvoyant nos lecteurs au chapitre spécial (chap. xiv) pour des détails plus circonstanciés relatifs aux défauts de fonctionnement.

Les pannes dans les motocyclettes proviennent le plus souvent d'un mauvais allumage ou d'une mauvaise carburation.

Mauvais allumage. — Pour une panne d'allumage, procéder dans l'ordre suivant :

1° *Trembleur.* — Enlever le couvercle de la came d'allumage (Voir fig. 27), établir le courant, et maintenir le trembleur en contact avec la vis platinée de façon à s'assurer que l'étincelle se produit bien. Nettoyer les contacts s'ils sont salis par l'huile.

Après un certain temps de marche, il est quelquefois nécessaire de régler les points de contact en rapprochant légèrement la vis platinée ;

2° *Bougie.* — Enlever le fil qui y aboutit ; en présenter l'extrémité à quelques millimètres d'une partie métallique de la motocyclette et soulever le trembleur avec l'ongle pour faire contact ; si une étincelle suffisante se produit entre cette extrémité et la masse, c'est la bougie qui fonctionne mal.

Enlever alors cette dernière ; vérifier si elle n'est pas encrassée par l'huile ; dans ce cas, la nettoyer à l'essence et s'assurer que les deux pointes ne sont pas trop écartées (elles doivent être distantes d'un millimètre au maximum).

Procéder ensuite aux mêmes essais que ci-dessus en amenant la partie métallique de la bougie contre le moteur. On doit obtenir une étincelle entre les pointes de la bougie à chaque pression sur le trembleur. Une fissure dans la porcelaine de la bougie peut se produire et, dans ce cas, bien que l'opération ci-dessus amène une bonne étincelle entre les pointes, une fois la bougie remontée, sous l'influence des trépidations, il se produit un court-circuit occasionnant des ratés. Voir alors si la porcelaine n'est pas ébranlée et, dans l'affirmative, remplacer la bougie.

3° *Accumulateurs.* — Si l'étincelle se produit peu ou pas du tout au trembleur, vérifier le voltage des accumulateurs qui ne doivent jamais donner moins de 3,8 volts. Si le voltage est moins élevé, faire procéder à leur recharge. (Voir pour plus de détails p. 91.)

4° *Fils conducteurs.* — Si le trembleur, la bougie, les accumulateurs visités ne présentent rien d'anormal, voir avec soin tous les fils, resserrer les bornes, remplacer tout fil dont l'enveloppe isolante paraîtrait détériorée ; éviter que les fils passent trop près d'une partie chauffée par le moteur.

Toutes ces causes peuvent amener des courts-circuits.

Suivre pour cette visite le sens du courant en utilisant les renseignements et les schémas d'installation fournis par les constructeurs.

Voici la façon dont la partie électrique est disposée dans les motocyclettes Griffon. La figure 132 permettra de suivre cette description.

Le courant primaire part du pôle positif de l'accumulateur (+) traverse par P l'enroulement à gros fil de la bobine, en sort par C, d'où il va à la vis platinée de l'allumage V. La came, en amenant le trembleur au contact de la vis platinée, fait passer le courant par la masse ; le courant, par l'inter-

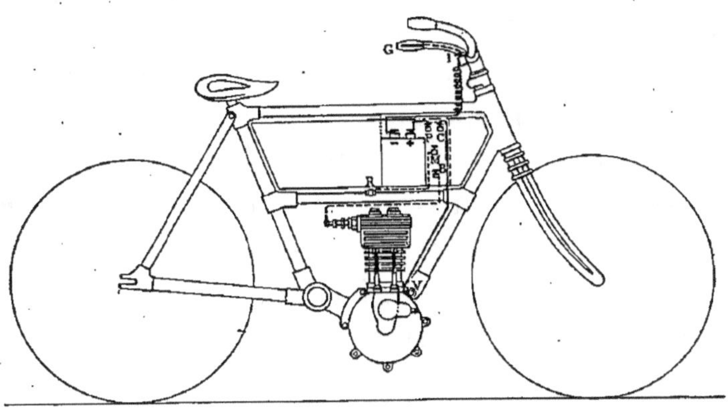

Fig. 132. — Schéma de la canalisation électrique dans une motocyclette Griffon.

médiaire du fil qui part de la poignée G, passe par l'interrupteur I et arrive au pôle négatif (—) de l'accumulateur, fermeture du circuit.

Le courant induit part de la bobine par la borne B, arrive à la bougie par le gros fil, traverse la masse et arrive par le collier du réservoir R à la borne de masse M de la bobine, fermeture du circuit secondaire.

Mauvaise carburation. — L'insuffisance ou, inversement, la trop grande quantité d'air admise dans le carburateur, peuvent causer des ratés.

Régler la carburation : pour cela, chercher en tâtonnant le point où les explosions sont les plus fortes à l'oreille ; généralement, en ouvrant en grand l'admission de gaz, on trouve la bonne carburation en ouvrant totalement, ou presque, l'air. (Voir p. 294.)

Dans d'autres cas, les ratés sont dus à une arrivée insuffisante d'essence au carburateur. On reconnaît ce genre de panne à ce que l'on est obligé de marcher avec très peu d'air.

Vérifier, dans ce cas, le tuyau d'arrivée d'essence ; voir ensuite si le gicleur n'est pas obstrué. (Pour faire cette dernière vérification, enlever le couvercle de la chambre de pulvérisation et appuyer sur le poussoir du flotteur, à plusieurs reprises ; l'essence devra jaillir par le gicleur.)

S'il y a obstruction, nettoyer avec un chiffon et de l'essence.

Manque de compression. — Le mauvais fonctionnement du moteur peut encore provenir d'un manque de compression. Celui-ci peut avoir plusieurs causes.

1° Joints calcinés (remplacer) ;

2° Soupape cassée (remplacer) ;

3° Clavette de ressort de soupape cassée (remplacer) ;

4° Soupapes portant mal sur leur siège (roder) ;

5° Segments cassés (remplacer).

Nous renvoyons au chapitre spécial aux pannes dans les voitures pour les détails de ces opérations, tel que le rodage d'une soupape (p. 293), etc...

DEUXIÈME PARTIE

Automobiles mues par Moteurs à vapeur

Généralités.

Le moteur à vapeur présente sur le moteur à explosion des avantages assez considérables qui rendent très séduisante l'idée de l'appliquer aux automobiles. En effet, ce moteur est plus souple, de manœuvre plus aisée, d'une grande élasticité, et ne donne pas lieu à la trépidation que l'on reproche quelquefois aux moteurs à explosion. Ceux-ci, comme nous l'avons dit précédemment, ont été tellement perfectionnés, ces derniers temps, qu'ils pourraient se rapprocher de plus en plus, à tous ces points de vue, du moteur à vapeur.

En revanche, on a reproché aux automobiles à vapeur le danger résultant de la présence d'une chaudière sur la voiture, la nécessité d'employer des appareils de sécurité divers, les ennuis que crée le chauffage du générateur, que l'on croyait, au début, ne pouvoir faire qu'au coke ou au charbon, la difficulté créée par la présence de nombreux joints, la délicatesse des distributions par tiroirs, etc.

Néanmoins, la vapeur a des partisans enthousiastes et il existe un très grand nombre de voitures automobiles à vapeur dont le fonctionnement est parfait.

Tous les automobilistes connaissent aujourd'hui les automobiles Gardner-Serpollet.

La maison de Dion-Bouton s'est fait également une spécialité de la construction de grosses voitures, omnibus et camions à vapeur.

Dans ces voitures, les difficultés que nous avons signalées plus haut ont été résolues avec la plus grande élégance et les dangers résultant de l'emploi de la vapeur ont été réduits au minimum.

D'une façon générale, ces voitures emploient des générateurs à vaporisation instantanée, ce qui assure une grande sécurité, et dont le chauffage est obtenu au moyen de pétrole lampant, dont la manipulation est facile et propre.

Nous allons décrire maintenant les principaux organes d'une voiture automobile Gardner-Serpollet, que nous prendrons comme type de voiture à vapeur, dans l'ordre suivant :

1° Générateur ;

2° Moteur ;

3° Appareils d'alimentation ;

4° Appareils de manœuvre et de sécurité.

CHAPITRE PREMIER

Générateur.

Le générateur, du type dit « à vaporisation instantanée », ne contient, en ordre de marche, pour ainsi dire aucun réservoir de vapeur ni d'eau ; il fonctionne à circulation forcée, et n'a pas de capacité appréciable.

Les variations de puissance du moteur alimenté par ce générateur sont obtenues directement par des variations de production de vapeur, à des pressions correspondant à l'effort à produire.

En d'autres termes, on fournit à chaque instant au générateur, et au moment même des besoins, la quantité d'eau qu'il doit transformer instantanément en vapeur surchauffée.

La figure 133 représente un élément de générateur. La chaudière d'une voiture est composée d'un nombre variable de ces éléments, suivant la puissance du moteur qu'elle doit alimenter.

Chauffage du générateur. — Le chauffage est obtenu au moyen de pétrole lampant ; celui-ci arrive, par une canalisation convenablement disposée, dans le brûleur, lequel comporte un serpentin où le liquide se volatilise sous l'influence de la température et sort à l'état gazeux par l'orifice central de chaque bec ; ces jets s'enflamment au contact de l'air dans un dispositif analogue à celui du bec Bunsen. Le pétrole est donc employé, en quelque sorte, sous pression et sert de combustible gazeux.

La figure 134 représente la chaudière en coupe;

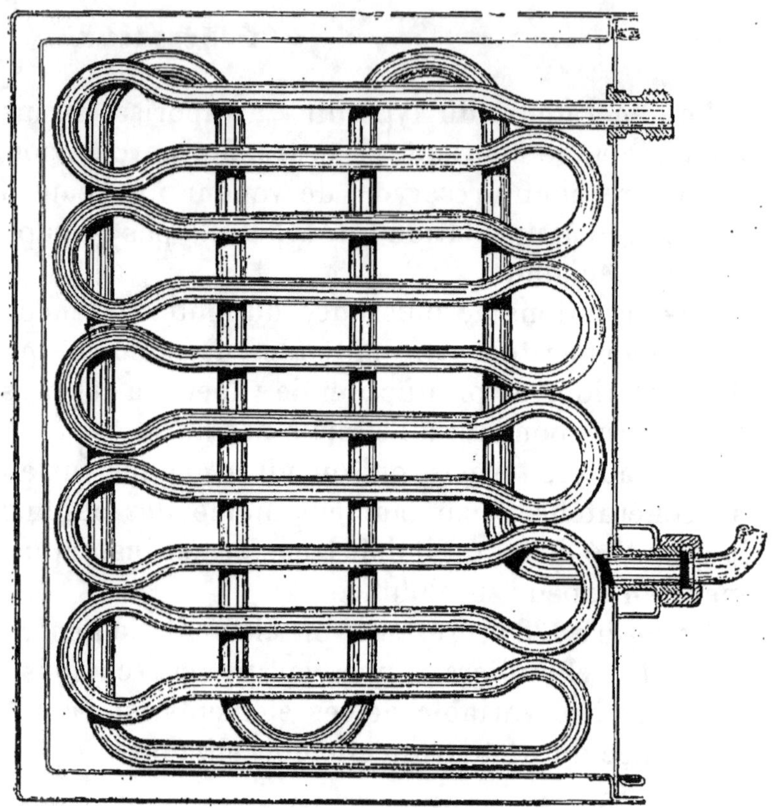

Fig. 133. — Vue d'un élément de générateur Serpollet.

on y voit le dispositif d'arrivée d'air au brûleur et celui de l'évacuation des gaz.

Un système, dit d'alimentation proportionnelle, qui sera décrit ultérieurement, a pour effet de rendre l'intensité de la flamme rigoureusement proportionnelle au débit de vapeur à produire, et, par suite, à la quantité d'eau refoulée dans la

chaudière. Il en résulte que les tubes ne sont
jamais portés à une température qui puisse dété-

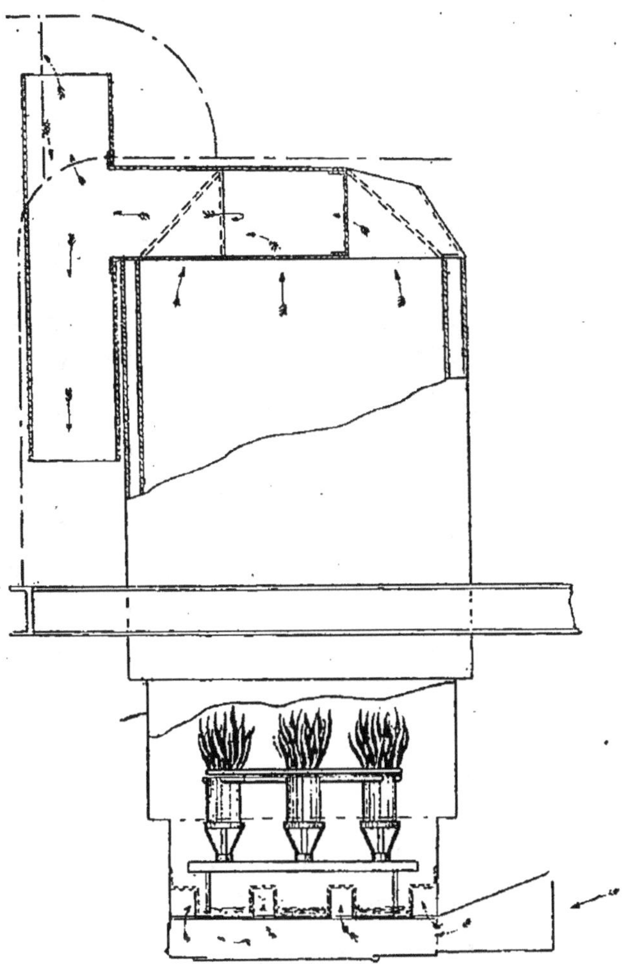

Fig. 134. — Coupe de la chaudière Serpollet.

riorer le métal, bien que la vaporisation et la
surchauffe soient toujours assurées.

Pour allumer la chaudière, on emploie un peu
d'alcool au moyen duquel on chauffe progressive-

ment les conduits et les orifices du brûleur, de façon à mettre en pression le pétrole.

Cette opération peut se faire en six minutes environ.

La faible section des tuyaux constituant le générateur pourrait faire penser que celui-ci est sujet à s'encrasser. Cette crainte est mal fondée, ainsi que la pratique le démontre d'une façon absolue, et ce résultat est dû à une série de causes dont les principales sont :

1° La vitesse considérable de la circulation, vitesse qui empêche la formation de dépôts ;

2° Les variations de l'alimentation déplacent perpétuellement le point de vaporisation où les dépôts tendraient à se former ;

3° Les purges fréquentes, soit automatiques, provoquées par le jeu du pointeau-soupape dont il sera parlé plus tard, soit déterminées, par l'ouverture en grand de ce pointeau chaque fois que l'on cesse de se servir de la voiture, provoquent un retour violent en arrière de la vapeur et de l'eau qui balaye énergiquement toute la surface intérieure des tubes ;

4° La condensation de la vapeur d'échappement épure partiellement l'eau d'alimentation ;

5° Les quelques gouttes d'huile ramenées au réservoir et qui sont parfois entraînées dans les tubes, s'opposent à l'adhérence des matières qui tendraient à former un dépôt.

Ce générateur réalise une grande surface de chauffe pour un encombrement très réduit, et, la disposition des brûleurs étant rationnellement étudiée, le pétrole est parfaitement utilisé. Si la pression du pétrole devenait assez élevée, supérieure à deux atmosphères, on pourrait craindre que la combustion ne fût incomplète, ainsi que cela se produisait autrefois dans les premiers modèles construits.

Aujourd'hui, MM. Gardner-Serpollet ont tourné la difficulté en imaginant un système de porte-brûleurs qui, grâce à un courant d'air, fournit rigoureusement à la flamme la quantite d'oxygène nécessaire à la parfaite combustion du pétrole.

CHAPITRE II

Le Moteur.

Le moteur à vapeur, système Gardner-Serpollet, est à 4 cylindres, à simple effet, groupés en vis-à-vis, comme le représente la figure 135.

L'aspect général de chaque cylindre rappelle assez celui d'un moteur à pétrole.

On a cherché, avant tout, à supprimer, dans ce moteur, les presse-étoupes qui sont toujours une cause d'ennui, surtout dans les moteurs d'automobiles dont la surveillance n'est pas aussi facile que celle d'un moteur fixe plus accessible, et dont les dimensions, relativement réduites, donnent une importance relativement plus grande aux moindres fuites de vapeur. Les bielles sont reliées directement aux pistons dont l'étanchéité est obtenue par une série de quatre segments.

Distribution. — Pour la distribution, on a renoncé, de très bonne heure, aux tiroirs, qui peuvent donner des résultats très bons dans un moteur fixe, mais dont l'emploi, sur une automobile, serait très malaisé, à cause des difficultés de réglage, de l'entretien presque constant et des réparations délicates qu'il exige.

On leur a donc préféré les *soupapes*, plus robustes, et d'un fonctionnement plus sûr dans ces conditions.

Pour rendre leur fonctionnement plus facile,

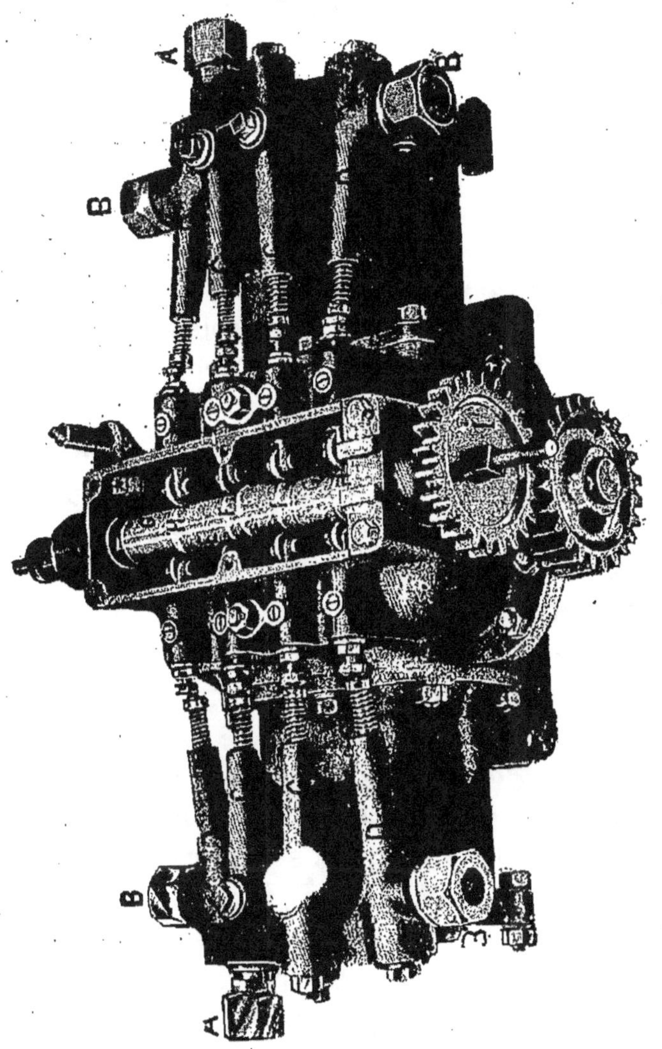

Fig. 135. — Moteur Gardner-Serpollet.

on a cherché à leur éviter tout choc, ce qui a été
réalisé au moyen de cames de commande, qui les

accompagnent dans tout leur trajet, aussi bien au retour qu'à l'aller, ce qui évite que les soupapes ne retombent brusquement sur leur siège. En même temps, on diminue ainsi les chances d'usure.

L'ensemble de l'arbre moteur et des bielles de pistons est entièrement renfermé dans un carter, ce qui permet d'en assurer le graissage dans des conditions faciles et pratiques.

Commande des soupapes. — Les soupapes sont actionnées par une succession de cames taillées sur l'arbre de commande. Ces arbres comportent des parties concentriques à l'arbre et des parties excentriques.

Pour la mise en marche, l'arrêt ou la marche arrière, il suffit de déplacer latéralement l'arbre de commande, ce que l'on obtient au moyen d'une manette placée à la portée de la main gauche du conducteur.

Au point mort, les parties cylindriques des cames sont en contact avec les galets formant les têtes des soupapes.

Pour démarrer, on pousse à fond l'arbre de commande dans un sens. Dans cette position, une, au moins, souvent deux soupapes, se trouvent dans la position d'admission ; la troisième ou les deux autres sont dans la position d'échappement. Même lorsqu'une seule soupape est dans la position d'admission, la mise en marche du moteur est assurée, et aussitôt le fonctionnement se régularise de lui-même, deux des soupapes se trouvant alternativement à l'admission, et deux autres à l'échappement.

21*

Marche arrière. — La marche arrière est réalisée d'une façon très pratique avec le moteur à vapeur : l suffit de pousser l'arbre de commande à fond en sens contraire du précédent ; il en résulte une admission inverse ; c'est là une des supériorités les plus marquées du moteur à vapeur sur le moteur à explosion.

Détente. — Le moteur, constitué comme nous venons de le dire, permet de faire de la détente à volonté. Il suffit pour cela, une fois le démarrage obtenu, de déplacer latéralement d'une quantité plus ou moins grande, l'arbre à came au moyen de la même manette ; le tracé de ces cames permet, en attaquant les soupapes pendant un temps plus ou moins long, de donner une admission plus ou moins grande, et d'obtenir, par conséquent, la détente cherchée.

Transmission. — La transmission du mouvement aux roues motrices se fait d'une façon très simple ; l'arbre du moteur porte un pignon à chaîne, et le mouvement est transmis à l'essieu arrière au moyen d'une chaîne unique qui relie le pignon du moteur à la roue d'entraînement d'un tambour différentiel.

Du fait de la grande souplesse et de l'élasticité caractéristiques du moteur à vapeur, le changement de vitesses, indispensable, comme nous l'avons vu, sur une voiture mue par moteur à explosion, devient inutile avec l'automobile à vapeur.

CHAPITRE III

L'appareil d'alimentation proportionnelle.

Le rôle de cet appareil est de permettre de faire varier à chaque instant la production de vapeur proportionnellement à la puissance demandée à la

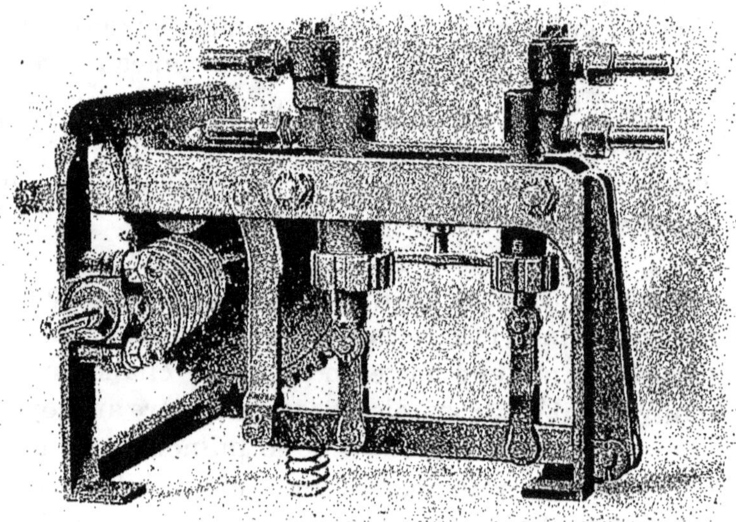

Fig. 136. — Appareil d'alimentation proportionnelle Serpollet.

voiture, et cela d'une façon pour ainsi dire automatique, sans nécessiter une surveillance spéciale du foyer, ni de l'alimentation.

La figure 136 représente, en perspective, ce système, dont on suivra mieux le fonctionnement sur la figure schématique 137, d'après la description que nous allons en donner.

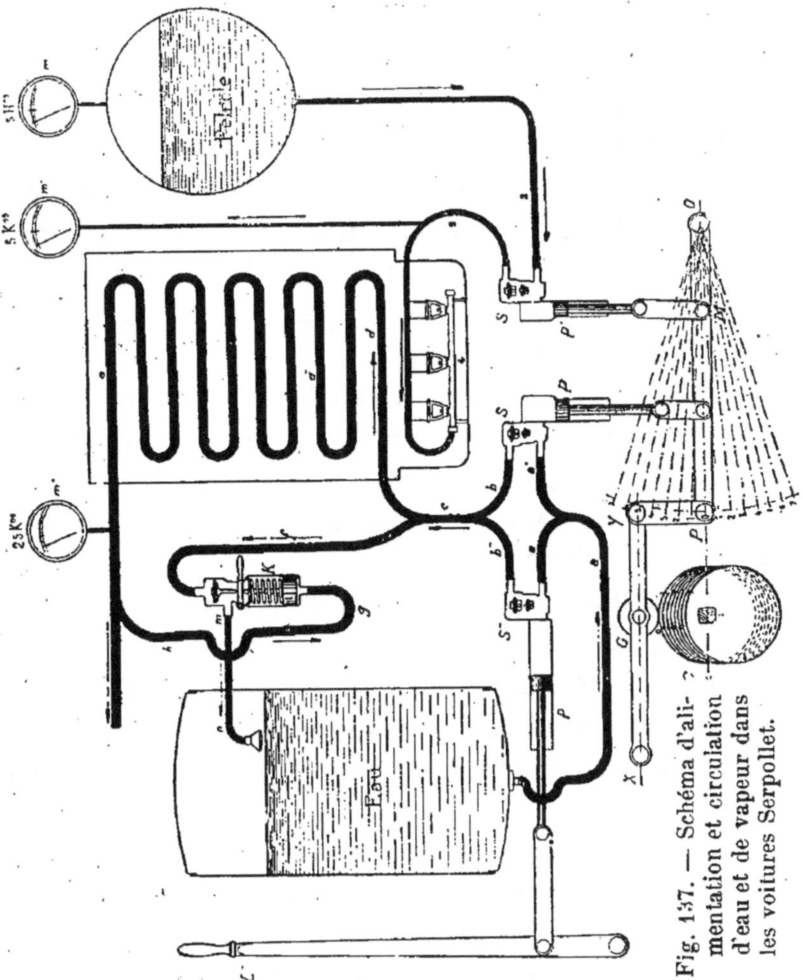

Fig. 137. — Schéma d'alimentation et circulation d'eau et de vapeur dans les voitures Serpollet.

Ainsi que nous l'avons dit, la puissance développée par le moteur dépend essentiellement de la production de vapeur, et celle-ci, de la quantité d'eau fournie au générateur et transformée instantanément en vapeur surchauffée.

La chaudière, construite en tubes minces, et ne contenant, pour ainsi dire, presque aucune réserve calorique, il est donc indispensable que la production de chaleur dépende constamment des variations d'alimentation.

Ce résultat est obtenu par le dispositif suivant :

La pompe alimentaire à eau est à course variable ; elle est reliée à un levier commandé par une came formée par la juxtaposition d'une série de disques excentrés, que l'on déplace, pour les faire coïncider les uns ou les autres avec le galet de roulement fixé sur le levier de la pompe.

Cette came est figurée sur le schéma en C.

Le disque n° 0 est concentrique à l'arbre d'entraînement ;

Le disque n° 1 est excentré de 2 millimètres par rapport au premier ;

Le disque n° 2, de 2 millimètres par rapport au n° 1, et ainsi de suite jusqu'au dernier.

On conçoit donc que la course, et, par conséquent, le débit de la pompe alimentaire à eau, croissent proportionnellement à l'excentricité du disque qui se trouve en contact avec le galet.

Il reste donc à obtenir automatiquement la production de chaleur proportionnelle à la quantité d'eau d'alimentation.

Pour cela, le levier de commande de la pompe à eau actionne également la pompe à pétrole qui alimente le brûleur ; le fonctionnement de l'un entraîne donc toujours le fonctionnement de l'autre. Le rapport des bras de levier actionnant les deux pompes a été établi en se basant sur la quantité d'eau que peut transformer pratiquement en vapeur surchauffée un litre de pétrole.

Cette proportionnalité est établie par les bras de levier et la différence de surface des pistons des pompes, de telle sorte que la pompe à pétrole envoie au brûleur la quantité de pétrole qui est toujours, à chaque instant, en proportionnalité constante avec la quantité d'eau injectée dans la chaudière par la pompe à eau.

Ce dispositif, très simple et très robuste, est indéréglable, et le conducteur est toujours assuré que le chauffage correspond rigoureusement à la quantité de vapeur qu'il cherche à produire.

On peut voir, sur la figure schématique 137 l'ensemble des divers organes de cet appareil d'alimentation proportionnelle :

p est la pompe automatique à eau ;

p', celle à pétrole,

s et s' étant leurs soupapes respectives ;

p est une pompe de mise en marche manœuvrée par un levier à main L'' ; C représente la série de disques excentrés sur lesquels roule le galet G du levier XY qui commande les pompes proportionnellement au bras de levier OP.

Les tubes 1 et 2 amènent le pétrole sous pression, et celui-ci est refoulé par le tube 3 dans le brûleur 4. L'eau refoulée en b ou b'' arrive en c et va, de là, d'une part à la chaudière dd où elle s'échappe, se vaporise et se surchauffe, d'autre part, par f, audessus du pointeau-soupape K, dont nous parlerons plus loin.

La vapeur surchauffée produite va, de son côté,

d'une part au moteur par le tuyau *e*, d'autre part, au-dessous du piston, commandant le pointeau-soupape par *hg*.

Enfin, ce dernier communique lui-même avec le réservoir à eau par E.

Pointeau-soupape. — La figure 138 représente en détail cet organe. Il se compose d'un piston P sous lequel se transmet constamment par G la pression de la vapeur.

Ce piston porte une tige T et est chargé d'un ressort antagoniste R. La tige T peut venir actionner une autre tige K qui peut elle-même soulever un clapet D, lequel reçoit constamment à sa partie supérieure, par B, la pression de l'eau refoulée.

Sur la tige K se trouve adaptée une manette M à portée du mécanicien. Le ressort R est calculé de telle façon que, tant que la pression de vapeur n'atteint pas 25 kilos, par exemple, le clapet D reste fermé. Au contraire, dès que cette pression dépasse la pression déterminée d'avance, le clapet D

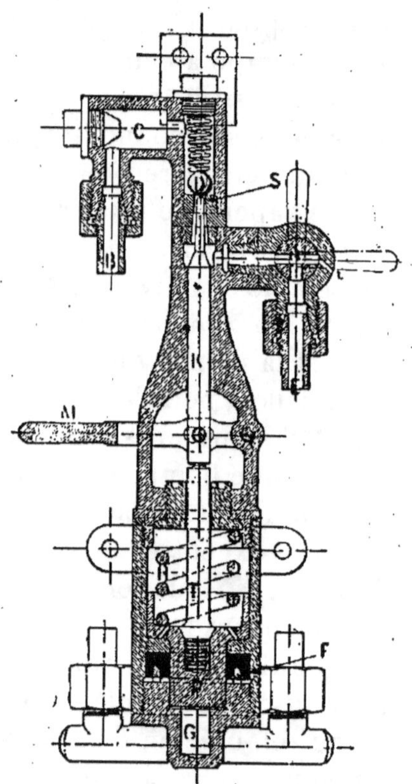

Fig. 138. — Pointeau-soupape Serpollet.

est soulevé, et une partie de l'eau injectée retourne librement au réservoir à eau par E jusqu'à ce que la chute de pression nécessaire ait été obtenue.

Ce pointeau-soupape constitue donc un appareil de sécurité, mais il sert aussi à vider la chaudière lors des arrêts prolongés. Il suffit, en effet, de soulever à la main la manette M pour provoquer le retour total de l'eau au réservoir, et, en même temps, la vidange complète de la chaudière.

Pour éviter que la soupape, en reposant mal sur son siège, laisse revenir au réservoir d'eau, d'une façon constante, une quantité plus ou moins grande du liquide destiné à la chaudière, ce qui donnerait une marche défectueuse et créerait un chauffage exagéré des tubes, on a ajouté au pointeau-soupape un robinet-témoin A à deux voies, intercalé sur la conduite de retour ; en ouvrant ce robinet, on juge si l'eau s'écoule partiellement par cette conduite, au lieu d'aller tout entière au générateur. Il est alors facile de porter remède au point défectueux, qui est généralement un mauvais état de la soupape; on pourra alors facilement nettoyer celle-ci et la remettre en bon état de fonctionnement.

CHAPITRE IV

Appareils de manœuvre et de sécurité.

Le chauffeur a, à sa portée :

1° La manette commandant l'alimentation proportionnelle (B, fig. 139), laquelle est située sous le volant A ;

2° Une manette C permettant de faire varier la position de l'arbre à cames du moteur, et grâce à laquelle on réalise, par suite, la marche avant, la marche arrière et la détente, ainsi que nous l'avons expliqué dans un chapitre précédent;

3° Une pédale-obturateur. La vapeur sortant de la chaudière S (fig. 139) entre dans un obturateur à glace E commandé par ladite pédale D. La fermeture de ce dispositif est automatique, c'est-à-dire que l'action du pied seule permet à la vapeur de passer de la chaudière au moteur. Ce système présente l'avantage de donner une grande sécurité, lorsque le chauffeur quitte sa voiture momentanément. Il n'a pas à craindre de mise en marche intempestive. Cet obturateur à pédale permet d'agir rapidement sur la vitesse et de ralentir plus ou moins pour le passage dans les endroits habités où il est nécessaire de ralentir quelques instants.

Au contraire, en rase campagne, on maintient l'admission grande ouverte et on réalise les variations de vitesse au moyen de l'alimentation proportionnelle, grâce à la manette B ;

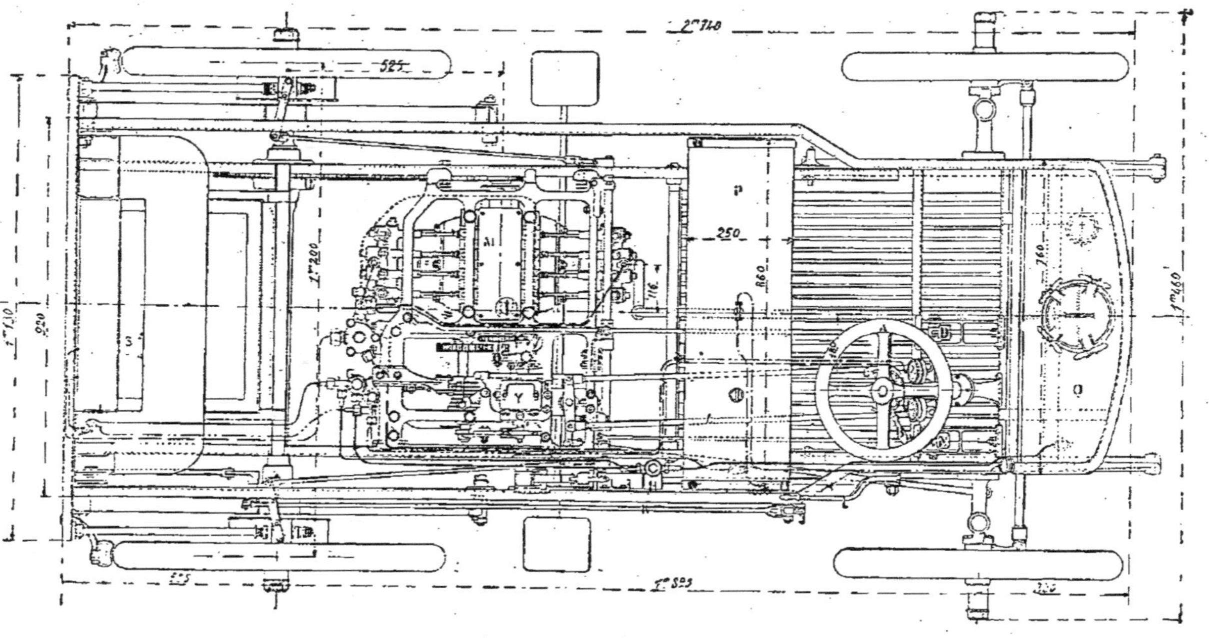

Fig. 139. — Vue en plan d'un châssis 6 chevaux 1903 Serpollet.

4° Un levier L, placé à la droite du conducteur sert à injecter l'eau dans la chaudière au moment du démarrage, de façon à donner la pression nécessaire pour mettre en route.

Appareils de sécurité. — Les appareils de sécurité se composent de deux freins; l'un, à sabots, commandé par un levier à main J à l'aide d'une tige K.

Le deuxième frein est à double action; il est commandé par une pédale N.

Outre les freins, la voiture comporte encore, comme organes de sécurité, un manomètre b indiquant la pression au-dessus du pétrole, un autre, c, donnant la pression du pétrole au brûleur, et enfin, un troisième, d, indiquant la pression de la vapeur à l'obturateur.

CHAPITRE V

Dispositif général.

La figure 139 représente en plan un châssis de voiture à vapeur système Gardner-Serpollet.

On peut y reconnaître la disposition générale des divers organes que nous venons de décrire rapidement et observer les rapports qu'ils ont entre eux.

Le pétrole est contenu dans le réservoir P; une petite pompe à air O, manœuvrée à la main, permet d'établir une certaine pression sur sa surface, pour faciliter la mise en marche.

La pompe automatique à pétrole est figurée en F et la pompe automatique à eau en G.

La pompe de mise en marche pour l'injection d'eau dans les cylindres est représentée en H.

S est la chaudière, d'où la vapeur se rend à l'obturateur à glace E, pour aller ensuite au moteur M, et, par une dérivation, au pointeau-soupape A.

A la sortie du moteur, la vapeur d'échappement arrive dans un collecteur à diaphragme, sur lequel l'huile entraînée se dépose et s'échappe par un petit orifice spécial; puis, la vapeur se rend au condenseur R, formé, suivant la force du moteur, d'une série plus ou moins grande de tubes en cuivre droits; de là, presque entièrement condensée, elle se rend dans le réservoir à eau Q par un tuyau aboutissant presque au sommet.

Un autre tuyau, ayant son orifice un peu plus haut, dans une ampoule du couvercle supérieur du réservoir d'eau, permet à la vapeur non condensée de s'échapper à l'extérieur, s'il y a lieu.

L'eau d'alimentation est aspirée par une pompe alimentaire aspirante, une crépine étant interposée sur le tuyau de prise d'eau.

Le réservoir à eau comporte une fermeture autoclave et un bouchon de vidange.

La direction de la voiture se fait au moyen d'un volant A agissant, comme dans les automobiles à pétrole décrites dans la première partie de ce Manuel, sur les roues avant.

Le *graissage* des divers organes est assuré par un graisseur spécial, système Serpollet, qui envoie automatiquement l'huile sur tous les points à graisser. Cet appareil est représenté en Y sur la figure 139.

CHAPITRE VI

Voitures Gardner-Serpollet " Simplex "

La maison Gardner-Serpollet construit un type remarquablement simple comme construction et comme facilité de conduite, connu sous le nom de *Simplex*. La figure 140 représente la vue en plan du châssis d'une telle voiture et la figure 141 l'élévation du même.

L'organe mécanique essentiel, le *moteur*, est complètement isolé au centre du châssis (A, fig. 140). Le mécanisme des pompes proportionnelles alimentaires n'existe plus dans ce modèle; l'arbre de la came des pompes, les paliers de support des engrenages réducteurs, les leviers de commande, etc., sont supprimés. Par cela même, on supprime les erreurs et les difficultés d'appréciation de l'alimentation, ainsi que les excès de pétrole au brûleur, la production de fumée et le manque de force momentané qui en étaient la conséquence.

Le système d'alimentation proportionnelle, que nous avons décrit précédemment, se trouve remplacé par un dispositif beaucoup plus simple, dont voici la description :

La pompe à pétrole est supprimée et le pétrole vient au brûleur poussé par une pression constante de 0 kg. 500, établie dans le réservoir à pétrole.

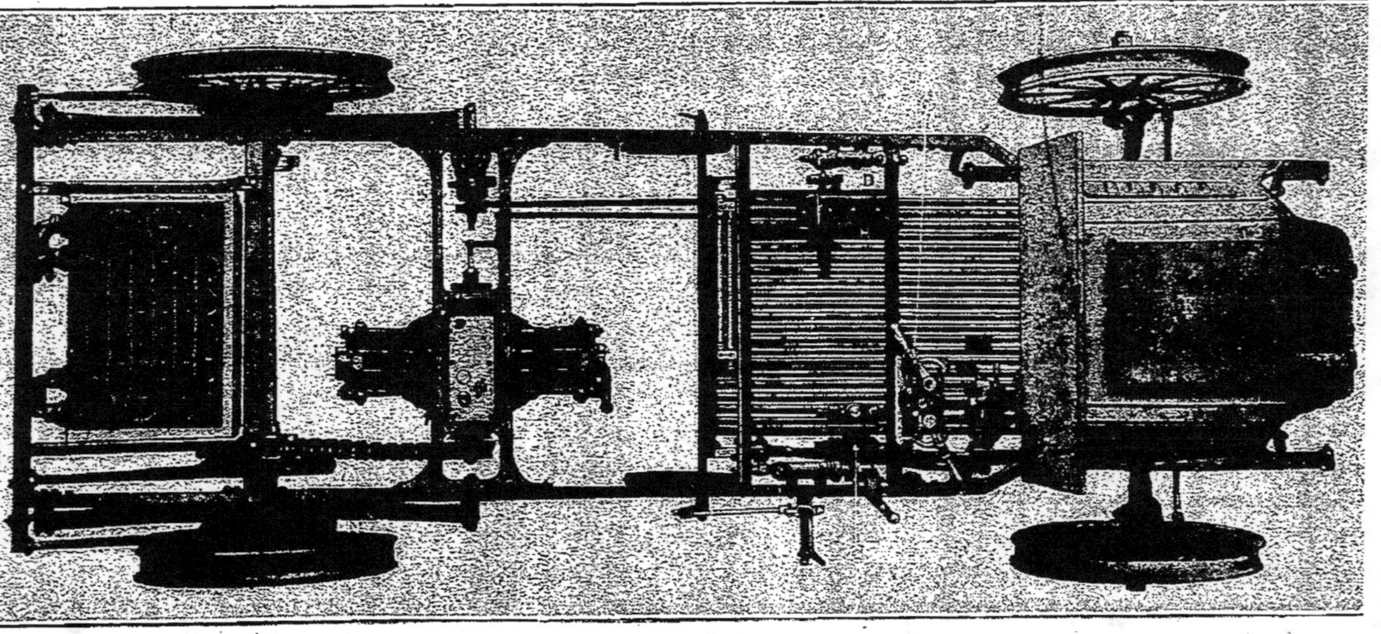

Fig 140. — Plan d'un châssis Serpollet « Simplex »

Pour se rendre au brûleur, le pétrole passe dans une boîte de distribution (C, fig. 140) percée d'un certain nombre de petits orifices. Cette boîte de distribution est représentée seule, à plus grande échelle, pour permettre d'en distinguer les détails, par la figure 142. Les orifices dont nous venons de parler peuvent être, au gré du conducteur, décou-

Fig. 141. — Élévation d'un châssis Serpollet « Simplex ».

verts ou fermés par un tiroir T que l'on manœuvre suivant les besoins.

Lorsque ce tiroir est en position de fermeture, il ne reste qu'un minuscule orifice ouvert. C'est la position de veilleuse ou de non-fonctionnement. Dans chacune des positions de marche, c'est-à-dire ouverture de 1, 2 ou 3 orifices, la dépense de pétrole est de 4, 8 ou 12 litres à l'heure, cette dépense correspondant exactement au travail à produire.

On conçoit qu'il est ainsi impossible de gaspiller le pétrole et de suralimenter le brûleur, dont le fonctionnement à pleine marche se trouve être toujours au moins de moitié au-dessous de sa puissance réelle. C'est là une condition merveilleuse de parfaite conservation pour le brûleur.

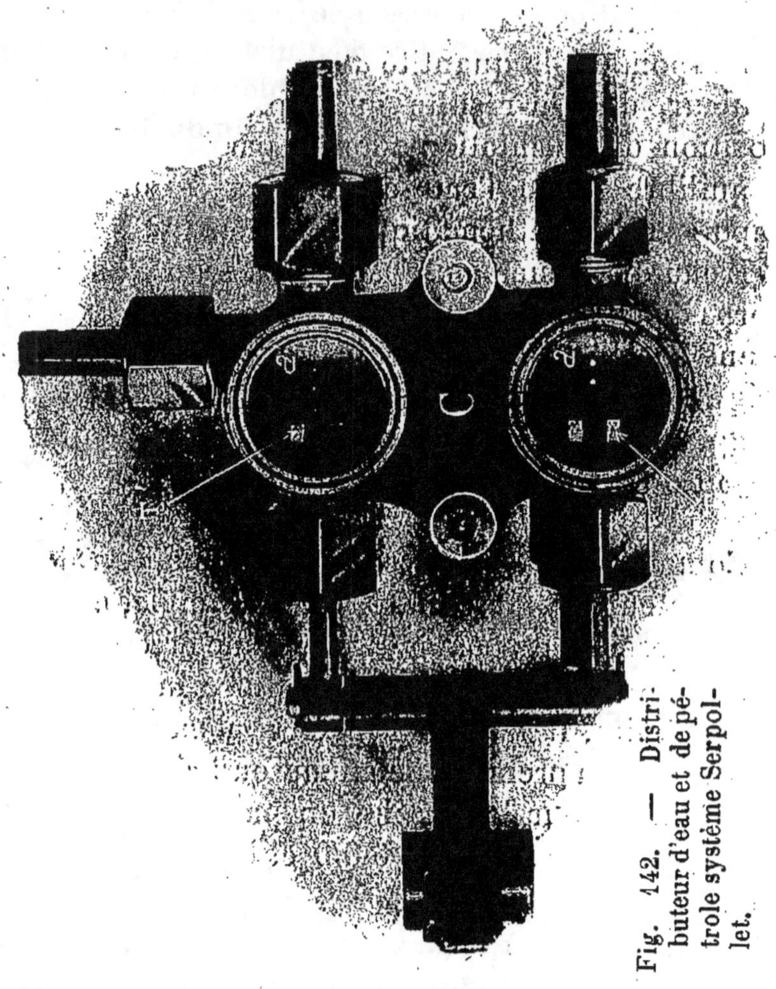

Fig. 142. — Distributeur d'eau et de pétrole système Serpollet.

Nous avons dit que la pompe à eau à course variable était également supprimée; voyons maintenant comment s'opère l'alimentation du générateur.

On voit, sur la figure 142, à côté du distributeur de pétrole a, un distributeur analogue a'. C'est l'appareil qui, commandé par la même manette F (fig. 140), règle par le même moyen d'ouverture et de fermeture, une série d'orifices déterminant la quantité d'eau à fournir au générateur, la section de ces orifices étant calculée de telle sorte qu'elle corresponde à la quantité de pétrole reçue par le brûleur, d'où il résulte que, quelle que soit la position d'alimentation adoptée par le conducteur, l'équilibre entre l'eau et le pétrole qui doit la vaporiser est mathématiquement constant.

L'eau distribuée ainsi *par doses*, se rend dans un corps de pompe D (fig. 140), à course fixe, constamment en mouvement, commandé par un excentrique calé sur l'essieu arrière. Cette pompe sert simplement à refouler au générateur l'eau qu'elle reçoit du distributeur.

Comme on le voit, avec ce système, le rôle du conducteur est devenu tellement simple, qu'il lui est impossible de commettre aucune erreur.

Étant en marche, pour produire la puissance qu'il désire, il n'a qu'à placer la manette d'alimentation au premier, deuxième ou troisième cran, le premier pour la marche en palier, le deuxième pour les rampes de 4 à 6 0/0 et le troisième pour les plus fortes rampes.

Ainsi que nous l'avons dit, ce système rend très simple la conduite de la voiture. Si, malgré tout, une erreur d'emploi de manette se produisait, il en résulterait :

Un ralentissement si l'on a trop peu alimenté : en ce cas, il suffirait de changer de position, et le mal serait corrigé.

Ou bien une exagération subite de vitesse, auquel cas on ramènerait la manette, pour découvrir un nombre d'orifices moindre et l'allure normale reprendrait aussitôt.

L'essentiel est que, en aucun cas, l'équilibre entre l'eau et le pétrole n'est rompu.

Telles sont les principales caractéristiques de la voiture Serpollet *Simplex*.

Voitures automobiles sur rails de la Compagnie des Chemins de fer P.-L.-M. — La Compagnie P.-L.-M vient de faire établir par la maison Gardner-Serpollet des voitures automobiles sur rails dont voici la description sommaire :

Chaque voiture contient 52 places et peut remorquer une deuxième voiture.

La disposition générale de ces voitures est identique à celle des voitures sur route.

Elles comportent un *moteur* à soupapes, à simple effet et à quatre cylindres. Ce moteur ne diffère en rien de ceux des voitures routières.

Le *générateur* est également le même, mais le chauffage se fait, soit au pétrole lampant, soit à *l'huile lourde de goudron*. Ce deuxième mode de chauffage est de beaucoup préférable au premier, sur lequel il présente l'avantage d'être notablement plus économique.

C'est là une des nouveautés intéressantes de ce système de voiture.

Toujours comme dans les automobiles sur route, la vapeur ayant travaillé dans le moteur va se condenser dans un *condenseur* tubulaire situé sous le châssis ; ce condenseur est complété par un *radiateur*.

Dans ces voitures, le système d'alimentation proportionnelle dont nous avons donné précédemment la description est remplacé par un *dispositif d'alimentation rationnelle*. Voici en quoi consiste ce dispositif qui a donné des résultats pratiques extrêmement intéressants.

Les pompes à eau et à pétrole (ou huile lourde) sont toujours reliées au même levier et établies dans une proportion déterminée (1 à 12), mais, au lieu d'être commandées par un organe relié au moteur, elles sont actionnées par un petit moteur indépendant. En outre, le système est complété par un ventilateur dont le débit est proportionnel à celui des pompes.

Dans ces conditions, on fournit au foyer le combustible nécessaire au travail à produire, et, en même temps, on lui fournit aussi, toujours dans la proportion convenable, l'air nécessaire à la combustion.

Il en résulte une économie notable de combustible, grâce à la combustion parfaite dans tous les cas. D'autre part, par le fait même que cette combustion est complète, la fumée est toujours évitée et le combustible entièrement utilisé.

Lorsque la voiture est arrêtée, ce dispositif a l'avantage de permettre de continuer à alimenter le générateur, sans le secours d'appareils accessoires, tels que petit cheval, pompe à main, etc.

Dans le même ordre d'idées, l'alimentation ne dépendant pas de la vitesse du véhicule, il est possible d'opérer des démarrages rapides dans les plus fortes rampes, et de proportionner dans tous les cas la puissance des appareils au travail à produire.

CHAPITRE VII

Mise en marche et conduite des voitures à vapeur Gardner-Serpollet

On commence par échauffer les brûleurs pendant un temps variant de quatre à six minutes, au moyen d'alcool que l'on y répand à l'aide d'une burette à long col. Au bout de ce temps, le brûleur est suffisamment échauffé. Grâce à la petite pompe à main, on établit une pression de 50 à 100 grammes sur la surface du pétrole ; on ouvre alors le robinet qui conduit le pétrole au brûleur, et celui-ci, s'il a été convenablement chauffé, doit se mettre en marche sans dégager aucune fumée.

A partir de ce moment, le rôle de l'alcool cesse progressivement, tous les becs sont en fonctionnement, et, au bout de deux ou trois minutes, la voiture est ainsi prête à partir.

Le conducteur placera alors le moteur à la position de marche arrière ou avant suivant les cas ; il appuiera le pied sur la pédale d'admission de vapeur (ce qui ouvre l'admission) ; en pompant légèrement avec la pompe à main, il échauffera les cylindres et pourra faire démarrer le moteur.

Lorsque les cylindres sont échauffés par cette manœuvre, on continue à alimenter avec la pompe à main jusqu'à ce que la voiture ait acquis une

22*

certaine vitesse lui venant de sa propre alimentation (1). On place alors la manette d'alimentation
des pompes au cran correspondant à l'allure que
l'on veut obtenir.

Conduite de la voiture.

En marche, on doit tenir constamment le pied
sur la pédale d'admission, puisque seule l'action
du pied permet à la vapeur de passer du générateur au moteur, et que, dès que l'on cesse cette
action, on intercepte immédiatement le passage, la
fermeture de l'obturateur étant automatique.

On pourrait croire que la sujétion d'avoir toujours le pied posé sur la pédale d'admission constitue une gêne pour le conducteur; en réalité, il
n'en est rien; après quelques instants, cette sujétion
n'existe pour ainsi dire plus.

Pour *ralentir*, si le ralentissement ne doit être
que momentané, par exemple au passage des
agglomérations, on règle la vitesse par l'admission
plus ou moins grande de vapeur, à l'aide du pied.

Lorsque le ralentissement doit être permanent,
ou, en d'autres termes, lorsque le conducteur
désire marcher à une vitesse moindre, on laisse
l'admission ouverte en grand et on modifie la
vitesse par des modifications dans l'alimentation.

---

(1) Il va sans dire que, avec le système d'alimentation rationnelle employé pour les voitures automobiles du P.-L.-M.(V. p. 389),
système que la maison Gardner-Serpollet commence à appliquer
à ses voitures routières, toute cette manœuvre est notablement
simplifiée. C'est là un avantage appréciable du nouveau dispositif.

Fig. 143. — Landau de voyage 40 chevaux, châssis Gardner-Serpollet.

Pour un *ralentissement brusque*, devant un obstacle, on combine le laminage de la vapeur au moyen de la pédale, avec l'action du frein.

Pour un *arrêt* ordinaire, on supprime l'action de la vapeur en lâchant la pédale d'admission, ce qui arrête immédiatement le moteur, et on agit sur le frein, de façon à ralentir jusqu'à l'arrêt complet.

On fera usage de préférence du frein à pédale, celui à levier n'étant considéré que comme organe de secours dans les cas très urgents.

La figure 143 représente un landau de voyage sur châssis 40 chevaux Gardner-Serpollet.

CHAPITRE VIII

Applications diverses de l'automobile.

Outre leur application aux voyages de tourisme, et au service particulier dans les villes où elles tendent de plus en plus à remplacer les voitures à chevaux, les automobiles sont employées déjà sur une vaste échelle à des usages d'intérêt général, services publics, etc.

Nous allons passer rapidement en revue les principales applications des voitures automobiles.

Camions automobiles et voitures de livraison. — Un grand nombre d'industriels et de commerçants emploient couramment aujourd'hui des automobiles pour faire leurs livraisons. Suivant la nature des maisons qui les emploient, ces véhicules sont de simples voitures de livraison ou de véritables camions à moteur. Les voitures de livraison ne diffèrent pas sensiblement des voitures de tourisme quant à la partie mécanique. La caisse seule est différente et comporte des dispositions variables suivant le rôle auquel est destinée la voiture.

La figure 144 (voiture Gardner-Serpollet) en est un exemple.

Les principaux constructeurs de voitures font aujourd'hui des voitures de livraison et le nombre de ces voitures en service s'accroît sans cesse.

Fig. 144. — Voiture de livraison 20 chevaux châssis Gardner-Serpollet.

Les camions automobiles constituent un côté plus difficile du problème du transport industriel par véhicule à moteur. Il s'agit, avant tout, avec ces camions, de réaliser une économie de transport; il n'est pas douteux que l'on y est parvenu aujourd'hui et l'exemple suivant que nous empruntons à un article de M. Baudry de Saunier (1) le montre clairement.

Il y a à examiner deux facteurs : l'achat et l'entretien; nous supposons le cas où l'on aurait à transporter tous les jours 2.500 kilos. Les dépenses d'achat sont les suivantes :

Traction animale		*Traction mécanique*	
Camion.......	1.800 fr.	Un camion....	8.500 fr.
3 chevaux.....	3.600 »		
Harnais.......	900 »		
	6.300 fr.		8.500 fr.

Ce matériel nécessite un entretien dont le coût normal, pour un travail régulier de neuf heures par jour, est

Traction animale		*Traction mécanique*	
Camion.......	300 fr.	Camion (entretien)........	1.500 fr.
Chevaux.......	3.750 »	Essence et huile........	3.500 »
Vétérinaire...	200 »		
Amortissement (chevaux en 5 ans).......	900 »	Amortissement (en 4 ans)...	2.125 »
Assurance....	300 »	Assurance....	300 »
	5.450 fr.		7.425 fr.

---

(1) Les camions automobiles, *la Vie automobile*, n° 122, du 30 juin 1904.

De ces chiffres, on tire les conclusions suivantes :

Traction animale	*Traction mécanique*
Marche 8 heures à 6 kilomètres.	Marche 8 heures à 10 kilomètres.
Charge 2.500 kgs.	Charge 2.500 kgs.
Soit, 120.000 par jour.	Soit, 200.000 par jour.
Soit, pour 300 jours de travail, 36.000.000.	Soit, pour 300 jours de travail, 60.000.000.
Dépense à la tonne kilométrique : **0 fr. 151**.	Dépense à la tonne kilométrique : **0 fr. 123**.

L'amortissement des chevaux est calculé sur 5 ans. C'est un chiffre qu'admettent toutes les entreprises de transport.

L'amortissement d'un camion mécanique est calculé sur quatre ans ; c'est un chiffre très faible, étant donné qu'un entretien de 1.500 francs par an pour le mécanisme et la voiture permet d'entretenir l'un et l'autre en excellent état. Ce chiffre a été établi en tenant compte de toute l'usure générale possible.

« Le nombre d'heures de travail du camion automobile (huit heures par jour) est certainement un minimum qui peut être sensiblement augmenté. De plusieurs résultats d'expériences récentes, faites pour le compte d'industriels parisiens, il résulte que les charges du camion peuvent être portées à 3.000 kilos (soit 4.500 à 4.600 au total) et que, chaque jour, le camion fait une moyenne de 95 à 100 kilomètres ; certains ont même fourni 120 kilomètres. Ce travail correspond, dans les services de banlieue, à celui de trois voitures à deux chevaux.

« Le camion automobile montre surtout sa supériorité sur les camions hippiques dans les services à longue distance. Dans le service des villes, où la vitesse est réduite en raison de la circulation, où les arrêts sont fréquents en raison des rapprochements des points de livraison, la distance diminuant, la consommation fait des écarts et intervient plus lourdement dans le prix de l'entretien (essence), sans toutefois cependant que le coût de dépense totale par tonne kilométrique atteigne celui du même travail fait par des chevaux. »

Certains industriels ont même réussi à organiser des services de camionnage automobile entre Paris et Rouen, avec le plus grand succès, et en y trouvant un avantage très marqué sur le transport par chemin de fer, non seulement au point de vue de la rapidité, ce qui n'est pas étonnant, mais encore au point de vue de l'économie

L'emploi des camions pour le transport industriel paraît donc appelé au plus grand développement.

Les camions sont munis soit de moteurs à essence (Bardon, de Dion-Bouton, etc., etc.), soit de moteurs à vapeur (Gardner-Serpollet, de Dion-Bouton, etc.). En principe, les dispositifs ne diffèrent pas de ceux employés dans les voitures de tourisme ; la caractéristique du système est seulement une plus grande robustesse des organes de transmission. En outre, les roues sont particulièrement solides ; il est évident que les roues légères des voitures pesant, chargées, un millier de kilogrammes, ne pourraient pas supporter sans dommage une charge de 3.000 à 4.000 kilos comme en transportent couramment les « poids lourds ».

Services publics pour transport de voyageurs par omnibus automobiles.

Il existe aujourd'hui un assez grand nombre de

Fig. 145. — Omnibus automobile de Dion-Bouton.

services d'omnibus automobiles fonctionnant avec la plus grande régularité et donnant entière satisfaction à tous.

La fig. 145 représente, à titre d'exemple, un omnibus à pétrole système de Dion-Bouton, de 15 chevaux, 2 cylindres, pouvant transporter 14 voyageurs et 400 kilos de bagages, en service entre le Havre et Étretat, et Étretat-Fécamp. La vitesse moyenne est de 18 kilomètres à l'heure.

Citons encore, parmi les nombreux services d'omnibus automobiles existant à ce jour : la Société des « Autos-Vosgiens », exploitant deux lignes : Saint-Dié-Saales et Saint-Dié-Wissembach (cette deuxième ligne a été inaugurée en juillet 1904). Ces lignes sont desservies par des omnibus de Diétrich.

Un service analogue à celui de Normandie, par omnibus de Dion, va être prochainement mis en exploitation en Touraine.

Train à propulsion continue du colonel Renard.

L'intérêt de l'organisation de services publics sur route est considérable ; dans les régions où le trafic ne suffirait pas à justifier l'établissement d'une voie ferrée, l'emploi de voitures automobiles sur route serait tout indiqué.

Les exemples d'omnibus automobiles que nous venons de citer donnent déjà une solution du problème ; mais cette solution ne peut pas convenir dans tous les cas, car elle est assez coûteuse. On préférerait parfois un service de *trains automobiles sur routes.*

Mais si l'on attelle des remorques à une voiture automobile, la résistance à la traction s'accroît dans des proportions considérables, tandis que l'adhérence utile reste la même.

On peut dire que, pratiquement, il n'est pas possible de faire remorquer à une automobile un poids supérieur au sien propre.

Une autre difficulté dans l'emploi des trains sur route est la direction : dans une courbe, les remorques tendent à riper.

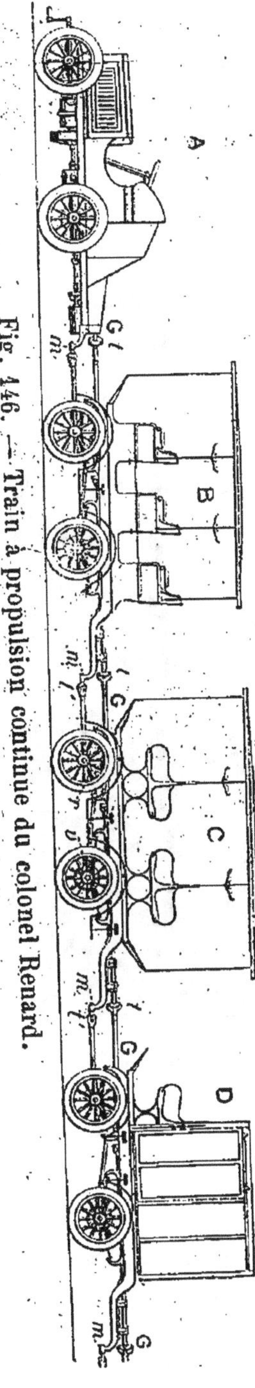

Fig. 146. — Train à propulsion continue du colonel Renard.

Le colonel Renard a fort ingénieusement résolu le problème, au moyen de son *train à propulsion continue*, dit aussi train « mille-pattes ».

Une des voitures A du train produit la force motrice que l'on transmet à *toutes* les voitures du train ; chaque voiture devient ainsi motrice, grâce à l'énergie qui lui est fournie par la motrice. Dans ces conditions, l'adhérence est due au poids de tout le train.

Cette transmission est réalisée au moyen d'un arbre de cardan courant tout le long du train.

Un autre dispositif, dans les détails duquel nous n'entrerons pas, résout la deuxième difficulté que nous avons signalée plus haut, et réalise le *tournant correct*.

La fig. 146 représente le premier train construit sur les indications du colonel Renard par les établissements Darracq.

Autres applications de l'automobile.

Les applications de l'automobile apparaissent aujour-

400

d'hui innombrables; dans l'armée, son emploi tend à devenir de plus en plus important.

Tous les ans, aux manœuvres, de nombreuses voitures automobiles sont utilisées par l'état-major, et l'automobile paraît devenir indispensable à l'armée.

Une intéressante expérience, fait toute récemment par le journal *L'Auto*, a montré tout l'intérêt que présentent les motocyclet-tes pour l'ar-mée: il s'agis-sait de faire porter une dé-pêche par des motocyclettes de Brest à Bel-fort, en suppo-sant les lignes télégraphiques coupées.

Un emploi plus pacifique de l'automobile est son applica-tion aux ma-chines agricoles. Il existe déjà des faucheuses au-tomobiles, en particulier.

Fig. 147. — Automobile postale.

Signalons encore deux autres applications du plus vif intérêt : tout d'abord, la pompe automobile à vapeur des sapeurs-pompiers de Paris, exposée au dernier Salon de l'Automobile.

Enfin, en octobre 1904, la Société des Messageries des Postes de France, concessionnaire du sous-secrétariat des Postes et Télégraphes, a mis en service des fourgons automobiles électriques pour le transport des lettres dans Paris. La figure 147 représente un de ces véhicules. Les *autos postales* mises en service sont au nombre de 15, remplaçant 20 tilburys et 40 chevaux. Ces voitures, construites par la maison Mildé, sont d'un poids total, en ordre de marche, de 2.400 kilog. (charge utile : 650 kil.); elles peuvent fournir une vitesse de 40 kilomètres à l'heure (le cahier des charges n'en exige que 18).

*
* *

Chaque jour apporte une nouvelle application de l'automobile. Le précieux véhicule rend des services signalés à nombre de médecins, de commerçants, de voyageurs, etc., particulièrement en province. Malgré les efforts des esprits rétrogrades qui semblent à l'affût de toutes les idées neuves pour les combattre, l'automobile est appelée à un développement considérable.

Nous ne pourrions mieux terminer ce chapitre qu'en reproduisant les propres paroles de M. Baudry de Saunier, dont nous avons plus d'une fois cité le nom au cours de cet ouvrage, car il s'est fait en quelque sorte, l'apôtre de l'automobilisme :

« On peut affirmer, sans crainte d'un démenti motivé sérieusement, que l'automobile sagement gérée est plus économique que la voiture attelée,

402

et, au point de vue purement pratique, qu'elle permet à son propriétaire d'étendre ses relations et ses affaires, son activité propre ou celle de sa maison dans des proportions incalculables. Là surtout est le gros bénéfice. »

*
* *

Canots automobiles.

Les moteurs légers à explosion, amenés, grâce à l'automobile, à un si remarquable degré de perfection, ont trouvé une application extrêmement intéressante dans la propulsion des canots. Un certain nombre d'épreuves ont mis en relief les précieuses qualités de ces canots, et tout le monde a entendu parler des exploits des *Trèfle-à-quatre* (G. Richard-Brasier), *Mercédès*, *Hotchkiss*, *La Râpée* (Panhard-Levassor), *Titan*, etc. Disons seulement que, au cours de ces épreuves, des vitesses de 47 kilomètres à l'heure (1) ont été atteintes, ce qui est extrêmement remarquable, eu égard aux dimensions réduites de ces embarcations. En outre, la traversée de la Manche, de Calais à Douvres, a pu être réalisée par les canots automobiles, au cours d'une épreuve courue le 8 Août 1904, dans un temps variant pour les quatre premiers (*Mercédès IV, Napier Minor, Princesse Elisabeth, Titan II*) entre 1 h. 0' 7'' et 1 h. 9' 44''.

---

(1) Dans la quatrième étape de la course *Paris à la mer* (deuxième année, 1904), le *Mercédès IV* a réalisé une vitesse moyenne de 47,3 km. à l'heure. La moyenne générale, pour toute la course (328 km.) a été, pour ce même canot, de 43,3 kilomètres à l'heure.

Les coques de ces canots automobiles, motocanots, autocanots (tous les noms et d'autres encore, ont été proposés pour les désigner), sont construites par tous les spécialistes bien connus: Tellier, Seyler, Pitre, etc., etc. Les coques sont faites, soit en tôle d'acier, soit en bois. Il semble désirable que les constructeurs emploient tous leurs efforts à établir des canots de promenade, stables et confortables. Pour les voitures, la construction des « monstres de course » était pleinement justifiée, et il faut être reconnaissant aux courses d'avoir permis aux constructeurs de réaliser ces merveilleux moteurs légers et souples que nous admirons aujourd'hui. Les canots, eux, n'ont qu'à utiliser ces moteurs et les recherches doivent être orientées principalement du côté de la production d'embarcations réunissant les qualités que nous avons dites plus haut. L'impulsion est d'ailleurs, donnée, et nombreux sont déjà les canots automobiles ainsi conçus. Nous avons pu voir nous-même en construction chez M. Cariat, à Paris, un canot de plaisance qui répond admirablement à ces besoins. La coque, en bois d'acajou, est soignée particulièrement et la forme en est excellente. Ces canots semblent appelés à un grand succès.

Le canot automobile est certainement appelé au plus brillant avenir, non seulement comme canot de promenade ou comme instrument de grand tourisme fluvial, mais encore dans un but plus utilitaire, comme canots de sauvetage, par exemple.

Une application qui serait du plus grand intérêt, et qui commence, — malheureusement avec trop de lenteur, — à se développer, est celle du bateau de pêche à moteur. En Suède, un grand nombre de pêcheurs sont déjà pourvus de semblables bateaux, dont l'utilité est évidente, puisqu'ils leur permettent d'étendre leur champ d'action, et rendent plus sûr et plus facile le retour au port, même par calme plat.

La figure 148 représente un canot à pétrole mû par moteur Panhard-Levassor.

Un embrayage très simple et très robuste permet de séparer le moteur de l'arbre de l'hélice.

La figure 149 représente un des moteurs pour canot construits par la même

Fig. 148. — Canot automobile mû par moteur Panhard-Levassor.

23*

maison; ce moteur est à allumage par magnéto
(visible à droite de la figure); grâce au carburateur automatique que nous avons décrit (V. p. 55),

Fig. 149. — Moteur Panhard-Levassor pour canot automobile.

ce moteur possède une élasticité de puissance et
d'allure rendant très facile la manœuvre des canots
munis de ces moteurs.

Appendice

I

L'alcool dans les moteurs à explosion.

Nous avons dit (Ire partie, chapitre Ier), tout l'intérêt que présentait la substitution de l'alcool à l'essence dans les moteurs à explosion. Donnons ici rapidement quelques détails sur cette intéressante question.

Emploi de l'alcool pur. — L'idéal serait, évidemment, la possibilité de faire usage d'alcool pur, sans addition de carburant. Toutefois, la tension de vapeur de l'alcool étant notablement inférieure à celle de l'essence, la mise en route est rendue plus difficile si le moteur est pris froid. Cette difficulté de mise en route est surtout notable en hiver. Il faut alors réchauffer le carburateur.

Alcool carburé. — Pour éviter cette difficulté, on fait le plus souvent usage d'alcool carburé, c'est-à-dire d'alcool mélangé à un carburant (généralement de la benzine); avec ce produit, la mise en route se fait aussi facilement qu'avec l'essence.

Le plus souvent, l'alcool pur (sous réserve de la difficulté que nous avons signalée pour la mise en route) ou carburé, peut être substitué à l'essence sans autre précaution ; rien, dans la marche du moteur, ne décèle la substitution.

Cependant, une minime modification au carburateur est nécessaire, d'après M. Baudry de Saunier. Il est utile de « charger un peu le flotteur du carburateur pour que le niveau du liquide soit maintenu par lui dans l'ajutage à la même hauteur que lorsqu'il flotte dans l'essence. En effet, le flotteur n'est autre chose qu'un densimètre qui surnage d'autant plus haut dans un liquide que la densité de ce liquide est plus grande. Or, l'alcool carburé pèse environ 850, alors que l'essence pèse à peu près 700. Le flotteur monte donc beaucoup plus dans l'alcool que dans l'essence, ferme, par conséquent, avec plus d'entêtement l'arrivée du liquide au carburateur, et, par suite, alimente le moteur beaucoup plus pauvrement. »

On cherchera donc par tâtonnement (en faisant nager successivement le flotteur, retiré du carburateur. dans un bol d'essence, puis dans un bol d'alcool) le poids dont il faut surcharger le flotteur ; le mieux, pour cela, est de souder sur la périphérie du flotteur, à la face supérieure, trois petits fragments de métal repliés, entre lesquels on vient loger une rondelle métallique, dont on modifie le poids, en rognant ou limant, jusqu'à réalisation de la condition ci-dessus.

II

La voiture Mégy.

Même dans les types les plus perfectionnés de voitures à pétrole, décrits au cours de ce manuel, le changement de vitesses, l'arrêt, le recul, le démarrage, nécessitent une série de manœuvres au moyen de plusieurs leviers et pédales (levier de changement de vitesses, levier de marche arrière, pedale de débrayage, etc.). M. L. Mégy, ingénieur-constructeur, a conçu un modèle de voiture constituant un très notable perfectionnement sur celles construites jusqu'ici, en ce sens que toutes les manœuvres : mise en route, ralentissement, arrêt, marche arrière, sont réalisées mécaniquement à l'aide d'un seul levier, qui est la colonne même de direction, surmontée par le volant.

La voiture Mégy ne comporte aucun organe de manœuvre autre que la direction. (Voir fig. 150.)

Mieux encore, la voiture Mégy prend d'elle-même, automatiquement, l'allure qui dépend de la nature de la route et du degré plus ou moins grand de résistance qu'elle offre, suivant son état et sa déclivité.

Nous devons nous contenter, ici, de donner des indications très générales sur cette intéressante

409

voiture. Dans une autre édition, nous nous proposons de décrire avec quelques détails les moyens mécaniques par lesquels M. Mégy réalise cette notable simplification dans la conduite d'une voiture à pétrole.

Disons seulement que le but est atteint à l'aide d'un ensemble de moyens mécaniques caractérisés par ce fait que deux *embrayages progressifs à concentration* correspondant, l'un à la mise en train, l'autre à la marche arrière, sont influencés progressivement et successivement par des *aiguilles coniques*, lorsqu'on enfonce ou retire à soi le volant de direction coulissant dans le levier (ou colonne de direction) qui le supporte, une série d'embrayages en files, commandés par les bossages d'une aiguille à crans et correspondant aux différentes vitesses, étant également influencés, pour le passage d'une vitesse supérieure à une vitesse moindre, par le retrait du volant de direction ; pour le passage d'une vitesse moindre à une vitesse plus grande, suivant les résistances variables du terrain, ces embrayages en files sont influencés par un régulateur auxiliaire du moteur *dont l'action peut toujours être annulée par la mise en jeu du volant de direction.*

La direction se fait par le volant à la manière ordinaire ; en tirant à soi le volant, on ralentit progressivement la vitesse ; en le tirant davantage, on arrête le véhicule, et, enfin, en le tirant davantage encore, on le fait reculer.

En *redonnant la main*, plus ou moins rapidement, au levier, la voiture repart en avant, d'abord doucement et automatiquement, puis à

Fig. 150 — Voiture système Mégy

l'allure correspondante aux résistances offertes par l'état de la route.

D'ailleurs, le conducteur a la faculté de mettre le véhicule à la vitesse permettant au moteur de fournir le travail maximum correspondant à la valeur de la résistance variable de la route. Mais, chose essentielle, le conducteur ne peut pas, par inattention ou par inexpérience, mettre la voiture à une vitesse plus grande que celle à laquelle peut travailler le moteur étant donné l'état de la route.

Voitures Serpollet 1905

Les voitures Serpollet 1905 présentent de notables différences sur les modèles antérieurs.

La caractéristique de ces châssis est que l'apparence extérieure ne diffère, pour ainsi dire, plus en rien, des châssis à essence. Cette modification d'aspect est due aux changements suivants :

Le moteur est placé à l'avant, comme dans la plupart des voitures à pétrole ;

Les pompes d'alimentation ne dépendent plus de la marche de la voiture ;

La tuyauterie est extrêmement simplifiée ; au lieu de l'ancien condenseur tubulaire, un radiateur soufflé par un ventilateur, sert de condenseur.

Le moteur est le même que nous avons décrit (page 368). L'arbre du moteur attaque le différentiel au moyen d'un arbre de cardan..

Un petit cheval alimentaire fait fonctionner les pompes à eau et à pétrole.

Le pointeau-soupape existe toujours dans cette voiture ; il est placé dans un logement situé derrière le réservoir d'eau.

La colonne de direction ne porte qu'une seule manette qui sert à ouvrir ou fermer le pointeau d'arrivée de vapeur au petit cheval ; cette manette permet de marcher à faible allure en étranglant cette arrivée de vapeur.

La marche avant, la marche arrière et la détente

se font au moyen d'un levier ; un deuxième levier commande le frein sur le différentiel.

Enfin, deux pédales servent, celle de gauche pour l'admission de vapeur (Voir p. 378), celle de droite pour freiner sur les roues arrière.

Pour se servir de la voiture, l'automobiliste allume les brûleurs, puis, au moyen d'un levier qu'il emmanche en un endroit *ad hoc*, il donne quelques coups de pompe, ce qui envoie un peu d'eau dans la chaudière ; la vapeur formée instantanément se rend au petit cheval, lequel se met en marche aussitôt, actionne les deux pompes alimentaires, et envoie, par conséquent, de l'eau au générateur et du pétrole aux brûleurs. L'échappement du petit cheval se fait dans les cheminées de la chaudière et y détermine un appel d'air d'autant plus grand que le petit cheval envoie plus de pétrole aux brûleurs ; par suite, la combustion est parfaite pour toutes les allures.

Emploi d'huile lourde au lieu de pétrole. — M. Serpollet a cherché — et trouvé — le moyen de substituer au pétrole l'huile lourde, beaucoup moins coûteuse.

Dans les premiers appareils Serpollet, il se produisait un encrassement du serpentin dû, incontestablement à la mauvaise conductibilité de l'huile. M. Serpollet a eu l'idée de préparer l'huile de façon suivante (brevet Serpollet) : il mélange neuf parties d'huile à une partie d'alcool étendu d'une quantité d'eau suffisante pour le ramener à la densité de l'huile. Le liquide ainsi obtenu permet l'alimentation sans crainte aucune d'encrassement.

Avec un litre de ce produit, on arrive à produire *10 kilogrammes* de vapeur surchauffée à 450°.

IV

Outils à emporter en voiture.

Voici la liste des principaux outils dont il convient de garnir le coffre de sa voiture, si l'on veut être en mesure de porter remède sur la route à la plupart des pannes pouvant survenir :

2 marteaux (un à masse d'acier et un à masse de cuivre) ;

2 tournevis (moyen et grand) ;

2 limes (plate et demi-ronde) ;

1 clé anglaise moyenne ;

1 jeu de clés de calibre ; clés en bout,

1 petit étau à main ;

1 pince à gaz ;

1 petite pince à mors plats ;

1 pince coupante ;

1 chasse-clavettes :

2 chasse-goupilles ;

1 poinçon ;

1 cric ;

1 pompe à pneumatiques ;

1 démonte-pneu (levier à crans, levier à fourche, etc.) ;

1 boîte de réparation de pneumatiques, complète ;

1 chambre à air de rechange ;

1 enveloppe ;

415

2 burettes à long col (à huile et pétrole),
1 seringue à graisse ou à huile;
1 pèse-essence;
1 entonnoir avec tamis en toile métallique;
1 ampéremètre ou voltmètre;

Fil conducteur;
Fil de fer;
Fil de cuivre;
Amiante (carton et fil);
Ruban chattertoné;
Toile émeri extra-fine;
Aiguilles;
Goupilles;
Rondelles;

Ressorts de soupapes de rechange;
Bougies de rechange;
Pièces de rechange spéciales à la voiture;

1 bidon d'essence de réserve;
1 bidon d'huile.

V

Règlements relatifs à la circulation des automobiles.

La législation automobile française comprend plusieurs décrets, arrêts et circulaires ministérielles. Ce sont: le décret du 10 mars 1899, la circulaire ministérielle du 10 avril 1899, concernant l'application du précédent décret, le décret du 10 septembre 1901, modifiant quelques-unes des dispositions du décret du 10 mars 1899, l'arrêté ministériel du 10 septembre 1901 relatif aux plaques des automobiles, la circulaire ministérielle du 11 septembre 1901 concernant l'application des modifications apportées par le décret du 10 septembre 1901 à celui du 10 mars 1899.

Nous ne croyons pas utile de reproduire *in extenso* tous ces décrets, arrêtés et circulaires, et nous nous contentons d'en donner ci-après quelques extraits relatifs aux principales dispositions.

Tout d'abord, voici, en résumé, les prescriptions relatives à la conduite d'une automobile :

NUL NE PEUT CONDUIRE UNE AUTOMOBILE, s'il ne possède :

1o Son certificat de capacité ;

2o Le récépissé de déclaration de son véhicule (Décret du 10 mars 1899).

Pour obtenir le certificat de capacité, il faut :

a) Fournir une demande sur papier timbré et l'adresser à M. le Préfet de police pour Paris, et au Préfet pour les départements.

b) Joindre à cette demande :

1° Un certificat de domicile délivré, à Paris, par le commissaire de police du quartier, pour les départements par le maire de la commune;

2° Une pièce justificative d'identité donnant l'état civil (acte ou bulletin de naissance, acte de mariage, livret militaire, etc. ;

3° Deux photographies non collées.

Le certificat de capacité sera délivré sur cette demande régulièrement établie, après examen pratique subi devant le service des mines.

Avant de mettre en service une voiture automobile, il faut :

a) En faire la déclaration sur papier timbré à 0 fr. 60, adressée à M. le préfet de police pour Paris ou au Préfet pour les départements indiquant :

1° Nom et prénom du propriétaire ;

2° Son domicile ;

3° Le nom du constructeur de l'automobile ;

4° L'indication du type ;

5° Le numéro d'ordre dans la série du type ;

6° Si la voiture peut ou non faire plus de 30 kilomètres à l'heure.

Joindre à cette demande la copie du procès-verbal de réception du type par le service des mines. (La demander au constructeur).

Le récépissé de déclaration de mise en circulation d'une voiture automobile sera immédiatement remis, sur présentation des pièces indiquées ci-dessus.

b) Munir la voiture des numéros réglementaires, si elle peut faire plus de 30 kilomètres à l'heure. (Voir plus loin règlement du 10 septembre 1901.)

Le conducteur d'une voiture automobile est tenu de présenter à toute réquisition de l'autorité :
1° Son certificat de capacité ;
2° Le récépissé de déclaration du véhicule.

** **

Extrait du décret du 10 mars 1899 portant règlement relatif à la circulation des automobiles.

SECTION I

AUTOMOBILES AVEC OU SANS AVANT-TRAIN MOTEUR
A BOGGIE OU NON, CIRCULANT ISOLÉMENT

TITRE PREMIER

Mesures de sûreté.

ART. 2. — Les réservoirs, tuyaux et pièces quelconques destinés à contenir des matières explosibles ou inflammables seront construits de façon à ne laisser échapper ni tomber aucune matière pouvant causer une explosion ou un incendie.

ART. 3. — Les appareils devront être disposés de telle façon que leur emploi ne présente aucune cause particulière de danger et ne puisse, ni effrayer les chevaux, ni répandre d'odeurs incommodes.

ART. 4. — Les organes de manœuvre seront groupés de façon que le conducteur puisse les actionner sans cesser de surveiller sa route.

Rien ne masquera la vue du conducteur vers l'avant, les appareils indicateurs qu'il doit consulter seront placés bien en vue et éclairés la nuit.

ART. 5. — Le véhicule devra être disposé de manière à obéir sûrement à l'appareil de direction et à tourner avec facilité dans les courbes de petit rayon. Les organes de la direction offriront toutes les garanties de solidité désirables.

Les automobiles dont le poids à vide excède 250 kilogrammes seront munis de dispositifs permettant la marche en arrière (1).

ART. 6. — Le véhicule devra être pourvu de deux systèmes de freinage distincts, suffisamment efficaces, dont chacun sera capable de supprimer automatiquement l'action motrice du moteur ou de la maîtriser.

L'un, au moins, de ces systèmes agira directement sur les roues ou sur des couronnes immédiatement solidaires de celles-ci et sera capable de caler instantanément les roues.

L'un de ces systèmes ou un dispositif spécial permettra d'arrêter toute dérive en arrière.

Dans le cas d'un véhicule à avant-train moteur à boggie, l'un des systèmes de freinage à la disposition du mécanicien devra pouvoir agir sur les roues arrière du véhicule.

---

(1) Modifié par le décret du 10 septembre 1901 :
« Les automobiles dont le poids à vide excède **350** kilogrammes « seront munis de dispositifs permettant la marche en arrière. »

TITRE II

Mise en circulation.

Art. 8. — Tout propriétaire d'un automobile devra, avant de le mettre en circulation sur les voies publiques, adresser au préfet du département où il réside une déclaration dont il lui sera remis récépissé. Cette déclaration sera communiquée sans délai au service des mines (1).

Art. 9. — La déclaration fera connaître le nom et le domicile du propriétaire.

Elle sera accompagnée d'une copie du procès-verbal dressé en vertu de l'article 7.

Art. 10. — La déclaration faite dans un département ment suffira pour toute la France.

TITRE III

Conduite et circulation.

Art. 14. — Le conducteur de l'automobile devra rester constamment maître de sa vitesse. Il ralentira, ou même arrêtera, le mouvement toutes les fois que le véhicule pourrait être une cause d'accident, de désordre ou de gêne pour la circulation. La vitesse devra être ramenée à celle d'un homme au pas dans les passages étroits ou encombrés.

En aucun cas, la vitesse n'excédera celle de 30 kilomètres à l'heure en rase campagne et de 20 kilomètres à l'heure dans les agglomérations, sauf l'exception prévue à l'article 31.

Art. 15. — L'approche du véhicule devra être signalée en cas de besoin au moyen d'une trompe.

---

(1) Addition apportée par le décret du 10 septembre 1901 :
« Le récépissé de déclaration indiquera le numéro d'ordre
« assigné au véhicule, ou spécifiera qu'il n'est pas assujetti à
« porter les plaques visées dans l'article précédent. »

24

Tout automobile sera muni à l'avant d'un feu blanc et d'un feu vert.

Art. 16. — Le conducteur ne devra jamais quitter le véhicule sans avoir pris les précautions utiles pour prévenir tout accident, toute mise en route intempestive, et pour supprimer tout bruit du moteur.

———

SECTION II

AUTOMOBILES REMORQUANT D'AUTRES VÉHICULES

———

TITRE IV

Mesures de sûreté.

Art. 17. — Les automobiles remorquant d'autres véhicules ne pourront circuler sur les voies publiques qu'autant qu'ils satisferont, en ce qui concerne les appareils moteurs, les organes de transmission, de freinage et de conduite, aux prescriptions des articles 2, 3, 4, 5, 6 du présent règlement.

Art. 18. — Indépendamment des freins de l'automobile prévus par l'article 6, chaque véhicule remorqué sera muni d'un système de freins suffisamment efficace et rapide susceptible d'être actionné, soit par le mécanicien à son poste sur l'automobile, soit par un conducteur spécial.

Art. 19. — Les véhicules remorqués porteront en caractères bien apparents le nom et le domicile du propriétaire.

Art. 20. — Aucun automobile destiné à remorquer d'autres véhicules ne pourra être mis en service qu'en vertu d'une autorisation délivrée après avis du service des mines.

Le fonctionnaire délégué à cet effet visitera l'automobile et pourra procéder à des essais ayant pour but de constater qu'il ne présente aucune cause particulière de danger, en raison du service auquel il est destiné.

L'autorisation délivrée à la suite de ces vérifications sera valable pour tous les départements.

TITRE V

Mise en circulation.

Art. 21. — Nul ne pourra faire circuler dans un département des automobiles remorquant d'autres véhicules, sans une autorisation délivrée par le préfet de ce département, après avis soit de l'ingénieur en chef des ponts et chaussées, soit de l'agent voyer en chef, ou de ces deux chefs de service, suivant la nature des routes et chemins empruntés.

La demande devra indiquer :

1º Les routes et chemins que le pétitionnaire a l'intention de suivre ;

2º Le poids de l'automobile, celui de chacun des véhicules chargés et la charge maxima par essieu ;

3º La composition habituelle des trains et leur longueur totale.

Art. 22. — L'autorisation déterminera les conditions particulières de sécurité auxquelles le permissionnaire sera soumis indépendamment des prescriptions générales du présent réglement. Les intéressés pourront faire appel de la décision du préfet devant le ministre des travaux publics, qui statuera après avis de la Commission centrale des machines à vapeur.

TITRE VI

Conduite et circulation.

Art. 23. — Tout train portera, la nuit, un feu rouge à l'arrière, sans préjudice du feu blanc et du feu vert prévus par l'article 15.

Art. 24. — La vitesse des trains en marche ne dépassera pas 20 kilomètres à l'heure en rase campagne et 10 kilomètres à l'heure dans les agglomérations.

Art. 25. — Lorsque les freins du véhicule remorqué ne seront pas actionnés par le mécanicien, la manœuvre de ces freins sera confiée à des conducteurs spéciaux dont le nombre sera proportionné à l'importance du convoi, eu égard aux déclivités du parcours et à la vitesse de marche.

Dans tous les cas, des dispositions efficaces seront prises pour empêcher toute dérive en arrière des véhicules remorqués.

SECTION III

TITRE VII

Dispositions générales.

Art. 29. — Indépendamment des prescriptions du présent règlement, les automobiles demeureront soumis aux dispositions des règlements sur la police du roulage.

*
* *

Extrait du règlement du 10 septembre 1901. Voitures automobiles pouvant faire plus de 30 kilomètres à l'heure.

Le Ministre des Travaux publics,

Vu le décret du 10 mars 1899, modifié par celui du 10 septembre 1901, et notamment l'article 7, avant-dernier paragraphe, ainsi conçu :

« Si l'automobile est capable de marcher en palier

à une vitesse supérieure à 30 kilomètres à l'heure, il sera pourvu de deux plaques d'identité, portant un numéro d'ordre, qui devront toujours être placées en évidence à l'avant et à l'arrière du véhicule. Le Ministre des Travaux publics fixera le modèle de ces plaques, leur mode de pose et leur mode d'éclairage pendant la nuit ; il fixera également le mode d'attribution aux intéressés des numéros d'ordre » :

Sur la proposition du directeur des routes, de la navigation et des mines,

Arrête :

ARTICLE PREMIER. — Les numéros d'ordre à attribuer aux automobiles capables de marcher en palier à une vitesse supérieure à 30 kilomètres à l'heure seront fixés par l'ingénieur en chef de mines de chaque arrondissement minéralogique.

Le numéro sera porté sur le récépissé de déclaration à l'intéressé.

ART. 2. — Ce numéro d'ordre sera formé d'un groupe de chiffres arabes suivi de lettres majuscules romaines caractéristiques du service de l'ingénieur en chef.

Le numéro sera reproduit sur les plaques d'identité en caractères blancs sur fond noir avec les dimensions suivantes :

	Plaque avant	Plaque arrière
Hauteur des chiffres ou lettres..	75 m/m	100 m/m
Largeur uniforme du trait.......	12	15
Largeur du chiffre ou de la lettre.	45	60
Espace libre entre les chiffres ou les lettres.....................	30	35
Hauteur de la plaque............	100	120

Le groupe des chiffres sera séparé des lettres par

24*

un trait horizontal placé à moitié hauteur de la plaque, avec les dimensions suivantes :

	Plaque avant	Plaque arrière
Largeur (sens vertical)..........	12 m/m	15 m/m
Longueur (sens horizontal).....	45	60
Espace libre entre le trait et les chiffres ou lettres..........	30	35

ART. 3. — Les plaques seront placées de façon à être toujours en évidence dans des plans verticaux perpendiculaires à l'axe longitudinal du véhicule, l'axe de la plaque étant autant que possible sur cet axe longitudinal.

ART. 4. — La plaque d'arrière sera éclairée pendant la nuit par réflexion avec une intensité qui permette de lire le numéro d'ordre aux mêmes distances que le jour.

Toutefois, on pourra, pendant la nuit, substituer à la plaque d'arrière une lanterne qui éclairera par transparence un verre laiteux recouvert d'une plaque ajourée, de manière que les caractères constituant le numéro se détachent en clair sur fond obscur avec les mêmes dimensions que celles indiquées à l'article 2.

Paris, le 11 septembre 1901.

PIERRE BAUDIN.

La nouvelle réglementation astreint tout automobile capable de marcher en palier à une vitesse de plus de 30 kilomètres à l'heure, à être immatriculé par un numéro d'ordre qui lui sera spécial et caractéristique sur des registres tenus par les ingénieurs en chef des mines du service ordinaire.

Ce numéro d'ordre sera formé d'un nombre en chiffres arabes, suivi d'une ou plusieurs lettres majuscules romaines, distinctives de l'arrondissement minéralogique. Le groupe des chiffres arabes et celui des lettres seront séparés l'un de l'autre par un trait horizontal. Le numéro d'ordre ainsi constitué devra être, par les soins et sous la responsabilité du propriétaire de l'automobile, placé en évidence tant à l'avant qu'à l'arrière du véhicule, en caractères qui se détacheront en blanc sur fond noir, sur des plaques ayant la forme, les dimensions et le mode de pose spécifiés à l'arrêté ministériel du 11 septembre 1901.

La nuit, le numéro d'ordre d'arrière devra être éclairé. On pourra, à cet effet, soit éclairer par réflexion la plaque employée pendant le jour, soit substituer à celle-ci une lanterne disposée comme le porte l'arrêté : le choix des moyens est laissé aux intéressés.

La lecture du numéro d'ordre, rendue ainsi possible à distance, qu'il fasse jour ou non, constituera l'un des éléments utiles pour identifier les conducteurs d'automobiles qui se rendraient coupables de contraventions.

D'autre part, c'est la responsabilité du constructeur que le règlement met en jeu pour l'indication de la vitesse maximum à laquelle l'automobile est capable de marcher en palier, ainsi qu'il sera expliqué.....

En vue de faciliter la lecture des numéros sur les automobiles et de retrouver plus aisément leur propriétaire, il est attribué, pour l'immatriculation, des lettres caractéristiques aux divers arrondisse ments minéralogiques, conformément au tableau ci-dessous :

Arrondissements minéralogiques.	Lettre.	Arrondissements minéralogiques.	Lettre.
Alais	A	Marseille	M
Arras	R	Nancy	N
Bordeaux	B	Poitiers	P
Chalon-sur-Saône	C	Rouen	Y ou Z
Chambéry	H	Saint-Etienne	S
Clermont-Ferrand	F	Toulouse	T
Douai	D	Paris	E,G,I,U,X
Le Mans	L		

Table pour le calcul de la vitesse.

Chronométrer le temps employé pour parcourir la distance qui sépare deux bornes kilométriques et lire, au tableau ci-dessous, le nombre qui se trouve en face du temps chronométré. Ce nombre donne en kilomètres la vitesse à l'heure correspondante.

Temps.	Kilomètres.	Temps.	Kilomètres.	Temps.	Kilomètres.
0'24"	150	1'00"	60	2'00"	30
0'25"	144	1'02"	58.064	2'05"	28.800
0'26"	138.461	1'04"	56.250	2'10"	27.692
0'27"	133.333	1'05"	55.384	2'15"	26.666
0'28"	128.571	1'06"	54.545	2'20"	25.714
0'30"	120	1'08"	52.941	2'25"	24.827
0'31"	116.129	1'09"	52.173	2'30"	24
0'32"	112.500	1'10"	51.428	2'35"	23.225
0'34"	105.882	1'12"	50	2'40"	22.500
0'35"	102.857	1'13"	49.315	2'45"	21.818
0'36"	100	1'15"	48	2'50"	21.176
0'38"	94.736	1'16"	47.368	2'55"	20.571
0'40"	90	1'18"	46.153	3'00"	20
0'42"	85.714	1'20"	45	3'05"	19.459
0'45"	80	1'22"	43.902	3'10"	18.947
0'48"	75	1'23"	43.373	3'15"	18.461
0'51"	70.588	1'25"	43.352	3'20"	18
0'52"	69.230	1'27"	41.379	3'25"	17.560
0'53"	67.921	1'30"	40	3'30"	17.142
0'54"	66.666	1'32"	39.130	3'35"	16.744
0'55"	65.451	1'36"	37.500	3'40"	16.363
0'56"	64.285	1'40"	36	3'45"	16
0'57"	63.157	1'43"	34.951	3'50"	15.652
0'58"	62.068	1'49"	33.027	3'55"	15.319
0'59"	61.016	1'55"	31.304	4'00"	15

VII

Équivalence des chevaux-vapeur et des poncelets.

Depuis quelque temps, il se manifeste une tendance à substituer le poncelet au cheval-vapeur comme unité de mesure. Le cheval-vapeur, en effet, est une unité étrangère au système métrique, tandis que le *poncelet* (le terme est dû à M. Hospitalier) est une unité conforme à ce système.

Nous croyons donc intéressant de donner, ci-après, l'équivalence entre ces deux unités :

1 cheval-vapeur $=$ 75 kilogrammètres par seconde ;

1 poncelet $=$ 100 kilogrammètres par seconde ;

1 cheval	= 0,75 poncelet	14 chevaux	= 10,5 poncelets
2 chevaux	= 1,5 —	15 —	= 11,25 —
3 —	= 2,25 —	16 —	= 12 —
4 —	= 3 —	18 —	= 13,5 —
5 —	= 3,75 —	20 —	= 15 —
6 —	= 4,5 —	25 —	= 18,75 —
7 —	= 5,25 —	30 —	= 22,5 —
8 —	= 6 —	35 —	= 26,25 —
9 —	= 6,75 —	40 —	= 30 —
10 —	= 7,5 —	50 —	= 37,5 —
12 —	= 9 —	100 —	= 75 —

FIN

TABLE ANALYTIQUE DES MATIÈRES

Pages.

Introduction..................................... 5

PREMIÈRE PARTIE

Automobiles mues par moteur à explosion

Généralités..................................... 11

CHAPITRE PREMIER

LE MOTEUR

Fonctionnement du moteur à quatre temps..... 14
Description d'un moteur à pétrole............. 15
   Nombre de cylindres....................... 15
Le cylindre.................................... 17
Les soupapes.................................. 19
   Soupapes d'admission...................... 19
   Soupapes d'échappement................... 21
   Position relative des soupapes d'admission et
      d'échappement.......................... 25
Le piston..................................... 26
Moteur à plusieurs cylindres.................. 26
   Moteur à deux cylindres................... 26
   Moteur à trois cylindres.................. 28
   Moteur à quatre cylindres................. 32
Moteurs horizontaux........................... 34
   Moteur Bardon............................. 34

Pages.

Moteur à deux temps 36

Estimation de la puissance d'un moteur 38

    Remarque 39

    Méthodes pratiques de mesure expérimentale de
    la cylindrée 42

Puissance des moteurs et leur consommation. 43

CHAPITRE II

LA CARBURATION

Carburateurs à barbotage ou léchage 46

Carburateurs à pulvérisation 50

Carburateurs automatiques 55

    Carburateur Krebs 55

    Carburateur Delahaye 59

    Carburateur Rossel 60

    Carburateur double de Dion-Bouton 61

    Carburateur Grouvelle et Arquembourg 66

    Carburateur Mors 67

    Carburateur Chenard Walcker et Cie 73

CHAPITRE III

L'ALLUMAGE

Généralités 76

Allumage par incandescence 77

Allumage par l'électricité 81

    1º *Allumage par étincelle d'induction* 81

    Sources d'électricité 84

    Piles 84

    Accumulateurs 86

    Recharge des accumulateurs 91

    Allumage par magnéto à bougies 95

Came d'allumage 97

La bobine 98

La bougie 100

Conducteurs 102

Pages.

2° *Allumage par magnéto et étincelle de rupture.* 103
   La magnéto. 104
   Magnéto Simms-Bosch. 106
     Modèle O. 107
     Modèle A. 108
     Modèle N. 109
   L'inflammateur ou rupteur. 109
     Rupteur Brasier. 110
   Montage d'un allumage par magnéto. 111
   Allumage Georges Richard-Brasier. 113
   Allumage Mors. 118

CHAPITRE IV

LE REFROIDISSEMENT

Le refroidissement par circulation d'eau. 122
   Enveloppe ou chemise. 122
   Circulation de l'eau. — Pompes. 122
   Pompes à engrenages. 122
   Pompes centrifuges. 123
   Thermo-siphon. 124
   Radiateur. 125
   Nid d'abeilles. 126
   Réservoir d'eau. 127

CHAPITRE V

LA RÉGULATION

Régulateur Grouvelle et Arquembourg. 131
Retardateurs et Accélérateurs. 136
Accélérateur Mors. 137

CHAPITRE VI

CHANGEMENT DE VITESSES ET MARCHE ARRIÈRE, EMBRAYAGE

Changement de vitesses. 138
1° *Changements de vitesses progressifs.* 140

Pages.

2° *Changements de vitesses par engrenages*...... 141
   a) Changement de vitesses par train baladeur. 142
   b) Changement de vitesses à embrayage à griffes. 144
   c) Changement de vitesses p^r embrayage à friction 146
   Attaque directe de la grande vitesse.......... 148

Marche arrière........................ 150
   Principe de la marche arrière............... 151
   Boîte d'engrenages et manœuvre du change-
     ment de vitesses...................... 152
   Changement de vitesses Mors............... 153
   Changement de vitesses Darracq............ 154
   Changement de vitesses Renault frères........ 156
   Changement de vitesses C. G. V............ 158

Embrayage.............................. 160
   Exemples d'embrayages.................. 162
   Embrayage Mors...................... 162
   Embrayage Richard-Brasier............... 164
   Embrayage Renault frères............... 164
   Embrayage Mercédès................... 165
   Embrayage C. G. V.................... 165
   Embrayage de Diétrich................. 167
   Embrayage Clément-Bayard.............. 167

CHAPITRE VII

LA TRANSMISSION FLEXIBLE ET LE DIFFÉRENTIEL

1° *Transmission flexible*..................... 169
   a) Transmission par courroies............. 170
   b) Transmission par chaînes.............. 170
   c) Transmission par cardan.............. 171
2° *Le différentiel*......................... 173

CHAPITRE VIII

LA DIRECTION

1° Commande par roue et vis sans fin........ 180
2° Commande par vis et écrou.............. 180

Pages.

3° Commande par cames coniques.......... 181
Essieux et Ressorts............ 185
Essieux........................... 185
Ressorts......................... 186
Suspension Truffault................... 187

CHAPITRE IX

LES FREINS

Généralités........................... 189
Freins Panhard Levassor.................. 190
Freins C. G. V...................... 192
Freins Darracq...................... 193
Freins Gladiator.................... 194

CHAPITRE X

SILENCIEUX, GRAISSAGE

Silencieux.... 196
Qualités d'un bon silencieux...... 196
Types de silencieux.................... 197
Graissage et graisseurs................ 200
Graissage de Dion-Bouton.............. 200
Graisseurs..... 203
Graisseurs Dubrulle.................. 204

CHAPITRE XI

LE CHASSIS ET LA CARROSSERIE

Le châssis.

Châssis en tubes...................... 208
Châssis en bois armé.................. 208
Châssis en tôle emboutie. 208

La carrosserie.

Caisses fermées...................... 212
Caisses ouvertes...................... 213
Caisses à ballon démontable............. 216

Ensemble des organes composant une automobile ou châssis.

Pages.

Emplacement du moteur............................ 219

   1º Le moteur. 221

   2º Le carburateur............................ 221

   3º La pompe de circulation................... 221

   4º Le régulateur............................... 221

   5º La magnéto................................. 221

   6º La bobine................................... 223

   Les piles..................................... 223

   Le radiateur.................................. 223

   Le changement de vitesse...................... 227

   Transmission et différentiel.................. 230

CHAPITRE XII

LES PNEUMATIQUES

Description du pneumatique......................... 237

   Bande de roulement renforcée.................. 238

   Pneu à double semelle......................... 239

Conseils pour l'entretien des pneumatiques........ 241

   Gonflage...................................... 241

   Pression à laquelle il faut gonfler........ 242-243

   Parallélisme des roues........................ 249

CHAPITRE XIII

PRÉCAUTIONS GÉNÉRALES POUR LE BON ENTRETIEN D'UNE VOITURE AUTOMOBILE

I. — MOTEUR

Soupapes.. 252

   II. — CARBURATEUR............. 255

   III. — ALLUMAGE................ 256

1º Allumage par brûleurs.......................... 256

2º Allumage électrique............................ 257

Pages.

A) *Allumage par étincelles d'induction*....... 258
α. Piles.......... 258
β. Accumulateurs.................... 259
γ. Bobines.................. 259
δ. Les conducteurs................. 260
ε. Bougies................. 264
B) *Allumage par magnéto*.................. 262

IV. — LE REFRODIISSEMENT

La pompe..................... 264
Canalisation 265
Radiateur.................... 265

V. — CHANGEMENT DE VITESSES

Changement de vitesses par poulies............ 265
Changement de vitesses par engrenages.......... 265

VI. — LA TRANSMISSION FLEXIBLE

Chaînes...................... 266
Procédé pour changer un maillon de chaine.... 268
Courroies...... 268
Cardan.................... 268
Embrayage par cônes.................. 269

VII. — LE DIFFÉRENTIEL............ 269

VIII. — LES FREINS............ 270

Autres organes de la voiture.................. 270

CHAPITRE XIV

LES PANNES, CAUSES ET REMEDES

Conseils généraux.................. 272
A. — **Le moteur ne part pas**.......... 277
I. — *Allumage*.................. 278
II. — *Compression*.................. 282
III. — *Carburation*.................. 284
B. — **Le moteur s'arrête brusquement** 287
I. — *Allumage*.................. 287

Pages.
II. — *Compression*...................... 288
III, — *Carburation*............... 290
C. — **Le moteur a une marche irrégulière**... 290
 α. LE MOTEUR A DES RATÉS............... 290
  I. *Allumage* 291
  II. *Compression* 292
  III. *Carburation*............... 293
 β. LE MOTEUR RALENTIT ET N'A PLUS ASSEZ DE FORCE 294
  I. *Allumage*............... 295
  II. *Compression* 295
  III. *Carburation*............... 296
 γ. LE MOTEUR CHAUFFE............... 296
Pannes de graissage............... 296
Pannes de circulation d'eau............... 296
Pannes d'embrayage............... 297
Pannes d'allumage par magnéto............... 298

PANNES DE PNEUMATIQUES

Montage et démontage des pneumatiques.... 301
 A. — Changer la chambre à air............. 302
 B. — Changer l'enveloppe............... 323
Réparations............... 326
 α. — Avaries à l'enveloppe............... 326
 β. — Avaries à la chambre à air............. 328
Réparation de la chambre à air............... 328
Étanchéité de la chambre à air et du pneu........ 329
Étanchéité de la valve............... 330

CHAPITRE XV

NOTIONS DE CONDUITE ET DE MANŒUVRE D'UNE VOITURE A PÉTROLE

Principes généraux,............... 331
 1° Mise en marche 332
 2° Changement de vitesse............... 233
 3° Pour ralentir momentanément............. 334

Table analytique des Matières

	Pages.
4° Descente d'une pente	334
5° Montée d'une côte	334
6° Pour arrêter complètement	335
7° Emploi des freins et dérapage	335

CHAPITRE XVI

BICYCLETTES A PÉTROLE OU MOTOCYCLETTES

Le cadre	339
Le moteur	341
Le carburateur	345
L'allumage	347
Organes de manœuvre	348
Transmission	349
1° Par courroie	349
2° Par chaine	349
3° Par cardan	349
4° Par attaque directe	349
Embrayage dans les motocyclettes	350
Graissage	351
Divers	351

USAGE ET ENTRETIEN DES MOTOCYCLETTES

Opérations à effectuer avant la mise en marche	353
Mise en marche	355
Arrêt	355
Pour descendre les côtes	356
Pour monter les côtes	356
Quelques recommandations	356

PANNES ET REMÈDES

Mauvais allumage	357
Mauvaise carburation	359
Manque de compression	360

DEUXIÈME PARTIE

Automobiles mues par moteurs à vapeur.

Pages.

Généralités 361

CHAPITRE PREMIER
GÉNÉRATEUR

Chauffage du générateur 363

CHAPITRE II
LE MOTEUR

Distribution 368
Commande des soupapes 370
Marche arrière 371
Détente 371
Transmission 371

CHAPITRE III
L'APPAREIL D'ALIMENTATION PROPORTIONNELLE

Pointeau-soupape 376

CHAPITRE IV
APPAREILS DE MANŒUVRE ET DE SÉCURITÉ

Appareils de sécurité 380

CHAPITRE V
DISPOSITIF GÉNÉRAL

Description d'un châssis Gardner-Serpollet 381

CHAPITRE VI
VOITURES GARDNER-SERPOLLET « SIMPLEX »

Le moteur 383
Alimentation 383

Pages.

Voitures automobiles sur rails de la Compagnie des chemins de fer P.-L.-M. 388

CHAPITRE VII

MISE EN MARCHE ET CONDUITE DES VOITURES A VAPEUR GARDNER—SERPOLLET

Mise en marche 390
Conduite de la voiture 391

CHAPITRE VIII

APPLICATIONS DIVERSES DE L'AUTOMOBILE

Voitures de livraison 394
Camions automobiles 396
Services publics pour transport de voyageurs par omnibus automobiles 399
Train à propulsion continue du colonel Renard ... 400
Autres applications de l'automobile 401
   Automobiles militaires 401
   Automobiles agricoles 402
   Pompe automobile à vapeur 402
   Automobiles postales 403
Canots automobiles 405

Appendice.

I.   L'alcool dans les moteurs à explosion 407
II. La voiture Mégy 409
III. Voitures Serpollet 1905 413
IV. Outils à emporter en voiture 415
V.   Règlements relatifs à la circulation des automobiles 417
VI. Table pour le calcul de la vitesse 429
VII. Equivalence des chevaux-vapeur et des poncelets 430

Index alphabétique

A

Pages.

Accélérateur 130-136-137
Accélérateur Mors... 137
Accidents 334
Accumulateurs..... 86
Accumulateurs (entretien). 259
Accumulateur léger....... 89
Accumulateurs (pannes d')
dans les motocyclettes.. 358
Accumulateurs (recharge
des) 91
Acier (cylindres en)...... 17
Ader (changement de vi-
tesses) 142
Admission (soupapes d').. 19
Admission (soupapes d'
Renault frères). 23
Agricoles (automobiles)... 402
Ailettes (refroidissement
par) 17-120
Aimants 104
Ajutages convergents (car-
burateur à)............ 53
Alcool carburé.......... 13
Alcool moteur (ses avan-
tages).. .. ,... 12
Alcool (son emploi dans les
moteurs à explosion). 11-407
Alésage 38
Alimentaires (pompes —
dans les voitures Ser-
pollet) ....

Pages.

Alimentation proportion-
nelle (appareil d') Ser-
pollet................. 372
Alimentation rationnelle
Serpollet.............. 389
Allumage............. 76
Allumage (bougie d')... . 100
Allumage (came d')....... 97
Allumage des brûleurs Ser-
pollet................. 390
Allumage électrique.. 81
Allumage G. Richard-Bra-
sier (par magnéto)..... 112
Allumage Mors (par ma-
gnéto) 118
Allumage (motocyclet-
tes)................... 347
Allumage (pannes d')
278-287-291-295
Allumage (pannes d') dans
les motocyclettes....... 357
Allumage par brûleurs
Bollée................. 80
*Allumage par brûleurs
(entretien)*........... 256
**Allumage par étincelle
d'induction** 81
*Allumage par étincelle
d'induction (entretien)*. 258
**Allumage par incan-
descence**........... 77
*Allumage par magnéto à
bougies*.............. 95

Pages.

Allumage par magnéto dans les motocyclettes. 347
Allumage par magnéto (entretien) 262
Allumage par magnéto et étincelle de rupture 103
Allumage par magnéto (montage) 111
Allumage par magnéto (pannes d') 298
Allumage par magnéto (réglage) 116
Antidérapant Parsons.... 241
Antidérapants 240
Antidérapants (profils)... 238
Antoine (motocyclette) à allumage par magnéto.. 108
Appareils de manœuvre des voitures Serpollet.. 377
Appendice 407
Applications diverses de l'automobile 393
Arbre de dédoublement... 343
Arnoux et Guerre (trembleur) 98
Arrêt d'une voiture à pétrole 335
Aspiration 14
Attaque directe dans les motocyclettes 349
Attaque directe de la grande vitesse 148
Auto-allumage 263
Auto-canots 403
Autocyclettes 337
Automatiques (soupapes).. 20
Automobiles mues par moteur à explosion. 11
Automobiles mues par moteur à vapeur... 361
Avance à l'allumage avec tubes de platine 77
Avance a l'échappement.. 22

Pages

Avaries aux chambres à air 326-328
Avaries aux enveloppes.. 326

B

Baladeur (train) 141-142-144 148
Bande de roulement 238
Bande de roulement renforcée 238
Barbotage (carburateurs à) 46
Bardon (camions) 398
Bardon (magnéto) 95
Bardon (moteur) 34
Barre de direction 180
Barriquand et Marre (appareil — pour mesure de la cylindrée) 43
Benzine (son emploi comme carburant) 13
Berlines 212
Bicyclettes à pétrole.. 337
Bielle (articulation avec le piston) 26
Bobine (pannes de) 280
Bobines 98
Bobines (entretien) 259
Bobines (pannes de) 280
Bois armé (châssis en) 208
Boîte d'engrenages.. 152
Bollée (voiturette-tandem); son allumage par incandescence 80
Bougie d'allumage 100
Bougie (pannes de) 101-281
Bougies (entretien) 261
Bougie (pannes de) dans les motocyclettes 357
Boulons de sécurité (pneus) 302
Bourrelet (pneus) 240

Pages.

Bowden (embrayage) pour motocyclettes............ 350
Bowden (motocyclette)... 351
Bowden (transmission)... 350
Breacks................ 213
Brûleurs.............. 78-79
Brûleurs (alimentation des) 79
Brûleurs (allumage des)... 79
Brûleurs Serpollet........ 363

C

Cabs.................. 212
Cadre dans les motocy-clettes................ 339
Caisses (carrosseries) à ballon démontable........ 216
Caisses (carrosseries) ouvertes................ 213
Caisses (carrosseries) fermées................ 212
Calcul de la vitesse...... 430
Calorifique (rendement — des moteurs).......... 28
Came d'allumage........ 97
Came d'allumage (motocyclettes)................ 342
Cames de commande des soupapes............ 22
Camions automobiles..... 393
Canalisation d'eau (entretien) 265
Canots automobiles... 403
Caoutchoucs creux....... 236
Capacité (certificat de).... 417
Carburateurs à barbotage................ 46
Carburateurs à léchage. 47
Carburateurs à pulvérisation................ 50
Carburateurs automatiques................ 53

Pages

Carburateur Chenard, Walcker et Cie......... 73
Carburateur Delahaye.... 59
Carburateur déréglé 294
Carburateur double de Dion-Bouton......... 61
Carburateur (entretien).. 255
Carburateur G. Richard-Brasier.............. 50-53
Carburateur Grouvelle et Arquembourg.......... 66
Carburateur Krebs 55
Carburateur Longuemare.. 346
Carburateur Mors........ 67
Carburateur (motocyclettes)................ 345
Carburateur noyé..... 285-294
Carburateur (pannes de) 284-290-294
Carburateur Richard-Brasier (poussoir de)...... 332
Carburateur Rossel....... 60
Carburation.... 45
Carburation (considérations sur la).......... 69
Carburation (pannes de) 284-290-293-296
Carburation (pannes) de dans les motocyclettes. 359
Carburé (alcool).......... 407
Cardan..... 171
Cardan dans les motocyclettes................ 349
Cardan (entretien)...... 268
Cardan (principe de la)... 172
Cariat (coques) 405
Carpentier (rupteur) 98
Carrés (moteurs)........ 38
Carrosserie 209
Carter de distribution (motocyclettes). Son démontage................ 343
Centrifuges (pompes)..... 123
Centrifuges (régulateurs).. 128

Pages.

Certificat de capacité..... 418
Chaîne (changement d'un
   maillon de)...... 268
Chaîne (graissage d'une) . 267
Chaînes (entretien)...... 266
Chaînes (motocyclettes)... 349
Chaînes (réglage)......... 171
Chaînes (transmission
   par) 170
Chambre à air........... 237
Chambre à air (change-
   ment d'une)........... 302
Chambre à air (étanchéité
   de la)................ 329
Chambres à air (avaries
   aux)................... 326
Chambres à air (recherche
   des trous dans les).... 329
Chambres à air (répara-
   tions)............. 326-328
Chambre de compression.. 35
Chambre de pulvérisation. 50
Chambre d'explosion..... 15
Champignon (carburateurs) 52
Changement de vitesse (ma-
   nœuvre pour le)........ 333
**Changement de vites-
   ses**.................. 138
Changement de vitesses
   Ader.................. 142
Changement de vitesses à
   embrayage à griffes.... 144
Changement de vitesses C.
   G. V................ .. 158
Changement de vitesses
   Darracq............... 154
*Changement de vitesses
   (entretien)*.... 265
Changement de vitesses de
   Dion-Bouton...... 146
Changement de vitesses
   (manœuvre du)........ 152
Changement de vitesses
   Mors.............. 150-153

Pages.

Changement de vitesses
   (nécessité du).......... 138
Changement de vitesses
   par embrayage à fric-
   tion... 146
*Changements de vitesses
   par engrenages*....... 141
Changement de vitesses
   par engrenages (entre-
   tien)................. 265
Changement de vitesses
   par poulies (entretien).. 265
Changement de vitesses
   par train baladeur..... 142
*Changements de vitesses
   progressifs*........... 140
Changement de vitesses
   Renault frères 156
Charron, Girardot et Voigt
   (changement de vitesses) 158
Charron, Girardot et Voigt
   (châssis)... 208
Charron, Girardot et Voigt
   (châssis de voiture).... 230
Charron. Girardot et Voigt
   (direction) 182
Charron, Girardot et Voigt
   (embrayage)........... 163
Charron, Girardot et Voigt
   (freins).............. 192
Châssis.............. 207
Châssis C. G. V........ 208
Châssis cuirassés Darracq. 208
Châssis de voiture C. G. V. 230
Châssis de voiture Dar-
   racq.................. 230
Châssis de voiture de
   Dion-Bouton.......... 230
Châssis de voiture Renault 223
Châssis de voiture Richard-
   Brasier............... 220
Châssis en bois armé..... 208
Châssis (ensemble des
   organes)............... 219

	Pages.
Châssis en tôle emboutie..	208
Châssis en tubes.........	208
Châssis Gladiator........	208
Châssis G. Richard-Brasier	209
Châssis mixtes...........	209
Chaudière Serpollet......	362
Chauffage du générateur Serpollet.............	362
Chemise du moteur........	122
Chenard Walcker et Cie (carburateur)..........	73
Circuits de refroidissement	127
Circulation d'eau.........	122
Circulation d'eau (pannes de)..................	289-296
Classification des moteurs par la cylindrée........	39
Clément-Bayard (embrayage)..............	167
Commande des soupapes..	22
Commande des soupapes (moteur Serpollet)......	370
Commandées (soupapes).	20-22
Compression.............	14
Compression (chambre de)	35
Compression (pannes de)	282-288-292-295
Compression (pannes de) dans les motocyclettes .	360
Condenseur (voitures Serpollet)....	380-388
Conducteurs (entretien)..	260
Conducteurs (fils)........	102
Conduite des voitures Gardner-Serpollet..........	389
Conduite d'une voiture à pétrole (notions de).....	331
Cônes de friction........	160
Consommation des moteurs et puissance..........	43
Cottereau (motocyclette) à allumage par magnéto..	348
Coup de levier (pneus)...	317
Coupés..................	242

	Pages.
Couplage des deux-cylindres...................	27
Couplage des quatre-cylindres....	34
Courant secondaire.......	86
Courroies................	170
Courroies (entretien).....	268
Courroies (motocyclettes)..	349
Courroies plates.........	349
Courroies rondes........	349
Courroies torses...... ..	349
Courroies trapézoïdales...	349
Course du piston........	38
Court-circuits.	279-288-291-295
Creux (caoutchoucs)......	236
Crevaisons...........	236
Critérium du tiers de litre (motocyclettes).......	39-349
Croissant (pneus)........	238
Croissant (recollage du) dans les pneus........	327
Cycle à quatre temps.....	14
Cylindrée	38
Cylindrée (classification des moteurs par la)........	39
Cylindrée (mesure pratique de la).............	42
Cylindres des moteurs à explosions.......... ...	17
Cylindres (nombre de)....	15
Cylindres (moteurs à deux)	26
Cylindres (moteurs quatre)	30
Cylindres (moteurs six et huit)....	34
Cylindres (moteurs trois).	28

D

Darracq (changement de vitesses)...	154
Darracq (châssis de voiture).................	230

Pages.

Darracq (châssis cuirassé). 208
Darracq (freins).......... 193
Décompresseur à billes (motocyclettes) 344
De Diétrich (commande des soupapes d'échappement) 22
De Diétrich (embrayage).. 167
De Diétrich (omnibus automobiles)... 399
De Dion-Bouton (camions) 397
De Dion-Bouton (carburateur double)........ . 61
De Dion-Bouton (moteur). 18
De Dion-Bouton (châssis de voiture 230
De Dion-Bouton (commande des soupapes). . 22
De Dion-Bouton (graissage) 200
De Dion-Bouton (omnibus automobiles) 398
De Dion-Bouton (voitures à vapeur) 362
Dédoublement (arbre de . 343
Delahaye (carburateur)... 59
Démarrage progressif..... 333
Démontage des pneus.... 301
Dérapage............... 335
Descente des pentes...... 334
Désulfatation des accumulateurs.............. 90
Détente (moteur Serpollet) 371
Différentiel 173
Différentiel (entretien).. 269
Différentiel G. Richard-Brasier.... 178
Différentiel (nécessité du). 173
Différentiel (son rôle dans le dérapage).......... 335
Différentiels à roues droites 176
Direction 179
Direction C. G. V........ 182
Direction (commande par cames coniques)........ 181

Pages.

Direction (commande par roue et vis sans fin)...: 180
Direction (commande par vis et écrou)... 180
Direction (épure de) 179
Direction (motocyclettes).. 340
Distributeur Serpollet (voitures Simplex)......... 385
Distribution (carter de) dans les motocyclettes. Son démontage 343
Distribution (moteur Serpollet).... 368
Double semelle (pneus)... 239
Douille de direction...... 340
Dubrulle (graisseurs)..... 204

E

Échappement............. 14
Échappement (pot d').... 195
Échappement (soupapes d') 21
Éclatements............. 236
Éclatements de pneus et accidents............. 236
Écrous à oreilles (pneus).. 302
Élastiques (roues)........ 236
Électrique (allumage) 81
Électrodes (accus)....... 86
Électrolyte (accus)..... .. 86
Embrayage............ 160
Embrayage à friction (changement de vitesses à).. 116
Embrayage à griffes (changements de vitesses à).. 144
Embrayage Bowden pour motocyclettes.......... 350
Embrayage C. G. V...... 165
Embrayage Clément-Bayard 167
Embrayage dans les motocyclettes............. 350
Embrayage de Diétrich... 167

Pages.

Embrayage (entretien)... 269
Embrayage Mercédès..... 163
Embrayage Mors........ 162
Embrayage (nécessité de l') 160
Embrayage (pannes d')... 297
Embrayage par cônes.... 160
Embrayage par courroies. 161
Embrayage Renault frères. 164
Embrayage Richard-Bra-
sier 164
Emplacement du moteur
dans le châssis........ 219
Engrenages (pompes. à)... 122
Entartrage des canalisa-
tions d'eau............ 297
**Entretien d'une voi-
ture**................ 251
Enveloppe (changement
d'une)................ 323
Enveloppe (mise en place
d'une)................ 321
Enveloppe (pneus)....... 238
Enveloppes (avaries aux). 326
Équilibrage des moteurs. 27-29
Équivalence des chevaux-
vapeur et des poncelets. 431
Épure de direction Jeantaud 179
Essence éventée.......... 287
Essence (réservoir d') dans
les motocyclettes....... 346
Essence (ses défauts).. .. 12
Essieu transformateur de
vitesses Henriod....... 230
Essieux.. 185
Étanchéité de la chambre à
air.................. 329
Étanchéité de la valve
(pneus)............... 330
État de l'air (influence de
l' — sur la carburation) 49
Explosion (moteurs à).... 11-14
Explosion (chambre d')... 15
Explosion motrice 14
Extra-courant de rupture. 109

F

Pages.

Fils rompus.......... 287-291
Flotteur (carburateurs)... 50
Flotteur percé.......... 286
Fonte (cylindres en)..... 17
Formules empiriques pour
le calcul de la puissance
d'un moteur........... 39
Fouillaron (poulies exten-
sibles)................ 140
Fourches (motocyclettes). 340
Freins............... 189
Freins à mâchoires....... 190
Freins C. G. V.......... 192
Freins Darracq.......... 193
Freins (entretien)....... 270
Freins (emploi des)....... 335
Freins Gladiator......... 194
Freins Panhard-Levas-
sor................... 190
Frein qui chauffe........ 192
Frein (qualités d'un bon). 191
Friction (cônes de)....... 160

G

Gardner-Serpollet........ 362
Gardner - Serpollet (ca-
mions).... 398
Gardner-Serpollet (trans-
mission dans les voitu-
res).................. 371
*Générateur de vapeur
Serpollet*.............. 363
Germain (ateliers)........ 36
Gillet-Forest (régulateur
sur l'échappement)..... 23
Gladiator (châssis)....... 208
Gladiator (freins)........ 194

Pages.

Gobron - Brillié (automobiles) 11
Gobron-Brillié (régulation) 131
Gonflage des pneus 321
Gonflage des pneus (tableaux de) 242-243
Graissage 200
Graissage (comment il faut graisser) 205
Graissage dans les motocyclettes 351
Graissage de Dion-Bouton. 200
Graissage (pannes de).... 296
Graisseur (qualités d'un bon) 203
Graisseur Serpollet....... 382
Graisseurs 203
Graisseurs coup de poing. 205
Graisseurs Dubrulle...... 204
G. Richard-Brasier (carburateurs) 50-53
G. Richard-Brasier (châssis) 209
G. Richard-Brasier (châssis de voiture)....... .. 220
G. Richard-Brasier (différentiel)............ 178
G. Richard-Brasier (embrayage)............. 164
G. Richard-Brasier (moteur)... 17-38
G. Richard-Brasier (poussoir de carburateur).... 332
Griffes (embrayage à)..... 144
Griffon (motocyclette).... 338
Griffon (pédalier — en excentrique). 34
Grippage des tiges de soupape. 288
Grouvelle et Arquembourg (carburateur) 66
Guidage du piston..... . 17-26
Guidon (motocyclettes).... 351

H

Pages.

Hardt (moteur)......... 36
Haubans (motocyclettes).. 340
Henriod (essieu transformateur de vitesses).... 230
Hotchkiss 404
Horizontaux (moteurs).... 34
Huile lourde (emploi dans les voitures Serpollet). 388-415
Huile (réservoir d') dans les motocyclettes...... 347
Hydraulique (flotteur formant frein —)......... 66
Hygrométrique (état — de l'air; son influence sur la carburation)........ 49

I

Inducteur............. 96-104
Induit............... 96-104
Inflammateurs......... 109
Inflammateurs (entretien) 262
Intermédiaires........... 151
Irréversibilité de la direction.............. 183
Isolement des conducteurs. 102
Isolés (cylindres)........ 29
ion (moteur à 2 temps).. 36

J

Jambe de force.......... 186
Joints... 283-295

K

Knapp (motocyclette G.). 349
Krebs (carburateur)...... 55

L

Pages.

Lacoste (vibreur)......... 98
Laminage de la vapeur... 393
Landaulets............ ... 242
Landaus 212
La Râpée..... 404
Latérale (carrosseries à en-
  trée)................... 213
Léchage (carburateur à).. 47
Lefebvre (vérificateur d'é-
  tincelles)............. 104
Léon Cordonnier (moteur). 36
Levier à crans Michelin
  (pneus) 308
Levier à fourche Michelin
  (pneus)............... 307
Levier (coup de) dans le
  montage des pneus..... 317
Limousines............ . 212
Livraison (voitures de) au-
  tomobiles............. 393
Longuemare (carburateur) 346

M

Magali (motocyclettes).... 349
Magnétique (trembleur).. 98
Magnéto (avantages)..... 106
Magnéto Bardon......... 95
Magnéto (pannes de)..... 298
Magnéto (réglage)........ 117
Magnétos à bougies.. ... 95
Magnétos à bougies dans
  les motocyclettes....... 347
Magnétos (généralités).. 104
Magnétos Simms-Bosch... 106
Magnéto Vesta.......... 96
Maillon de chaîne (chan-
  gement d'un)......... 268
Mains de ressorts........ 186
Malicet et Blin (cardan).. 173

Pages.

Malicet et Blin (direction)
  180-182
Manchon-guêtre.......... 326
Manœuvre du changement
  de vitesses........... 152
Manœuvre d'une voiture à
  pétrole (notions de).... 331
Manomètres............. 380
Marche arrière....... 150
Marche arrière (principe
  de la)................. 151
Masse................... 83
Masse (perte à la)....... 299
Mégy (voiture).......... 409
Mercédès IV........... 404
Mercédès (allumage)..... 109
Mercédès (embrayage).... 165
Michelin (levier à crans).. 308
Michelin (levier à four-
  che) 307
Militaires (automobiles)... 402
Mille-pattes (train)....... 401
Mise en marche des moto-
  cyclettes............. 355
Mise en marche d'une voi-
  ture à pétrole........ 332
Mise en marche d'une voi-
  ture à vapeur......... 390
Monocylindriques (mo-
  teurs)............ 45
Montage des pneus....... 304
Montée des côtes........ 334
Mors (accélérateur)...... 136
Mors (carburateur)....... 67
Mors (changement de vi-
  tesses) 150-153
Mors (embrayage)........ 162
Moteur à vapeur Serpollet. 368
Moteur à vapeur. Ses avan-
  tages................. 361
Moteur Bardon.......... 34
Moteur (emplacement du)
  dans le châssis........ 219
Moteur (entretien)....... 272

Pages.

Moteur G. Richard-Brasier.. 17-38
Moteur Hardt........... 36
Moteur Ixion à deux temps............... 36
Moteur n'ayant plus assez de force.............. 294
Moteur (pannes de).... 277-287
Moteur qui chauffe...... 296
Moteur qui cogne........ 255
Moteur qui ralentit...... 294
Moteur refusant de partir. 277
Moteur s'arrêtant net. ... 287
Moteur Serpollet (commande des soupapes)... 369
Moteur Serpollet (détente). 370
Moteur Serpollet (distribution) 367
Moteur Serpollet (marche arrière) 370
Moteurs à ailettes...... 17-120
Moteurs à deux temps. 36
Moteurs à double enveloppe pour circulation d'eau 18
Moteurs de motocyclettes. 341
Moteurs à quatre temps 14
Moteurs à deux cylindres. 26
Moteurs à trois cylindres.
Moteurs à quatre cylindres 32
Moteurs à six et huit cylindres.............. 34
Moteur Zedel (motocyclette)................. 341
Moto-canots........... 405
Moto-Cardan........... 349
Motocyclette Antoine à allumage par magnéto.. 108
Motocyclette Bowden..... 354
Motocyclette Cottereau à allumage par magnéto.. 348
Motocyclette G. Knapp... 349
Motocyclette Griffon..... 338

Pages.

Motocyclette Griffon (allumage)................. 347
Motocyclette Griffon à allumage par magnéto.. 347
Motocyclette Griffon (cadre)................. 339
Motocyclette Griffon (carburateur)... 345
Motocyclette Griffon (organes de manœuvre ... 348
Motocyclette Griffon (moteur)................. 341
Motocyclette Griffon transmission) 349
Motocyclette Magali...... 347
Motocyclettes......... 337
Motocyclettes (*arrêt*)..... 355
Motocyclettes (*cadre*).... 339
Motocyclettes (*descente des côtes*)............. 356
Motocyclettes (*embrayage*) 350
Motocyclettes (*graissage*). 351
Motocyclettes (*guidon*)... 351
Motocyclettes (*mise en marche*) 355
Motocyclettes (*montée des côtes*)................. 356
Motocyclettes (*pannes et remèdes*)............. 356
Motocyclettes (*transmission*)................. 349
Motocyclettes (*usage et entretien*)............. 353

N

Napier Minor............ 404
Nid d'abeilles,.......... 126
Niveau constant (vase à). 50
Nombre de cylindres..... 15

O

Pages.

Obturateur Serpollet..... 378
Omnibus............... 212
Omnibus automobiles..... 399
Organes de manœuvre (mo-
tocyclettes).... 348
*Outils à emporter en voi-
ture...............* .. 416

P

Panhard-Levassor (carbu-
rateur 55
Panhard-Levassor (freins) 190
Panhard-Levassor (moteur
trois-cylindres)........ 29
Pannes (conseils généraux
sur les).............. 273
Pannes d'accumulateurs
(motocyclettes)........ 358
Pannes d'allumage. 278-287-291
Pannes d'allumage (moto-
cyclettes)... 357
Pannes de bobine........ 280
Pannes de bougie........ 101
Pannes de bougie (motocy-
clettes)...... 357
Pannes de carburateur
284-290
Pannes de carburation
284-290-293-296
Pannes de carburation (mo-
tocyclettes).... 359
Pannes de circulation d'eau
289-296
Pannes de compression
282-288-292-295
Pannes de compression
(motocyclettes)........ 360
Pannes de magnéto...... 298

Pages.

Pannes d'embrayage..... 297
Pannes de moteur..:. 277-287
Pannes de pompe........ 289
Pannes de pneumatiques.. 301
Pannes de soupapes . 283-288-
292-293-295
Pannes de trembleur (mo-
tocyclettes)........... 357
Pannes (les).. 272
Parallélisme des roues... 249
Parsons (antidérapant).... 241
Pédalier Griffon ou excen-
trique............... 341
Pédalier (motocyclettes).. 340
Perte à la masse........ 299
Petit cheval alimentaire.. 445
Peugeot (allumage)....... 109
Phaétons............... 243
Piles................. 84
Piles (entretien)......... 258
Pitre (coques)........... 405
Platine (tubes de)........ 77
Pinçon (pneus).......... 315
Piston (moteurs à explo-
sion),............... 26
Pneumatiques 235
Pneumatiques (action des
freins) 244
Pneumatiques (défauts
des)................ 236
*Pneumatiques (entretien
des)*................ 244
Pneumatiques (lavage des) 249
Pneumatiques (nécessité
des).. 235
Pneumatiques (pannes
de) 301
Pneumatiques (répara-
tions)................ 326
Pneus (démontage des)... 301
Pneus (montage des)...... 301
Poids lourds........... 399
Poignée interruptrice (mo-
tos.)................ 353

Pages.

Pointeau (robinet — dans les carburateurs)....... 50
Pointeau-soupape Serpollet 376
Polycylindriques (moteurs). Leurs avantages. 15
Pompe (pannes de)...... 289
Pompes à engrenages..... 122
Pompes alimentaires (voitures Serpollet)........ 374
Pompes centrifuges....... 123
Pompes de circulation... 122
Pompes (entretien)...... 264
Poncelets............... 431
Porcelaine (tubes de) pour allumage par incandescence 77
Porte-brûleurs Serpollet.. 367
Position relative des soupapes d'admission et d'échappement............ 25
Postales (automobiles).... 401
Pot d'échappement....... 195
Poulies extensibles Fouillaron 140
Poussoir de carburateur Richard-Brasier........ 332
Princesse Elisabeth...... 404
Profils antidérapants..... 238
Propulsion continue (train Renard à).............. 399
Puissance des moteurs et leur consommation.... 43
Puissance d'un moteur (estimation de la)...... 38
Pulvérisation (carburateurs à).............. 50
Pulvérisation (chambre de) 50

Q

Quart de litre (critérium du) 38

R

Pages.

Radiateur (entretien) .. 265
Radiateur (position du)... 125
Radiateur (voitures Serpollet)................ 388
Radiateurs........... . 125
Ralentissement momentané 234
Ratés du moteur.. 290
Rationnelle (alimentation) système Serpollet....... 389
Recharge des accumulateurs................. 91
Recharge des accumulateurs par courant d'éclairage................. 92
Recharge des accumulateurs par piles........ 92
Réchauffage de l'air aspiré (carburateurs)......... 49
Recherche des trous dans les chambres à air 329
Recollage du croissant (pneus)............... 327
Refroidissement du moteur.......... 120
Refroidissement (entretien).............. 262
Refroidissement G. Richard-Brasier.......... 124
Refroidissement Renault frères................ 124
Régime de charge........ 91
Régime (vitesse de)...... 138
Réglage de la carburation (utilité du)............ 45
Réglage de la magnéto.... 117
Réglage du ressort interrupteur (allumage)..... 292
Règlements relatifs à la circulation des automobiles................ 418
Régulateur Grouvelle et Arquembourg............. 131

	Pages.
Régulateurs (mode d'action des)........................	128
Régulation...............	128
Régulation par tout ou rien....................	131
Régulateur sur l'échappement Gillet-Forest.....	23
Régulateurs sur l'admission....................	129
Régulateurs sur l'échappement..................	129
Renard (train)...........	399
Renault frères (changement de vitesses)............	156
Renault frères (châssis de voiture)................	223
Renault frères (embrayage,	164
Renault frères (position des soupapes dans les moteurs)...............	25
Renault frères (soupapes d'admission)...........	23
Rendement calorifique des moteurs...............	28
Réparations de pneus.....	326
Réservoir d'eau	127
Réservoir d'essence (motocyclettes)............	346
Réservoir d'huile (motocyclettes)...............	347
Ressort interrupteur (pannes de)...............	280
Ressort interrupteur (réglage du).............	292
Ressorts..............	186
Retardateur..........	130-136
Richard-Brasier (voir G. Richard-Brasier)	
Ringelmann (formule) pour calcul de la puissance d'un moteur..........	41
Rodage d'une soupape....	293
Rossel (carburateur)......	60
Roues élastiques.........	236

	Pages.
Roues (parallélisme des)..	249
Rupteur Carpentier......	98
Rupteur Brasier.........	110
Rupteur Mors.........	110-118
Rupteurs.............	109
Rupteurs (entretien).....	262
Rupteurs (pannes de)....	299

S

Secondaire (courant).....	86
Segments..............	26
Segments collés.......	282-295
Segments déplacés.......	295
Semelle (double) ; pneus...	240
Serpollet (appareil d'alimentation proportionnelle)...............	372
Serpollet (brûleurs)......	363
Serpollet (distributeur) voitures Simplex........	385
Serpollet (freins dans les voitures)...............	380
Serpollet (générateur)....	363
Serpollet (graisseur)......	382
Serpollet (moteur).......	368
Serpollet (organes de manœuvres des voitures)..	378
Serpollet (pointeau-soupape)	376
Serpollet (voitures)......	362
Serpollet (voitures — 1905)	414
Services publics pour transport de voyageurs par automobiles............	399
Seyler (coques).........	403
Silencieux	195
Silencieux (position du)..	199
Silencieux (qualités d'un bon).................	195
Silencieux (types de)....	196
Simms-Bosch (magnétos).	106

Pages.

Simplex (voitures Gardner-Serpollet) 382
Soupapes automatiques.. 20
Soupape cassée.......... 283
Soupapes commandées... 20-22
Soupapes d'admission.... 19
Soupapes d'admission Renault frères 23
Soupapes d'échappement.. 21
Soupapes d'échappement de Diétrich (commande des) 22
Soupapes des moteurs à explosions 19
Soupapes (entretien).... 252
Soupapes (motocyclettes).. 342
Soupapes (pannes de) 283-288-292-293-295
Soupape (rodage d'une).. 293
Sulfatation des accumulateurs.. 90
Surchauffée (vapeur)..... 363
Suspension Truffault..... 187

T

Talc........... ... 310
Talc (excès de).......... 311
Talquage d'une chambre à air 311
Tambours à coulisse hélicoïdale pour commande des soupapes......... 22
Tellier (coques).......... 405
Temps (moteur à deux)... 36
Temps (moteur à quatre). 14
Thermo-siphon 124
Tiers de litre (critérium du)................ 39-349
Titan II.............. 404
Tôle emboutie (châssis en). 208
Tonneaux 213

Tout ou rien (régulation par) 131
Train à propulsion continue Renard....... 399
Train baladeur. 141-142-144-148
Transmission 169
Transmission Bowden. 350-351
Transmission dans les motocyclettes.......... 349
Transmission dans les voitures Gardner-Serpollet. 371
Transmission (entretien). 266
Transmission par cardan. 171
Transmission par chaînes. 170
Transmission par courroies 170
Trapézoïdales (courroies). 349
Trèfle-à-quatre.......... 404
Trembleur (pannes de) dans les motocyclettes.. 357
Trembleurs magnétiques.. 98
Trembleurs mécaniques.. 98
Tricycles à pétrole...... 337
Trois-cylindres (avantages des moteurs).......... 28
Trois-cylindres Panhard-Levassor............... 29
Trous dans les chambres à air (recherche des).... 329
Truffault (suspension).... 187
Tubes (châssis en)........ 208
Tubes de platine........ 78

V

Valve (étanchéité de la).. 330
Valve (pneus)........... 238
Vapeur (automobiles à)................. 360
Vapeur (générateur de) Serpollet,.... 362

	Pages.
Vapeur (moteur à); ses avantages	360
Vaporisation instantanée (générateur à)	362
Ventilateur dans les voitures Serpollet	388
Ventillateurs pour refroidissement	121
Vérificateur d'étincelles Lefebvre	101
Vesta (magnéto)	96
Vibreur Lacoste	98
Vitesse (calcul de la)	430
Voiture Mégy	409
Voitures automobiles sur rails du P.-L.-M.	388
Volant de direction	180-184
Volant du moteur (nécessité)	14

W

	Pages.
Witz (formule) pour le calcul de la puissance d'un moteur	42

Z

Zedel (moteur)	341

Levallois-Perret. — Imp. WELLHOFF et ROCHE, 55, rue Fromont.

www.ingramcontent.com/pod-product-compliance
Lightning Source LLC
Chambersburg PA
CBHW070830160726
PP18578800001B/101

Contraste insuffisant

NF Z 43-120-14

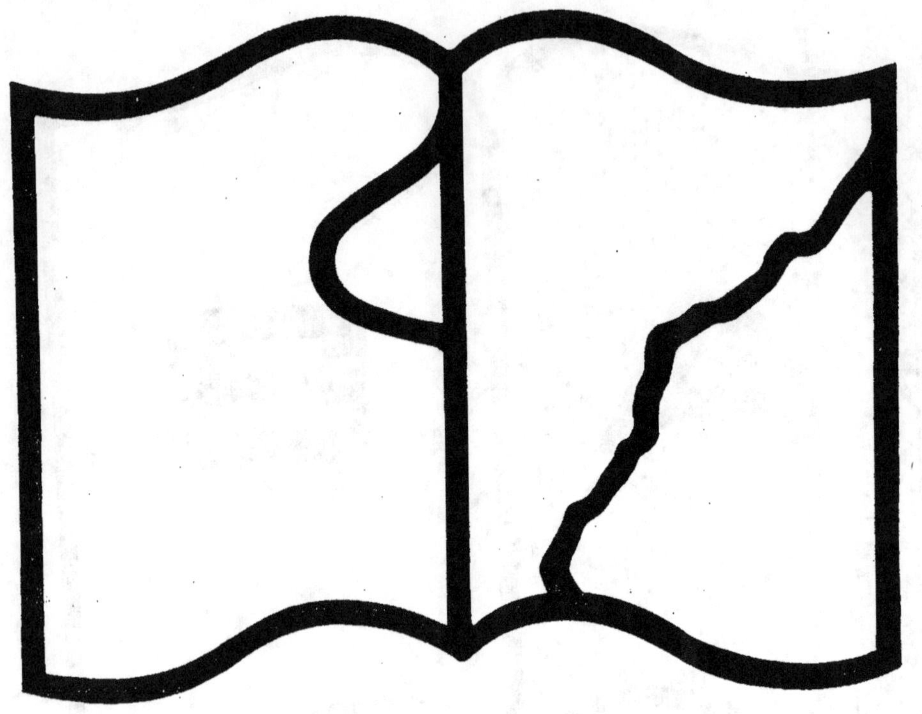

Texte détérioré — reliure défectueuse

NF Z 43-120-11